高校公共关系学专业系列教材　　　　总主编◎张　云

网络公关实务

齐杏发◎主编

华东师范大学出版社

丛书顾问

居　易　　郭惠民　　廖为建　　余明阳　　邢　颖

崔秀芝　　涂光晋　　程曼丽　　李兴国　　赵传蕙

纪华强　　邱伟光　　齐小华　　秦启文　　杨　魁

钟育赣　　吴友富　　孟　建　　陈先红

目录

总序

这套公共关系学专业系列教材丛书总计 20 本。第一批出版的是 13 本,分别为《公共关系概论——理论、实践和案例》《公共关系实务》《公共关系伦理》《公共关系礼仪》《公共关系口才》《公共关系写作》《网络公关实务》《政府公共关系》《危机公关——理念、制度与运作路径》《公共关系战略与策划》《组织文化管理》《品牌塑造与管理》和《营销公关策略》。后面还有 7 本,书名和作者已基本确定,有些已经开始动手撰写了。

参加这套丛书编写的,主要包括北京、上海、广州、武汉、南昌等地的从事公共关系学教学与研究的高校教师,参编学校包括中山大学、中国传媒大学、华东师范大学、华中科技大学、中国人民大学、上海外国语大学、上海师范大学、南昌大学。或许后面还会有新的学校和人员加入。

这样一个规模的公共关系学专业系列教材丛书,在国内是没有过的,在世界上可能也是开了一个先例。为此,要特别感谢华东师范大学出版社、感谢高等教育分社社长翁春敏先生领衔的专业团队,他们为了中国公关事业的推进和发展,甘冒经营风险,参与了整个丛书的策划活动,付出了大量的联系、审稿、编辑等劳动,给予了我们全力的支持! 感谢各参编学校的各位作者,为提高每本书的质量兢兢业业、恪尽职守,为丛书的整体质量奠定了基础。感谢丛书的顾问团队,不端名师大家的架子,热心参议、参谋,提携同道与后生!

说到这套丛书的顾问团队,那是必须要作些介绍和说明的。首先是居易、郭惠民、廖为建、余明阳、邢颖、崔秀芝,在 20 世纪 80 年代,他们绝对是中国公关界[①]一流学者的代表,不但各有高质量的著述,而且积极参加各种学术活动,口碑极好,同时还都是积极投身于公关策划的高手;涂光晋、程曼丽、李兴国、赵传惠、纪华强、邱伟光、齐小华、秦启文、杨魁、钟育赣,都是 90 年代中国高校中公共关系学专业和公共关系学方向的学科带头人,个个口才了得,一肚子的公关经略,名师大

---

① 本文中使用的"中国公关界"这个概念,是"中国大陆公关界"的简称,不包括港澳台地区。

家,当之无愧;吴友富、孟建、陈先红,是进入 21 世纪后中国公关界新出现的学科领军人物,吴友富在学科建设和平台建设方面、孟建在国家公关和公共传播方面、陈先红在学术研究和国际同行合作方面作出的贡献和取得的成就令人心悦诚服。尤其是陈先红,以其年龄优势和执着劲头大有方兴未艾的发展势头,让我十分期待和看好。①

忽然冒出一个感觉——"咱们公关有力量!"

说到公关的力量,不禁想起了公共关系史上一个著名的故事。1984 年,美国电视台记者比尔·莫耶斯在采访公共关系先驱爱德华·伯纳斯时,对他说了这样一段称赞的话:"你有办法要爱迪生、亨利·福特、洛克菲勒、胡佛、柯立芝、库里奇等 20 多位美国名人和广大美国人民按照你的意思去做,你让全世界在同一时刻关掉电灯,你使得美国妇女得以在公共场合抽烟……这已经不能算是影响了,而应该说是一种力量!"②

这就是公关的力量。然而它发生在美国,而不是中国。

——中国的公关有力量吗?这是每一个关心、关注公共关系的人都应该思考的问题。这个问题很复杂。我的看法是:从公关的视角看,中国至少曾经在历史上显示过无比巨大的力量。例如,中国共产党在革命年代内部团结一心,以崇高的理想和严明的纪律有效地管理和指挥政党和军队,对外赢得民心、得到包括民主党派在内的人民的广泛的支持、响应和参与,最后成功夺取政权。这难道不也是"公关的力量"吗?这种力量,难道不是一种强大的"正能量"吗?

然而,很多人并不这样看。他们从狭义的角度,甚至带着偏见的态度,把公共关系理解为"利用关系",以为公共关系就是"不择手段搞关系"。因而,他们把公共关系视为一种与公平、正义等价值观无关的"工具"。这种偏见至少产生了两种结果:一是,它成为社会大环境中阻碍公共关系发展的重要因素;二是,它成为一些组织和个人谋取利益而不择手段的一种旗号。两种结果形成为一股力量,这就是"反公关的力量"。

中国的公共关系,是在改革开放的大背景下,在 20 世纪 80 年代中期从外部引

---

① 这里没有排座次、分层划代的意思。他们各有千秋,只是视角不同而已。20 世纪 90 年代及 2000 年以后在公关界叱咤风云的人物,有些早就在公关界耕耘了。

② 这段话被引用得非常广泛,到底最早出自何处已很难查找。在此且作存疑。

入"公共关系"这个概念后开始发展的。由此也就形成了"时间意义上的公共关系"和"实践意义上的公共关系"两种史学观。前者不承认"公共关系"概念引入前的史学史,即不承认这一概念引入前存在实践意义上的公共关系;后者认为公共关系作为一种社会实践活动,在"公共关系"这一概念引入前早已存在,因此中国公共关系包括前后两个不同的历史阶段。从改革开放前的极左思潮中一路走过来的中国人,很大一部分带着一种惯性自然而然地成为前一种史学观的俘虏,因而也就阻碍了他们去了解和深入地认识公共关系,因而也就有意无意地加入了"反公关的力量",或者至少是成为了一类漠然的旁观者。

这种分析或许也就解释了一种社会现象:为什么"反公关的力量"主要来自于经历过极左思潮的那代人,而 20 世纪 80 年代以后出生的年轻人对"公共关系"却持有一种广泛的开放胸怀。

两种力量——"公关的力量"和"反公关的力量"之间的较量,构成了中国公共关系近 30 年来的历史。我们需要反思。

居易先生曾对我说过一句私房话:"我一觉睡了十年,醒来一看,中国公关界还是老样子。"这话距今至少已有 15 年了,我一直铭刻于心,把它视为名言。为什么两种力量的较量一直处在胶着状态? 从主观方面来看,我以为主要有以下一些原因。

第一,缺乏强烈的政治意识。

中国公关界的人士从总体上来说一直在努力,但学界和业界普遍具有一种"学科意识"或"经济意识"。"学科意识"主要表现为仅仅把公共关系看作一门课程、一个专业或是一门学科,较多关注的是它与广告、传播、管理之间的关系,试图保持一种学科独立性,回避或完全忽略了它与政治的联系;"经济意识"主要表现为重视对公共关系"投入——产出"的考量,在效益低下的教育、科研领域患得患失,缺乏全身心投入的牺牲精神,在能够带来效益的项目咨询等领域孜孜以求,满足于获取多方面的回报。这两种意识,都是无可厚非的,但同时也是具有很大局限性的。局限性主要在于没有深刻地认识到在中国要想确立公共关系的地位,首先要有强烈的政治意识。只有得到政治上的认同,"公关的力量"才能够势如破竹。然而,将近 30 年来,又有多少公关界的人士在这方面试图作出贡献呢? 屈指可数。[①]

---

① 这里所说的主要是学界和业界。就全国和各地的公关协会来说,"政治意识"相对来说还是较强的。

第二,缺乏足够和有效的平台。

首先是缺乏有效的传播平台。中国公关界在最兴旺的时候曾经有过"两报两刊",即《公共关系报》、《公共关系导报》、《公共关系》、《公关世界》,如今唯一幸存的只有《公关世界》,还始终未被纳入核心期刊,甚至在有些学校、部门看来还算不上是学术期刊。当然,有比没有好,至少它可以让"公共关系"这一概念得到广泛、持续的传播。①中国的公共关系教材、书籍、案例集出版了不少,但能够沉淀下来的不多。中国高校公共关系专业和公共关系方向的设置相当一部分是在新闻传播学院,他们在新闻传播领域中人脉极广,尤其是中国人民大学、复旦大学、厦门大学、华中科技大学、武汉大学等,他们的校友几乎遍布新闻传播领域,然而,在重要媒体发表公共关系方面的重头文章鲜见。让人记忆犹新的还是1984年《经济日报》头版发表的关于白云山制药厂的报道和社论。近年来虽然新增了《国际公关》期刊和"中国公关网"这样的网络媒体,但其影响力还未充分显示,传播面还是明显不够的。

其次是缺乏广泛的教育平台。中国高校中几乎每所学校都有讲授公共关系学的教师,都开设了公共关系学课程,然而开设公共关系学专业的却不多。截至2014年5月,开设全日制公共关系学本科专业的高校是18所,建立公共关系学硕士点的是6所(中山大学、中国传媒大学、华东师范大学、上海外国语大学、西南大学、暨南大学),建立公共关系学博士点的只有一所(华中科技大学)。②

缺乏有效的平台,当然首先是缺乏足够的平台,尽管有客观方面的原因,但也更应该从主观方面作检讨。

第三,缺乏执著、专一的学者。

在中国公关界,至少在学界,我在执著、专一这方面很佩服两个人:陈先红和谭昆智。1994年我和陈先红相识的时候,她28岁,是一所不太出名的高校的讲师,当时她还没有名片,是在我给她的名片背面手写了她的信息,然后分发给其他人的。让我没想到的是,她竟然近乎狂热地成为了她自称的"公关麦田的守望者",执著、专一地辛勤耕耘于公关研究的领域,20年啊,如今终于铁杵磨成针,成为了华中科技大学公共关系学科的带头人,成为了中国公关界当之无愧的一流学者。

---

① 这几年有起色,新增了上海外国语大学创办的《公共关系评论》、中国国际公共关系协会创办的《国际公关》、中国公共关系协会创办的《公共关系》,都定位为学术期刊。但其影响力还刚刚开始。

② 这也反映了此起彼伏、在困难中发展的一种态势。在这些学校中,有停招、停办的,有恢复招生的,有从专业降格为方向的,也有新增的。总体上是在增加。

谭昆智与我是相见恨晚。他对公关的执著和专一除了体现在奋笔疾书一本又一本教材和专著外,在培养公关专业学生方面还是一位倾心投入的"狂人"。他不断地请校外导师例如公关公司和广告公司的老总给学生开讲座,不断地组织学生搞活动,一有机会就带着学生出门搞策划,俨然就像是一位带领球队准备夺冠奥运会的教练,整天和他的学生泡在一起。我一直以为他比我年轻,谁知道他还长我几岁。

同样执著于公共关系教学和研究几十年的还有如邱伟光教授。中国公关界编书、编教材最多的人非他莫属。不过他是我的老师,在这里不便对他赞誉过多。

可惜中国公关界像他们这样执著的人实在还是太少了。其原因除了我前面讲过的"学科意识"和"经济意识"过强之外,还有一个重要原因,就是他们大多横跨两个或三个学科或专业,公关专业往往是他们的第二专业甚至是副业,因此他们展示才华的空间也就有了更多的选择。既然公关这个"小舞台"不如其他专业和学科的"大舞台"那样广大、稳固和辉煌,那么首选"大舞台"也就自然成为理性的选择。即便是邱伟光教授,他也曾多次教导我:要摆正第一专业和第二专业的位置。可惜我没有听他的话,两个方面的投入都不足,结果在两个方面都没有取得令人满意的成就。

第四,缺乏显示公关力量的有力报道。

中国公关为中国的改革开放、为中国的现代化建设发挥了正能量,这方面的案例很多,但只是散见于公关的圈子内,自编自演,自得其乐,而不见于权威媒体的报道。我们对国际公共关系研究了 20 多年,最后在权威媒体出现的却是"公共外交"、"民间外交"这一类新概念。中国公关为北京奥运会、上海世博会作出了多少贡献?结果在权威媒体上连"公共关系"四个字都很难找到。没有人会对此负责,也没有人能对此负责。但是有没有人想过做一番尝试呢?有没有人像陈先红那样执拗地锲而不舍呢?——当然,"站着说话不腰疼",我也没有做过这样的尝试。

我对公共关系在中国的发展前景始终充满信心。我在 1992 年的一篇文章中就写过:"我认为改革就是调整关系,开放就是发展关系,因而越是改革开放就越需要公共关系。"尽管"关系"和"公共关系"这两个概念是有区别的,但是"公共关系"首先是一种"关系"。尤其是在改革开放这样的"公共领域"中的大变革、大调整、大发展，它所带来的"关系"的变化，难道不正是"公共关系"大展身手的大舞台吗？这种信心和信念，我始终没有改变。

中国的公共关系事业从总体上来说还是在曲折中前行的。今天公共关系类的机构和公司无论从数量和质量方面来看都与20年前不能同日而语，它们已经成为社会发展中一支重要的力量；教育部新颁布的专业目录中已经正式纳入了公共关系学专业，相信将会有越来越多的高校开设公共关系学专业；更具国际化视野和更具开放胸怀的年轻一代已经充实到公共关系的各个领域，包括进入了高校公共关系的师资队伍；大陆公关界与港澳台和国外同行的联系和交流已经成为常态，互相借鉴、互相推广和互相促进已奠定了厚实的基础；新一轮更深入、更全面的改革开放的大幕已经开启，必然为公共关系的发展带来更加宽松的环境和新的历史机遇。瓶颈正在逐一打开，朝霞正在缓缓升起。

此时此际，出版一套规模空前的公共关系学专业系列教材丛书可谓是正当其时。有幸在我从教30多年、介入公共关系领域20多年之后做成这样一件"大事"，我深感欣慰。

张云

2014 年 5 月 1 日

第一章
网络公关概述

随着 web2.0 时代的到来,互联网的迅速发展,很多事情在网络上一经曝光便立即产生巨大反响。网络一石激起千层浪的强大威力引起了公关业的关注,传统公关业开始将其触角伸向网络世界,于是一种以互联网为信息传播手段进而开展公关的新型公关方式——网络公关出现了。作为传统公关的创新形式,网络公关伴随着互联网的发展而迅猛发展着。网络公关如今在改善组织形象,提高组织品牌市场知名度,扩展市场,为企业类组织创造更多商机等方面发挥着日益重要的作用。

第一节　网络时代的公关发展

公关业的发展与媒介技术的进步密切相关:什么样的传媒技术,决定着什么样的公关方式。人类的传播媒介,从电报、电话、广播及电视等,跨越到当今的网络,相应地,公关业的主要手段也为网络所替换。据中国互联网络信息中心(CNNIC)统计,截至 2012 年 6 月底,我国网民人数达 5.38 亿,互联网普及率为 39.9%。如图 1-1 所示。

图 1-1

而截至 2012 年 6 月底,我国手机网民人数达 3.88 亿,较 2011 年底增加了约 3 270 万人,网民中用手机接入互联网的用户比由上年底的 69.3% 提升至 72.2%。如图 1-2 所示。

由此可知,网络生存逐渐成为某些群体的一种生活方式。与此同时,传统的广播电视等渠道,逐渐淡出了人们的视野。这种时代背景,决定了当今公关业发展的重点是网络公关。

一、互联网的发展与网络公关

网络公关不同于传统公关,它是一种以互联网为传播媒介,依托互联网为组织营造形象,创造良好内外环境的一种新型公关形式。网络公关的出现为传统公关拓宽了宣传渠道、

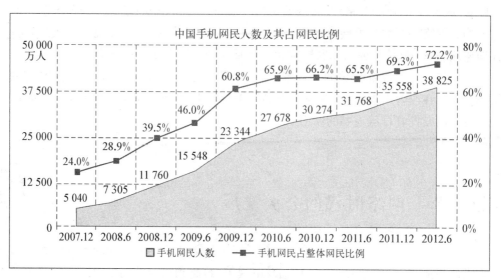

图 1-2

策划思路、思维方式以及受众,并逐渐成为公关活动的重点。

与传统公关相比,网络公关更具优势之处在于它能利用网络这个强大的媒介,用最少的成本获取最大的效益。因为在网络空间存在数量众多的大众群体,组织可利用网络公关或者通过网络公关公司,在网络上采取各种形式和各种方式加强组织与客户的理解沟通,从而增进互信,进而达到品牌树立及形象宣传的目的,以此来推动组织的发展。网络公关在某种程度上是传统公关在互联网层面上的拓展,由于网络传播方式较传统传播方式更有影响力,传统公关开始将视角投入网络世界。网络公关的出现无疑是公关业的一大进步。

然而每个行业在自身发展过程中都会遇到瓶颈,公关业也是如此。因此,公关业需要不断与时俱进,扩展自己的版图,在新的平台和领域里寻求自身更好的发展,而这个平台便是互联网。借助互联网平台极强的互动性特性,传统公关业可以收集海量的信息资源,进行资源分享。同时互联网强大的信息传播整合功能和日渐成熟、规范的网络媒体运作模式,使得公关业有足够的理由进一步将发展范围扩展到网络领域。可以说,互联网的迅速发展是网络公关出现的最主要原因。

二、网络媒体传播与网络公关

伴随互联网的迅猛发展,借助国际互联网信息传播平台,以电脑、电视机以及移动电话等为终端,以文字、声音、图像等形式来传播新闻信息的一种数字化、多媒体的网络传播媒介一开始出现,在冲击传统媒体的同时也间接推动了网络公关的出现。

不同于传统媒体,网络媒体可以在互联网这个大网络信息图谱中自由发布和传播信息。而网络的普及和社会公众对网络的频繁使用,以及网络媒体的发展,直接推动了网络公关业的兴起。网络媒体不再受传统媒体条条框框限制,可以自由发布信息,在对社会的舆论导向和公共事件的评价方面,都有巨大的影响力,比如它可以轻松影响消费者对某一品牌或商品的看法和评价。因此,伴随着网络媒体的兴起,网络公关的出现便成必然。

2012 年发布的《中国公共关系业 2012 年度调查报告》指出,网络公关业务产值占整个公关行业市场的比重高达 11％,仅次于传播代理、活动代理、顾问咨询等传统公关服务手段,成为 2012 年度无可争议的"最佳新秀"。该报告显示,2012 年整个公关行业营业额估测超过 303 亿元,按照网络公关业务占整个公关行业比重 11％粗略计算,网络公关业的营业额高达 33 亿元,而这个数据不包含在线广告代理公司、传统广告公司以及中小型网络公关公司营业额。随着网络公关市场份额还在迅速增长,众多企业已将网络公关业务单独拆分招标。同时,随着互联网日益成熟和管理规范化、网络媒体的迅速发展,网络公关正逐渐超越其他公关服务手段,未来不可估量。

第二节　网络公关的特点与优势

相对于传统公关业,网络公关突破了时空界限,具有双向互动性、公关效果多样性以及低成本性的特点。

首先,网络公关相对于传统公关,突破了时空界限。组织在互联网这个虚拟平台上开展网络公关,使公关活动不再受时间和地域的限制。因特网光速般的传播速度,使得新闻消息不仅可以立刻在网上曝光,而且可以让一个企业的新闻消息和公关文稿迅速在网上传开。网络公关工作人员几乎可以在任何地方、任何地点发布新闻稿。不同于传统公关繁杂的过程和复杂的程序,网络公关更为自由、更为随意,同时传播更加迅速,影响更加广泛。

其次,网络公关具有双向互动性。网络公关以互联网为平台,更易于开展企业与客户之间的即时互动。企业可利用互联网,在网上与客户消费者展开对话,并通过这种互动交流来征询消费者对产品的意见,收集其对产品的评价及反馈意见,使公司既可以了解市场未来走向、客户真实需要,又可以增进与客户之间的感情。

再次,网络公关效果具有多样性。由于互联网本身具有娱乐、信息量丰富、传播迅速、波及范围广等特性,因此以互联网为平台的网络公关也相应具有这些特性。企业根据自身发展需要选择最合适的方法处理企业公关问题,根据不同要求来树立企业公关形象,从而为企业的品牌建立打下良好的基础。互联网为企业公关提供了多种多样的公关渠道与形式,企业可根据自身的情况和需要,选择适当的公关形式。

最后,网络公关具有低成本性。企业借由互联网进行公关活动,就意味着它可在互联网这个免费平台上自由发布新闻消息。和传统公关相比,网络公关的宣传成本要更为低廉,但这并不影响它的高效率。网络公关尽管具有低成本性,但针对性强、效率高,其巨大的宣传作用对企业口碑的形成发挥着重要的作用。堪称性价比最高的公关方式。

互联网的普及以及网民数量的增多,企业逐渐意识到互联网的巨大威力,很多敢为天下先的企业在主动和被动中成功地运用网络公关的力量,获得巨大收益,并使企业拥有良好形象和巨大影响力。因此,充分利用网络公关,实时监控网民动向,利用网络公关的强大优势对企业进行宣传,可以起到事半功倍的效果,取得巨大收益。

思考题

1. 什么是网络公关？
2. 简述网络公关迅速发展的原因。
3. 网络公关的特点和优势有哪些？

第二章
搜索引擎公关

第一节　每日使用的搜索引擎

搜索引擎作为公众几乎每日都需使用的工具,在获取网络信息方面发挥着极为重要的作用。它们会根据自身的程序搜集互联网上的信息,并将其归类,使用户在海量的内容中快速搜寻到想要的信息。而使用搜索引擎的水平,可以体现个人驾驭网络、获取网络信息的能力。对组织而言,如何使用搜索引擎,使其处于有利位置,对自身的发展至关重要。目前,我国的搜索引擎市场基本被百度所垄断,呈现多家并存,一家独大的局面。

一、搜索引擎的概念

互联网上的信息浩如烟海,而一般用户查找资料时都带有一定的目的性,面对纷繁的信息,用户如何顺利找到自己所需要的信息并且尽量减少遗漏是不得不解决的问题。所谓搜索引擎,是一套根据用户在页面上输入的关键字,对互联网上的信息进行检索、归类以及整合输出的系统,它常常由专注于搜索的网站提供。

搜索引擎由信息收集、信息整理和用户查询三方面组成。用户在搜索页面输入某个关键词后,点击“搜索”按钮,由浏览器将其提交给搜索引擎,搜索引擎再根据相关度的高低,将数据库中包含该关键词的网页进行排序,将检索结果提供给用户。搜索引擎提供的网络导航服务,是互联网至关重要的网络服务之一,它可以快速且较准确地满足用户的信息需求。

二、搜索引擎的分类

依据不同的分类标准,搜索引擎可分为不同的类型。按索引方式,大致可以分为全文索引型和目录索引型。

1. 全文索引型

全文索引是用户最为熟悉的搜索方式,在中国最具影响力的两大搜索引擎——百度和谷歌就是全文索引型的。它们通过从互联网提取各个网站的信息,建立起自己的数据库,并能检索与用户查询条件相匹配的记录,将内容摘要按一定排列顺序返回给用户。一般搜索引擎指的都是这一类型。由于它收集了互联网上难以计数的网页,并且收录了其中的每一个词,因此是名副其实的全文索引。

全文索引的搜索引擎是纯技术型的,一般都拥有自己的检索程序,俗称“蜘蛛”。“蜘蛛”需要定期对原有信息进行抓取,以更新自己的数据库,在对相关网站进行检索时,一旦发现新的内容,立即自动更新、将其收入数据库,以备用户查询。此外,相关网站由于需要依靠搜索引擎来导引用户,获得流量,也会定期进行网站优化,主动向搜索引擎提交网址,邀其扫描相关信息。

2. 目录索引型

目录索引并不是严格意义上的搜索引擎,不需要“蜘蛛”,它由系统工作人员根据网站向搜索引擎提交的信息,通过审核编辑,人为地进行分类,将其归入不同的类别,再输入数据库,建立目录分类体系。用户可以根据关键字进行查询,也可以根据分类目录从最高层开始浏览查询,逐层深入,找到所需要的信息。雅虎是比较典型的目录索引型搜索引擎。

与同时反馈大量信息的全文索引相比,目录索引更具有针对性强、命中率高的特点。全文索引提供了最全面、最广泛的搜索结果,但是同时由于没有清晰的结构层次,会显得杂乱无章,主次不分。目录索引对信息进行系统的分类,用户可以明确地找到同一类别中的大量信息,无用的信息比较少。但局限性在于提供的范围较小,若用户对自己所需信息的分类不清楚,会造成搜索障碍。为了弥补两者的不足,满足用户不断提高的需求要求,现在不少的搜索引擎在向着更高层次发展,既支持全文索引,又支持目录索引,在默认索引方式下,为用户提供更高质量的搜索结果。

此外,互联网还有元搜索引擎、集合式搜索引擎、门户搜索引擎等多种相对小众的索引类型,此处不一一赘述。

三、常用的搜索引擎

1. 百度

百度一向号称是全球最大的中文搜索引擎、最大的中文网站,其在国内搜索引擎市场上的统治性地位短期内是无可撼动的。"百度"二字源于宋朝文人辛弃疾的词《青玉案·元夕》里的"众里寻他千百度",象征着百度对于中文检索技术的不懈追求和美好愿望。

2000年1月,百度公司由李彦宏、徐勇在北京中关村创立,旨在向用户提供"简单,可依赖"的信息获取方式,并提出"百度一下,你就知道"的著名口号。百度提供的搜索服务包括:以网络搜索为主的功能性搜索,以贴吧为主的社区搜索,针对各区域、行业所需的垂直搜索,MP3搜索,以及门户频道、即时通讯(IM)等。

从最初员工不足10人发展至今,公司员工人数已超两万,公司已成长为中国市值最高的互联网上市公司。众多中国网民每次上网必定用到百度,他们习惯通过百度搜索,进而点击某些网站。曾经出现过百度服务器运行异常的情况,在无法使用的几个小时内,相当数量的小型网站访问量一度为零,可见百度的重要性。正是由于百度的巨大影响力,在搜索结果的排序方式存在着商机,引起了用户和商家的兴趣和关注,于是百度竞价排名等应运而生。

2. 谷歌

谷歌目前被公认为是全球规模最大的搜索引擎,同时也是互联网上最受欢迎的五大网站之一,它提供了便捷有效的免费服务,在全球范围内拥有无数的忠实用户。谷歌允许以多种语言进行搜索,在操作界面中提供了30余种语言以供选择。Google一词取自数学术语"googol",指的是10的100次幂,用来代表互联网上可获得的海量资源,以及谷歌为用户提供优质搜索的决心。

谷歌公司于1998年9月7日以私有股份公司的形式创立,用以设计并管理一个互联网搜索引擎。公司创办人为拉里·佩奇(Larry Page)和谢尔盖·布林(Sergey Brin)两人,总部位于加利福尼亚山景城。其比较著名的一个非正式口号是"不作恶(Don't be evil.)"。

谷歌提供全面的搜索服务主要有:网页、图片、音乐、视频、地图等。除了最基本的文字搜索功能,谷歌搜索还提供至少 22 种特殊功能,如同义词、天气预报、时区、股价、地图、地震数据、体育赛事比分等,可充分满足用户的搜索需求。

据估计,谷歌在全世界的数据中心运营着超过百万台的服务器,每天需处理数以亿计的搜索请求。然而,谷歌在中国的本土化推广并不顺利。2010 年 3 月 23 日,谷歌公司宣布将服务器搬至香港,中国域名 www.google.cn 也链接至谷歌香港的域名。

3. 雅虎

雅虎搜索是一种比较典型的目录索引型搜索引擎,有着最"古老"的搜索数据库,所收录的信息全部由工作人员进行专业的编辑、分类,质量过硬。在全球范围内,雅虎是谷歌的主要竞争对手之一。"雅虎"的含义是:"另一个层次化的、非正式的预言。"

1994 年 1 月,大卫·费罗和杨致远在美国创立雅虎,旨在帮助用户有效地查找和识别互联网上存储的信息,此后雅虎逐渐由网络搜索引擎公司发展成为门户网站。雅虎有着强大的数据库,可以搜索全球 190 亿个网页,20 亿个中文网页,支持 38 种语言,目的是"让人们可以找到、使用、分享、扩展所有的知识"。通过其 14 类简单易用、手工分类的网站目录,用户可以轻松搜索到各方面的信息。1999 年中国雅虎网站开通。同谷歌类似,雅虎搜索在中国的发展也不是很顺利,它在中国的现状无法与其在国际上的地位相称。

国内的搜索引擎市场正处于快速发展阶段,百度在当前拥有绝对的优势地位,但各类搜索引擎的发展势头也不容小觑,如腾讯搜搜、搜狗、即刻搜索、盘古搜索等,都在快速发展。

第二节　搜索引擎公关的基本内容

由于网民对搜索引擎的依赖,一些企业和个人通过影响搜索结果的排序、屏蔽负面信息等手段开展公关活动,搜索引擎公关由此产生。

搜索引擎公关,是指个人或组织通过有意干预,使谷歌、百度等搜索引擎尽可能显示有利于自己的信息,同时减少负面信息,使个人或组织处于比较有利的位置。搜索引擎公关内容主要包括搜索排名、相关搜索以及下拉框显示等。下面主要以百度搜索为例,对此进行介绍。

一、搜索排名

所谓搜索排名,是指用户在搜索引擎中输入关键词进行信息搜索时,所得到的搜索结果的先后排列顺序。搜索排名公关的任务,是让对个人或组织最有利的信息,尽可能排名靠前。由于用户大多习惯于关注搜索结果的前两页,特别是首页,排名越靠前,越有可能获得访问量,对组织越有利。尽管各大搜索引擎都声称自己的搜索结果排名是科学可靠的,但由于计算方法等方面的差异,同一关键词在不同网站的检索结果往往差异较大。作为组织需要重点关注的,是在比较大的搜索引擎中的搜索结果排名,这其中最重要的是百度搜索排名。

那么,如何进入搜索排名的前列呢?

方法一:在搜索引擎上投入广告费,百度公司在相关搜索时,会优先显示相关信息。百度著名的竞价排名服务,使得企业用少量的投入就可以获得大量潜在客户,有效提升了企业销售额和品牌知名度。所谓竞价排名,是指企业在百度上注册属于自己的关键词,当用户搜索该关键词时,企业在搜索结果页面的排位高低按其所出价格的高低排序。此后,按照用户对企业网站的点击率付推广费给百度。

方法二:利用百度网站的相关子网站,如百度文库、百度百科、百度知道、百度地图、百度招聘等。企业或个人可以在这些子网站上投放相关信息,百度搜索时会优先显示这类子网站上的信息。如本书作者可以在百度文库中制作若干以"网络公关实务"为名称的各类文档,当用户搜索"网络公关实务"时,本书的相关信息就可能被靠前显示。

方法三:依靠新闻发布。新闻源在网络领域内的地位举足轻重,具有公信力与权威性。不同的搜索引擎有不同的新闻源网站,来自这些网站上的信息,会被优先显示。百度新闻源收录的要求是:正式出版的报纸和杂志、广播、电视台网络版;政府及组织机构的官方网站;拥有高质量的原创资讯内容,在其目标领域内具有一定的用户认知度和一定规模的忠实阅读群的门户、地方信息港、行业资讯等网站。如果企业的网站符合百度的新闻源收录要求,可以通过投诉中心的"新闻源收录"提出申请。一旦申请成功,企业就多了一个提高搜索排名的机会。如图 2-1 所示。

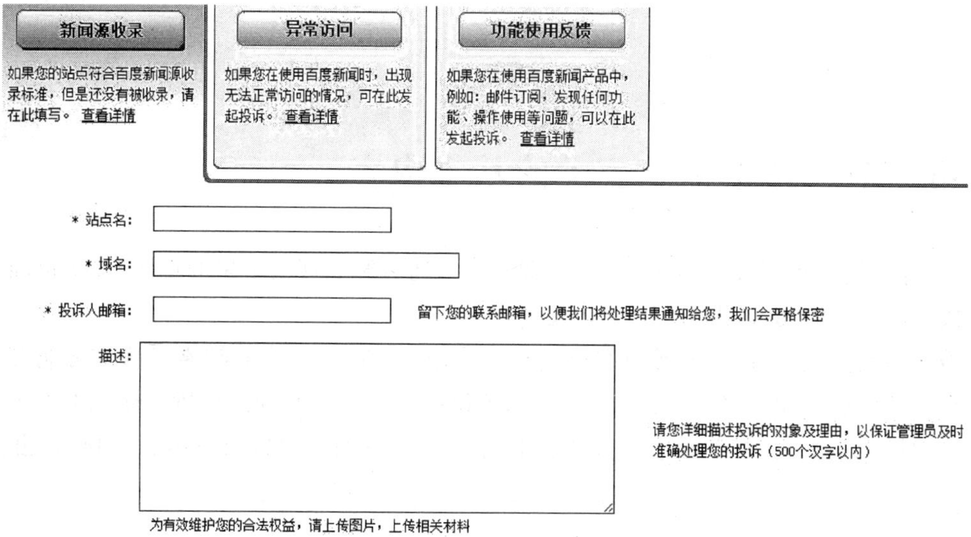

图 2-1

另外,来自政府机关或事业单位网站的信息,搜索引擎网站会提高其权重,也会被优先显示。比如本书出版后,若在华东师范大学出版社网站上及时发布信息,相关信息就比较容易被百度优先收录。因此,企业可以优先考虑在政府官方网站上发新闻稿。

方法四:针对搜索引擎进行网站优化。搜索引擎优化(SEO, Search Engine Optimization),是利用搜索引擎的搜索规则,对网站进行内部及外部的调整优化,来提高目的网站在有关搜索引擎内的排名。具体而言,企业需做好网站的关键词分析和布局,页面结构的设计,网站内容的更新,页面标签优化等工作。

1. 关键词的分析和布局

企业应根据自身的业务特色以及网民的搜索习惯,站在用户的角度选好合适的关键词。关键词一般按相关度被分为一级关键词、二级关键词,以及长尾关键词。一级、二级关键词是目标关键词,一般就是网站的主标题。长尾关键词是指那些并非目标关键词,但也可以带来搜索流量的关键词。对于关键词的选定直接关系到企业在搜索引擎上的排名,因此需按照各关键词间的相关度做好分级。企业可充分利用网上的关键词分析工具帮助自己找到合适有效的关键词,前文所提的百度指数也可以作为参考。同时,企业需仔细分析同行业竞争对手对于关键词的设定。

选取了合适的关键词,恰当的密度也是优化的一部分。一个页面包含的关键词数量不宜过多,不可堆砌,应以精准为主。每个网页的关键词一般不要超过 3 个,让内容围绕着关键词展开。此外,在网页中某一关键词出现的频率越高,搜索引擎便会认为该网页内容与相应关键词的相关性更高,但那样的页面也有可能会被搜索引擎自动过滤掉,因为关键字过多可能会触发关键字堆砌过滤器(keyword stuffing filter)。

多个关键词在网站中需要合理布局,最重要的一级关键字应放置在网页 title 标签的开头部分。二级关键词的安排在栏目页,长尾关键词则安排在文章页或产品页面。

2. 页面结构的设计

网站应该有清晰的结构,以便搜索引擎快速理解网站中每一个网页所处的结构层次。合理的网站结构应该是一个扁平的树型网状结构。如图 2-2 所示。

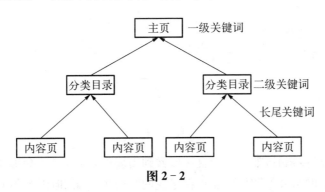

图 2-2

树型结构通常分为三个层次:首页、分类目录、内容页,具有扩展性强的特点,当网站内容变多时,可以通过细分目录来逐层细化。同时应当为每个页面都加上条理清晰的导航栏,将关键词融入其中,让用户可以方便的返回首页,也可以让搜索引擎方便地定位网页在网站结构中的层次。

一些企业为了美观和制造噱头,将至关重要的网站首页设置成纯图片或 flash 形式,华而不实,不利于搜索引擎排名。百度通过一个叫作 Baiduspider 的程序抓取互联网上的网页,经过处理后键入索引中。目前只能读懂文本内容,flash、图片等非文本内容暂时不能处理,放置在 flash、图片中的文字也无法识别。Flash 和图片可以保留,但更关键的是文字的处理和链接的投放。

需要注意的是,做好站内链接对于搜索排名也是有益的。网站上每个网页都应该有指向上、下级网页以及相关内容的链接,需确保每个页面都可以通过至少一个文本链接到达。重要的关键词页之间可建立众多反向链接,诱导浏览者进一步点击。必要的时候,也可以适当插入一些权威网站的链接来提高自身页面的可靠性。同时应尽量避免死链接,死链接会影响整个网站的整体形象,再者搜索引擎是通过链接来进行搜索的,死链接会降低网站在搜索引擎中的权重。

3. 网站内容的更新

网站的成败取决于其实用性。如果网站设计得精美,内容却差强人意,依旧于事无补。要想长期吸引用户必须靠网站的内容,企业需根据互联网上的反应有规律地对网站内容进行更新,其中最重要的是多写一些原创的软文,软文中尽量以关键词为主题。

4. 页面标签优化

页面标签优化主要针对标题标签、描述标签等。页面标签用来提供关于页面的附加信息。标签通常都是不可见的,但并不意味着它对搜索结果没有影响。描述标签应包含丰富的信息和关键词,与页面主题相符,但不可堆砌关键词。关键词标签一般对搜索引擎优化没有什么作用,无需过于关注。

二、百度相关搜索

用户在百度上进行搜索时,在搜索结果页的最下方,往往会显示相关的搜索。例如,在百度上输入关键词"搜索引擎公关",在搜索结果页的最下方,出现了"危机公关"、"公关小姐"等相关搜索。如图 2-3 所示。

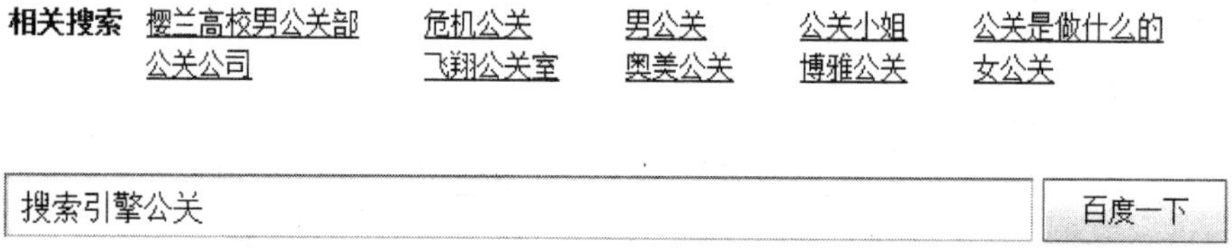

| 相关搜索 | 樱兰高校男公关部 | 危机公关 | 男公关 | 公关小姐 | 公关是做什么的 |
| | 公关公司 | 飞翔公关室 | 奥美公关 | 博雅公关 | 女公关 |

| 搜索引擎公关 | 百度一下 |

图 2-3

用户在进行信息搜索时,如果未能直接搜索到需要的信息,往往会参考相关搜索中的信息。如用户在搜索"网络公关"时,可能正在寻找网络公关公司,但因为不知道专业的网络公关公司有哪些,所以最初使用了"网络公关"一词进行搜索,一旦用户发现了相关搜索中的具体公司,就会进行下一步的点击。由于用户的这一使用习惯,使得相关搜索具有非常重要的价值。作为公司或组织而言,如果能令对自己比较有利的信息出现在相关搜索中,则会达到客观的公关效果。如在搜索"网络公关公司"时,相关搜索出现了"上海本末公关公司"等选项,这就可以为该公司提供一个非常好的宣传效果。除此之外,若相关搜索一栏出现对企业不利的负面信息时,也可以通过编辑其他相关搜索的关键词并进行大量搜索的方式,将负面信息挤走。

企业如果想要使某一关键词出现在百度相关搜索中,就需要数量庞大的用户在百度上进行相关搜索。巨大的用户搜索数量,不仅需要企业本身能够提供对普通用户有用、具有吸引力的信息,同时也需要依靠宣传的力量,使网友能够响应企业的请求而进行搜索。另一个简洁有效的方法是找网络公关公司,让它们来专门负责刷网络相关搜索。

那么,网络公关公司是如何刷相关搜索的呢? 或者说,企业和组织想要依靠自身来刷相关搜索该如何做呢? 答案是:如果用户在第一次搜索之后,直接在结果页面进行第二次搜索的话,百度会认为后者是前者的相关关键词。当搜索第一个关键词时,所请求的参数是这个单一的关键词,而搜索第二个关键词时,会连带前者一起发送请求。如果同样的搜索出现了很多次,百度会认为前后两个关键词的关联性很大。而刷相关搜索,可以采用人工搜索或者在高流量网页中做带有关键词的链接代码和弹窗的方法实现。可以先搜索第一个关键词,再去搜索需要刷的相关词,然后复制上面的地址,每天以 1.5 倍递增的方式绑定几个大网站设置弹开窗口(弹窗)。弹窗广告对用户而言并不陌生,当打开一个页面时,偶尔会自动弹出另外一个窗口,大部分都是广告,也有一些是单独的页面。百度搜索结果也是一个单独页面。当用户打开正常页面以后,如果自动弹出百度搜索结果页,就自动帮助搜索了一次关键词。如图 2-4 所示。

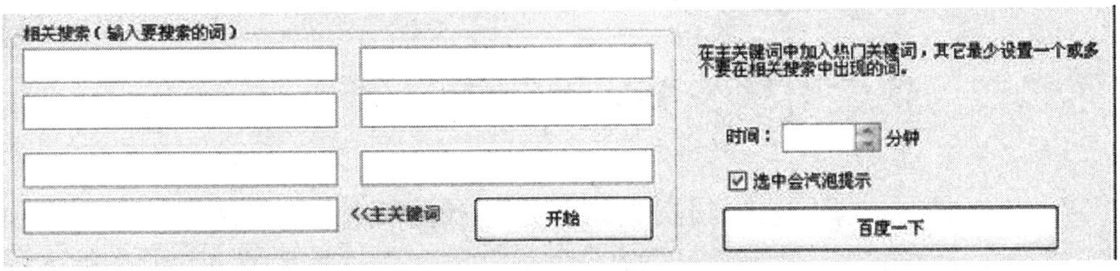

图 2-4

之前有不少人使用这样的方法,百度多次识别出类似的作弊行为,为此改变了程序,采用了新算法。当某一个词语在某一时刻突然搜索量不合常理地激增,与百度日常机制出现很大的差别时,百度的程序就会自动判断这个词语是真搜索还是假搜索,是用户自然搜索还是作弊行为。而每天设置 1.5 倍递增就是在模拟一个人工自然搜索量的过程,躲过百度的排查。此外,百度现有的算法可以识别出是否是不同的 IP 地址在搜索,如果出现不断使用同一个 IP 搜索的情况,就默认是在作弊。目前网上有大量辅助刷相关搜索的软件可供付费下载使用,或者直接交予网络公关公司负责。

三、下拉框显示

除相关搜索外,下拉框显示在搜索引擎公关中也担当着类似的角色。百度下拉框的官方正式称谓是百度推荐词(Baidu Suggest Word),民间又称之为百度联想词或百度下拉菜单。所谓的下拉框,是指在搜索引擎的相应位置输入某一关键词时,系统自动提示最近一周被相关搜索最多的词,其中不排除人物刷搜索的可能。如在百度输入"网络公关"时,下拉框会自动出现"网络公关公司"。当用户搜索某个产品或服务时,看到下拉框中加粗的黑体字,潜意识中就会认为这些是大家最关注、最受欢迎和好评的商家或品牌,具有说服力,直接吸引用户点击查看。下拉框有着极高的商业宣传价值,因此,刷下拉框显示也是搜索引擎公关的重要内容。

百度下拉框的形成,与百度相关搜索的原理类似。具体操作是百度从每天数以亿计的用户搜索中,分析提炼出搜索量巨大的词条,生成百度推荐词数据库。之后,用户在搜索框输入文字的过程中,百度就从该数据库中提取出以用户已经输入的字打头的词条,并动态地生成下拉菜单。下拉菜单中的词条最多为十条,被誉为"十个黄金广告位"。

随着搜索引擎公关的不断发展,针对搜索引擎的优化引起了越来越广泛的重视,不少商家和组织试图投机取巧,利用不正当的方式进行宣传,获取利益。需要注意的是,无论是人为地刷百度相关搜索还是刷下拉框,短期内可能会有不小的回报,可以迅速有效地解决一次网络公关危机,但终究不是长久之计。企业若想真正做出品牌,真正获得固定的客户群,踏踏实实做好自己的产品和服务,认真经营自己的网站,在日常工作中时时注重品牌的维护,才是正道。熟悉搜索引擎公关可以为企业带来便利,沉着应对网络公关危机,但不该用来破坏互联网上的良性竞争,造成网络秩序的混乱。类似故意发布负面信息,抹黑竞争对手的行为是遭人唾弃的。

第三节 搜索引擎公关案例分析

案例:举报某县常务副县长陈某(化名)

2012年3月底,有人在网上举报某县常务副县长陈某贪污受贿,长期以来大肆进行权钱交易,鱼肉百姓。帖子随即被网民不断转载,事件的影响力不断扩大。一开始,陈某采取的措施是花钱雇佣网络公关公司进行集中删帖,删除各网站转载的帖子。然而效果并不理想,信息的压制反而在网民心中坐实了陈某的恶行,网络上的讨论络绎不绝,舆论的谴责达到了高潮。

为此,陈某方面改变策略,又重金找了一家网络公关公司,要求在百度上搜索关键词"举报陈某"时,搜索结果前三页无任何负面信息。这家网络公关公司接手后随即展开行动,编撰了数十篇关于陈某的正面形象的宣传新闻稿,利用自身的公关能力协调各家媒体每天定时定量投放。同时编写大量论坛讨论稿,组织专人每天在各大论坛发帖数万篇,极力引导舆论走向。在各篇举报帖的后面,组织水军以当地群众的身份谴责发帖者目的不良,所言皆为诽谤,不断歌颂陈某的优秀事迹,显得义愤填膺,充满情感。

经过一段时间的活动后,在百度搜索页面的前几十页,基本找不到负面的信息,出现的都是正面的新闻。即使搜到一两篇举报帖,底下也都是正面的评论。

这是一个相对负面的案例,事实的真相也许早被掩盖,终究不为人所知,若不论网络公共的伦理道德问题,从陈某的角度出发,这对他来说算是一次成功的网络公关活动,虽然一开始出现了一些波折。事件发生之初,负面信息一出现,陈某方面的第一反应就是删帖,即压制负面信息。这也一般是出现危机的事件方的第一反应。然而网络言论宜疏不宜堵,并非一个"删"字可以解决的。网民情绪不理性的成分居多,民意很容易往偏激的方向发展。雇佣的网络公关公司所采用的是最为普遍但见效最快的方式,重点放在通过不断产出正面信息来压制负面信息。对于来自媒体和知名博客上的负面信息,需网络公关公司采用公关手段,说服其消除负面信息页面,这也是考验公关能力的时刻。

这一风波过去后,陈某方面并没有注重进一步的舆论维护。至 2013 年 4 月,在百度搜索"举报陈某",举报帖再度出现在首页。

本案例是个人的危机,事件风头一过,无人再去追究,无人再去刻意搜索,也就不必太在意以后的搜索结果。但如果是企业,对于自身品牌的维护应当是长期性的,而不仅仅是避过一时的危机。

思考题

1. 什么是搜索引擎公关?
2. 搜索引擎公关的基本内容是什么?
3. 实践活动:搜集一起搜索引擎公关案例。

第三章
网络新闻公关

在网络公关活动蓬勃发展的过程中,网络新闻公关近年来迅速崛起,并且以其自身独特的优势和功能,成为现代公关活动的重要组成部分。网络新闻公关是传统新闻公关的延伸,是一个全新的并且亟待进一步深入挖掘的公关领域。

第一节 网络新闻公关概述

网络新闻公关是传统新闻公关与互联网在各自独立发展的过程,逐渐融合起来并快速发展的新型公关形式。但它不是两者的简单相加,而是在两者结合的基础上,形成的一门新的公关艺术。在深入理解网络新闻公关并了解其实施过程前,必须首先掌握网络新闻公关的基本概念与相关特点。

一、网络新闻公关的概念

网络新闻公关,是指企业、政府、各类社会团体等组织或个人通过互联网的各类网站,发布各类有传播价值的新信息,向与组织或个人相关的利益公众传递特定信息并实现与公众沟通,从而创造有利于组织发展的内外环境,以达到特定目的的活动。由这个定义可以得出,网络新闻公关包括以下几层含义。

1. 网络新闻公关是一种有目的、有意识的特殊活动

网络新闻公关是公共关系活动的一种形式,它的开展必然是基于某种特殊的目的。从总体来说,网络新闻公关是为了协调组织与公众的关系,为组织创造一个良好的内外环境,同时塑造良好形象。然而根据组织的性质和具体情境的不同,网络新闻公关又有许多细化的目的。例如:企业希望通过网络新闻公关来营造有益的推广环境,推销企业的产品或服务;政府希望通过网络新闻公关,向民众公布信息并协调各类关系;一些非营利性组织一般借助网络新闻公关来宣扬自己的主张和立场。由此可以看出,网络新闻公关总是围绕着特定的目的展开,它本身不是目的,而是为了服务于不同组织的需要而开展。

2. 网络新闻公关是以网络新闻为主要手段的公共关系活动

网络新闻公关不同于其他网络公关活动的其中一个表现,就是其所采用的主要手段是发布网络新闻。网络新闻公关主要有两种形式:一是网络媒体新闻,二是网络新闻发布会。网络新闻公关发布的主要平台是网络门户网站或网络媒体,一般有综合性门户网站、行业性门户网站、新闻媒体的网络版、网络出版物等四种形式。而最常用的发布工具是各种门户网站,例如:新闻媒体网站、娱乐体育网站、科技教育网站、生活服务网站、工业企业网站、政府网站、个人主页和个人站点等。

3. 网络新闻公关是为了传递特定信息,并实现双向沟通

网络新闻公关的核心内容是网络新闻,因而决定了网络新闻公关的首要任务是通过潜移默化的形式向公众传递新闻信息,即包括组织的基本情况和立场的新闻信息。另一方面,网络新闻公关通过考察公关活动的效果,监测、收集公众的反映和感想,实现组织与公众之

间的沟通。

二、网络新闻公关的特点

网络新闻公关作为网络公关活动的一种特殊形式，必然有其鲜明的特点。网络新闻公关之所以有这些特点，是因为它依附于互联网技术而使其突破传统新闻公关，同时借助新闻的优势而区别于其他网络公关形式。

1. 极强的时效性

网络的实时通讯和快速的信息发布功能赋予了网络新闻公关强大的时效性。传统的新闻媒体从新闻线索的采集到新闻传播之间存在着较大的时间差。而网络新闻公关通过发达的信息传送和接收设备，跳过了排版、印刷等诸多繁琐环节，实现了直接在电脑上制作，缩短了新闻传播周期，因而大大提高了时效性。当新闻事件发生时，网络新闻公关工作人员能够借助便捷的远距离信息传输完成公关活动的策划和编辑，并赶在第一时间发布网络新闻或是召开网络新闻发布会。

2. 地域的广泛性

互联网技术的发展为实现远距离信息传输提供了可能，使整个地球成为一个联系紧密的"地球村"。网络新闻公关利用互联网实现了大面积的网状信息辐射，从而使得公关活动突破了地理上的局限，超出公关活动的发生地，实现了公关活动传播的地域性，甚至是国际性，大大拓展了公关活动的影响范围。

3. 形式的多样化

传统新闻公关主要是在传统媒体上发布新闻稿或举行现场新闻发布会，而通过网络则可以将多媒体技术与新闻公关活动完美地结合起来。网络新闻公关不仅拥有正规的文字内容，同时还可以将声音、图像、动画、视频和丰富的链接资源融入新闻公关中，这样就实现以超文本、超媒体的手段表现新闻信息，实现了图文并茂，丰富多彩的效果。这种集报纸、广播、电视、网络等媒体的优点于一身的方式，不仅实现了公关活动形式的多样化，也增添了网络新闻公关活动的现场感、真实感，增强了网络新闻公关的感染力和影响力。

4. 良好的互动性

网络新闻公关的另一个重要特点就是可以实现及时的信息互动。反观传统媒体在传递新闻信息时，公众总是处于被动的地位。而网络为组织快速、及时地开展新闻公关活动提供了途径，同时也为公众自由表达自己的意见和建议搭建了一个言论场。网络的评论功能比传统媒体的读者、观众来信或来电给予了公众更大的自主性，使得新闻公关突破了原先的单向传播，开创了一个与组织、与公众互动的良好局面。

5. 传播的延续性

网络强大的信息储存功能和资源共享功能，使得新闻公关可以长时间、扩散性地传播。首先，通过这种方式，网络新闻公关的信息和内容可以重复性地传递、扩散，这样就实现了地理上的扩展，同时也可以延长事件和话题的生命周期，突破时间上的局限。其次，网络新闻公关可以利用附加的各种链接实现内容上的延伸，扩展相关知识或信息，便于对整个公关活动进行一个专题制作，开展全过程的跟踪报道，使事件更加完整地呈现在公众面前。

6. 内容的权威性

网络新闻公关相较于其他网络公关形式而言,还具有较高的权威性。但是,这里的高权威性不是绝对的。在现实生活中,许多网络新闻的可信度相较于传统媒体而言是较低的。然而,在众多的网络公关形式中,由于网络新闻公关活动一般见诸于专业的网络门户和组织的官方网站,代表着一定的立场和观点,因此它的专业性和权威性也得到了较高的肯定。

7. 成本的低廉性

网络新闻公关传播成本相较于传统新闻公关传播而言要低廉得多。传统的新闻公关一般需要在报刊、电视媒体上宣传新闻信息,需要组织或个人支付较高的版面费用。而网络新闻公关的开展门槛较低,除去委托专业的新闻门户网站发布新闻,组织可以利用自己的官方网站、站点或是直接在一些网站上注册发布新闻信息或发布网络新闻发布会的相关视频。这些都大大降低了新闻传播的成本,促进了网络新闻公关的繁荣。

三、网络新闻公关的价值

网络新闻公关综合网络新闻与公共关系的优势并融合创新,在现代公关活动中焕发出无限生机,并且在蓬勃发展的网络公关活动中具有重要价值。网络新闻公关的价值表现在多个方面,它在给组织带来直接好处的同时,也为公众创造了许多的便利,为整个公共关系学科和实践的发展,汇聚了一股新的力量。

1. 它将特定的信息及时、有效地传递给组织的相关利益公众

网络新闻公关可使组织利用网络的高新技术,快速地将组织希望传播的信息传递给广大受众,同时,网络给予公众一个自由选择的空间,公众可以根据自己的兴趣及利益诉求来选择需要着重关注的信息,这样就提高了组织信息传递的效率。同时,依靠先进的互联网技术,现代网络新闻公关实现了专业化与多样化的经营,注重公众的需求,对公关活动的相关新闻信息进行适当整理、分类,并且根据公众的不同特点划分相应的群体,使信息更有效地在目标公众之间传递。

2. 它是有效宣传组织、塑造组织形象的重要途径

首先,网络新闻公关全面地、大范围地传递信息,扩大组织的影响力,也就提高了组织的知名度。其次,网络新闻公关通过某一事件来宣传组织,其中往往体现了组织的立场与观点,也间接表现出一个组织的特征与文化。这些都为公众了解组织提供了一个接触点,也就在公众心中塑造起一个组织的形象。所以,网络新闻公关虽然被新技术赋予了新力量,但是仍肩负着公关活动最初的任务与使命,是协调关系、塑造形象的重要途径。

3. 它为实现组织与公众的双向沟通提供良好的平台

网络新闻公关借助网络新闻的形式向受众传递某种特定的信息。它的表现方式显得客观、公正,即在叙述过程中悄无声息地让受众自动接收了相关信息。同时,借助网络这个平台,公众有了良好的抒发个人意见的渠道,可以较为自由地表述见解,由此组织就能够较为及时地接收到公众的反馈,从而迅速开展后续活动。因此,网络新闻公关实现了组织与公众之间的双向沟通,成为组织与公众之间沟通的桥梁,为开展对等的公共关系活动奠定了一定的基础。

4. 它开创了公关发展，特别是网络公关发展的新领域

网络新闻公关异军突起的情势，开创了网络公关研究的新阶段。在学术方面，网络新闻公关的理论发展会丰富公共关系学说的内容；在实践方面，网络新闻公关活动的活跃开展，将会为公关活动提供新的操作范例，同时也可以为在广泛开展的基础上，总结出一套详细的、合理的网络新闻公关实务执行的标准规范。网络新闻公关的发展为公共关系活动开辟了一个全新的领域。

第二节　网络新闻公关的原则、基本步骤和注意要点

网络新闻公关在不断的实践与创新中，逐渐形成了一套自己的原则、基本步骤和注意要点，它们是在实际的网络新闻公关操作过程中所得出的经验。而详尽地归纳和总结网络新闻公关要点，将成为今后开展网络新闻公关活动的具体指导。

一、网络新闻公关的原则

1. 新闻事件的新鲜感

网络新闻公关具备关注度的前提是该新闻为新近发生的事件或事件的变动。新闻的新鲜是就新闻的内容而言的，在时限上来说，新闻的内容越新、距离新闻发生的时间越短，这样的新闻事件与公众的利益相关度越高，也就越能吸引公众的关注。

网络新闻公关活动的主体部分是新闻，而该新闻不能是陈年旧事，或是老生常谈。网络新闻公关的内容主要是以下几个方面：可预测的重大事件、重大的突发事件、重要的社会话题、网站的组织宣传活动①，这些都是网络新闻公关需要关注的几个重要题材。

2. 新闻内容的真实性

根据新闻本身的定义可知，新闻是关于新近发生的事实变动的报道。陆定一曾在《我们对于新闻学的基本观点》一文中论述："新闻的本源乃是物质的东西，乃是事实，就是人类在与自然斗争中和在社会斗争中所发生的事实。""新闻的本源是事实，新闻是事实的报道；事实是第一性的，新闻是第二性的；事实在先，新闻（报道）在后。这是唯物论者的观点。"由此可见，新闻的本源是事实，这也就强调了新闻内容必须真实。网络新闻公关活动本身也就是新闻活动，因此真实性是网络新闻公关活动的首要前提和生命力的保证。网络新闻公关的开展，首先是真实的，才能在此基础上考虑其他方面。若新闻是虚假的，会适得其反，失去公众的信任，任何公关技巧都会因此而徒劳无功。

3. 网络新闻公关的合法性

任何行为都要受到法律法规的约束，网络新闻公关活动同样如此。虽然至今没有一套完整的关于网络新闻公关活动的法律法规，但是公关人员在开展网络新闻公关时要时刻以

---

① 马飞：浅谈网络新闻专题策划的三个问题[J]，《湖北广播电视大学学报》，2009 年第 5 期。

法律为准绳。首先,新闻内容本身是合法的,不是捏造的,不是侵犯其他组织或个人的合法权利的。其次,网络新闻公关活动操作过程要合法,不能存在任何非法的传播手段。网络世界纷繁复杂,公关活动开展也必然存在误区,因此我们必须要开展有利的合法活动。

4. 网络新闻公关活动的生动性

网络新闻公关活动要具有生动性,这既是网络技术发展的客观需要,也是网络新闻公关活动的自身需求。网络新闻公关突破了传统新闻公关的单一形式,不再是简单的文字稿和新闻发布会,而是一种集合多媒体技术的活动。公关人员在开展网络新闻公关活动时,在保持严肃性的同时,可以在一些细节方面增添生动性和趣味性。只有生动有趣的公关活动才能在公众心中留下深刻的印象,从而有利于引起公众与组织的共鸣,实现预期的公关效果。

二、网络新闻公关的基本步骤

1. 发现并核实新闻线索

新闻线索,也称采访线索、报道线索,是指能够为新闻采访报道提供有待证实、扩展和深化的信息,给新闻记者提示新闻的所在和新闻采访的方向。新闻线索是公关人员开展网络新闻公关的题材依据,但新闻线索不等于新闻事实,它只是表明某种信息可能成为新闻或具有一定的新闻价值,是已经或将要发生的新闻事实所发出的一种信号。因此,新闻线索具有梗概性、片段性、偶然性、稍瞬即逝和不确定性等特征。

成功的网络新闻公关以真实、可靠的网络新闻为前提。作为网络新闻公关人员,要善于发现不同的网络新闻线索。而获得网络新闻公关的新闻线索主要有以下几种途径。

(1) 正式组织渠道

正式组织渠道主要是指各种正式组织发布的各类文件、讲话、举办的活动、部门工作介绍等,它是网络新闻线索的重要来源之一。例如:中央发布的各类学习文件,政府部门定期发布的工作报告,同时还有一些企业举办的年会或公益组织开展的公益活动,都是正式组织为网络新闻公关提供的重要线索。

(2) 各类会议渠道

会议是人们为了解决某个共同的问题或出于共同的目的聚集在一起进行讨论、交流的活动,因此各类会议都蕴涵着重要的信息。尤其是会议讨论的问题和与会人员所提出的方案、建议,都是网络新闻应该关注的焦点。

(3) 各种媒介渠道

要获取丰富的新闻线索,应当重视当今各种媒介的力量。传统的报刊、广播、电视媒介在这一过程中担负着重要的任务,而进入网络媒体时代后,网络空间拥有的海量信息也无疑隐藏着许多重要的新闻线索。作为网络新闻公关人员,本身就长期与网络空间打交道,因此,公关人员应当时刻关注网络信息,并且多关注各类论坛、博客、微博等自媒体,从一些普通网名的言论、话题和日常生活中挖掘新闻线索。

(4) 新闻热线渠道

新闻热线主要是指群众的来稿、来信、来电、来访、电子邮件等。而网络新闻公关的热线活动开展,可以更好地利用网络空间的匿名性和快捷性与广大群众保持密切的互动,以便获得更多的新闻线索。因此,各类组织的新闻网站若想获得新闻线索,应该在新闻网站上注明正确的联系方式,以便群众来电来稿。图3-1就是新浪新闻网页的客服信息,其中的"联系我们"就为观众投稿提供了渠道。

24小时客户服务热线: 4006900000 010-82623378 常见问题解答 互联网违法和不良信息举报

文明办网文明上网举报电话: 010-82615762 举报邮箱: jubao@vip.sina.com

新闻中心意见反馈留言板

新浪简介 | About Sina | 广告服务 | 联系我们 | 招聘信息 | 网站律师 | SINA English | 通行证注册 | 产品答疑

Copyright © 1996-2013 SINA Corporation, All Rights Reserved

新浪公司 版权所有

图 3-1

（5）社会交往渠道

社会交往渠道,主要是针对公关人员自身而言的。网络新闻公关人员要广交朋友,建立经常为自己提供新闻信息的联系网。网络新闻公关人员可以通过一些社交网站来接触社会各个阶层的人,例如：QQ群,学生群体中流行的人人网、开心网,或其他模拟社区,以此来建立起不同的社会关系网。

（6）自我挖掘渠道

此渠道旨在说明,网络新闻编辑人员不应该只埋头于网络世界,也要立足于现实。走近生活,贴近群众,关注生活中的每一件事,利用自己的观察力和分析能力,获得最真实的新闻线索,才能使编辑出来的网络新闻超越虚拟空间的隔阂,让受众感受真切。

通过上述渠道或其他渠道获得新闻线索后,要进一步核实获得的线索,而获得线索的方法又要根据不同的新闻渠道来验证。对互联网上获得的线索要刨根究底,追溯信息的真实源头来确定线索的可靠性。公关人员也可以根据线索自己亲身探究,在现实生活中访问信息源,致电线索提供者或到新闻现场求证,避免有人提供虚假的新闻线索。

2. 编辑校对网络新闻

在获取新闻线索并验证其真实有效后,公关人员就应该开始着手编辑网络新闻的稿件,并进一步严格修改、校对,保证网络新闻内容无误,为随后的发布做准备。而网络新闻公关的编辑者在编辑网络新闻时也有一定的步骤和要点。

（1）根据材料,选择合适的表现形式

网络新闻公关的新闻内容根据表现形式大致分为网页新闻、网络新闻发布会以及根据某一新闻主题所设置的网络新闻专题。采用何种形式来表现公关的新闻内容,则需要根据具体的新闻材料、组织的具体目标、现实的技术条件等情况而定。

网页新闻是较为普遍的一种形式,大部分的新闻材料都可以被编辑成网页新闻。网页新闻的编辑方法较为简单,形式也较为随意。而网络新闻发布会一般可以用来表现较为严肃、正式的新闻事件,例如一些组织的重大声明或定期的通告宣传,都可以采取新闻发布会的形式。从技术角度来讲,网页新闻的技术条件限制较少,当技术条件具备时,可以适当地利用新闻发布会的形式。

网络新闻专题的设置和编辑,是为了表现对一些特别重大的新闻事件的跟踪报道,或对某些新闻事件进行深度采访的一种动态性的网络新闻合辑。同时,为了表现对同一事件的不同角度的观点,也可以采用专题的形式。利用网络新闻专题,可以为网络新闻公关活动营造一种规模效应和连续效应。

(2)遵循目的,编辑完整新闻内容

选定网络新闻的表现形式之后,则开始着手编写新闻内容。而网络新闻的内容编写应该是建立在一定的组织公共关系调查的基础上,因为对组织的公共关系调查是组织开展网络新闻公关的起点。而一般对于组织形象的调查分析,主要集中在以下几个方面:准确了解公众对组织的意见、态度和反映,发现影响公众舆论的因素,从中分析和确定社会环境状况、组织的公共关系状态及其存在的问题等。在充分了解上述要素后,公关人员再开始慎重考虑如何编写网络新闻。

从网络新闻的整体内容来看,无论是何种形式的网络新闻都需要具备新闻编辑的"5W"要素,这是保证整条新闻内容完整的最基本要素。网页新闻可以在新闻的开头或导语处直接说明这些要素,而在新闻发布会的发言里也要对这些要素做出清晰的说明,至于在网络新闻专题中,可以挑选其中的一则来对新闻事件的时间、地点、人物、原因和过程做出详细的叙述。

从网络新闻的目的来看,新闻的内容要始终围绕公关活动的目的来编辑。一般说来,网络新闻公关的目的都是为了某一组织或团体的利益,协调组织与公众的关系。但是,利用网络新闻进行公关活动,是希望借助网络新闻来吸引公众对某一事件的关注,因此组织的真正目的并不宜直接体现在新闻内容中,而是最好通过一种娓娓道来的方式潜移默化地进行宣传。

从网络新闻的不同形式来看,网页新闻的处理主要是编写文字稿叙述公关活动的新闻事件,利用图片处理工具来编辑新闻图片附到新闻稿件中,并对网页新闻的内容进行版面设计和排版;而网络新闻发布会的编辑,首先需要布置一个正规的发布会场景,随后由一名新闻发言人进行演讲,在对新闻发布会进行摄录后,还要由专业的技术人员对视频进行剪辑,或是一些图像的技术处理,使整个网络新闻发布会的视频资料更加精练;而对于网络新闻专题除了要编辑单页的网页新闻外,还要对整个专题的多媒体资料进行整理,对专题的标题和格式进行设计。

(3)严格校对,确保新闻事实准确

在对网络新闻完成初步编辑后,网络新闻公关的编辑要对新闻初稿采取进一步校对、修改。新闻编辑对网络新闻稿的修改,不仅要注意整个新闻内容是否与组织的公关目的相符合,还要着重审核新闻中所提及的内容是否真实。只有做到保持整个新闻事件的真实性和传播的准确性,才能够保证读者从中获得真实的信息资料。同时,编辑人员还要观察入微,对网络新闻的细节进行校对,如文中的错别字与标点符号的运用,引用的准确性,视频与字幕的匹配程度等。

3. 快速传播网络新闻

当整个网络新闻的内容已经完整地呈现,公关人员应该开始考虑如何实现快速、有效传播。同时,在网络新闻的传播过程中,也有许多环节需要公关人员加以思考和关注。

（1）选择合适的发布地点

网络世界神奇多彩,可以发布网络新闻的地点很多,但网络新闻并不能随意挑选,而要综合考虑多种要素,审慎选择网络新闻的发布地点,不同的网络新闻发布地点会给新闻的传播带来不同的效果。

如一些关于组织自身的工作报告、文件讲话等正式性文件,应首先发布在组织的官方网站上,这样可以增强网络新闻的可信度、官方感,而且可以更好地塑造组织的形象;对于批判的揭露性报道,为了避免由于立场和利益的冲突而遭到质疑,可以将新闻稿件以投稿的方式让其他的新闻门户网站和论坛发布,以大众的视角来发布新闻更能吸引读者的关注,从而达到网络新闻公关的目的。

所以,不同的新闻材料要选择合适的发布地点,公关人员不能一味地为了追求关注度而忽视合理性。网络新闻呈现在网络中的第一源头,是公众评价其可信度的重要标准,因此网络新闻公关的新闻发布场所极其重要。

（2）安排合理的传播环节

网络世界每时每分每秒都有新的信息出现,已发布的网络新闻若不及时加以第二轮、第三轮的反复传播,便会立刻被铺天盖地的新信息所掩盖。所以,当公关人员在网络上发布了新闻或是发现了可直接转载的新闻稿件后,应该立刻对稿件进行相应地转发或引用,利用网络资源的共享性和传播的超时空性,把目标的网络新闻内容推向更多的受众。图3-2描绘了简略的网络新闻理想的传播环节。

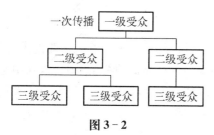

图 3-2

传播环节不仅包括上述的快速连锁性传播,同样也包括传播对象的设置。网络新闻公关活动的传播对象看似是对所有网民,但是每一项公关活动的开展都有一定的受众群体,而这些群体都是与组织利益最相关的群体。如何在这茫茫人海中抓准受众,把特定的信息传递到目标受众处,需要公关人员在平时注重思考,在传播时重磅出击。

一方面,组织可以根据新闻的内容大致划分出一个类别,把网络新闻发布在这种类型的专业网站上,那么对该类信息较为关注的群体就会通过经常浏览该网页而了解信息。例如:一些有关商业组织的新闻可以较多地传播至经济类、企业经营类等网站,而一些有关公益活动的信息可以放入志愿者网站等。

另一方面,组织还应该在平时建立一定规模的受众群体,通过数据库管理的方式对不同的受众按照性别、年龄、职业、地域、兴趣爱好等进行划分。在传播新闻时,根据受众的特点有区别地对待,如制作电子新闻报刊利用电子邮件、网络交流的方式传播至目标受众。还可以根据受众平时的阅读习惯制定一些人性化服务,如一些网站都会采用的"猜你喜欢"、"你感兴趣的"等栏目,首先提供受众可能感兴趣的新闻。

（3）采用特定的传播效果

在传播过程中,安排传播环节后,还需要增添一些特殊的传播效果。常见的传播特效主要有将网络新闻在网页上24小时滚动播放。滚动播放采用图片配标题的形式,利用动态画面的效果重复宣传,这样可以迅速吸引读者的眼球,点击阅读新闻。

还有一种通过排行榜来提高关注度的方式。排行榜前几名的新闻信息,表明了该新闻近期内广受关注,热门的信息更能引起人们的阅读兴趣。如图 3-3 是百度贴吧网站所设置的排行榜。另外,还有许多传播特效有待公关人员仔细探索,并且利用高新技术不断创新,以吸引更多的读者关注,提高网络新闻的关注度。

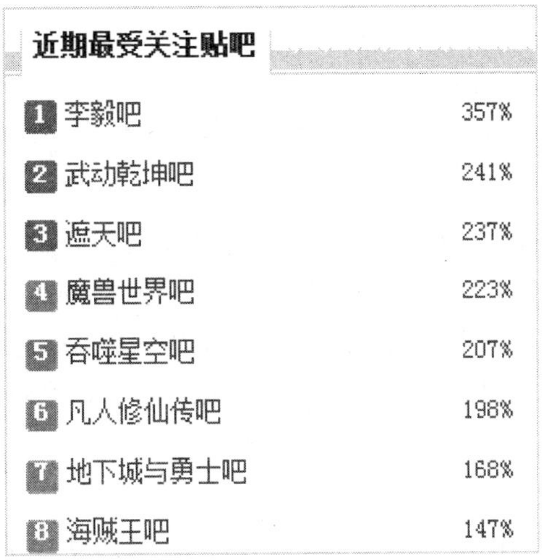

近期最受关注贴吧	
1 李毅吧	357%
2 武动乾坤吧	241%
3 遮天吧	237%
4 魔兽世界吧	223%
5 吞噬星空吧	207%
6 凡人修仙传吧	198%
7 地下城与勇士吧	168%
8 海贼王吧	147%

图 3-3

4. 合理评估活动效果

网络新闻公关评估是新一轮网络新闻公共关系工作的起点。评估的目的既是为了肯定成绩,也是为了发现新的问题,以便不断调整组织的网络新闻公关目标、公关政策和公关行为,使组织的网络公共关系工作成为有计划的持续性过程。而在进行评估活动之前,首先要通过各方面的渠道获取公众对于网络新闻的反应和相关舆论,然后进行评估。

评估过程有三个环节。

(1) 制定明确的评估标准

网络新闻公关的评估工作要顺利进行,首先要有明确的评估标准作为指导。但是,这种衡量的标准不一定需要定量的准确计量,它可以是公关人员的定性判断。公关人员在制定评价标准时,可以从以下几个方面考虑:一是网络新闻的传播效率;二是网络新闻的传播范围;三是公关活动所针对的目标公众的反应。

(2) 开展全面的评估工作

在制订明确的评估标准后,组织可以进行相关的评估工作。在这一过程中,公关人员需要注意的是,评估工作不仅要总结整个网络新闻公关活动实施过程中的优点和成功的经验,而且要客观地看待活动中的不足与缺失,并总结经验。只有全面科学地开展合理的评估工作,才能够使未来的网络新闻公关更有效地进行。

(3) 撰写合理的评估报告

公关人员既已完成评估工作,为了使网络新闻公关的成果能够保留并且对日后的工作有所裨益,网络新闻公关的工作人员还应该为本次的网络新闻画一个圆满的句号。网络新闻公关活动人员应该为每一次活动撰写完整的活动报告,报告的内容要包括活动过程和根据活动所获得经验与总结。另外,报告的形式可以有一个固定的格式,但也可以有所创新,如编写一个图文丰富的案例,以便更好地从中学习,获取经验。

三、网络新闻公关执行的注意要点

网络新闻公关在理论层面上,有着标准的操作原则和规范的操作步骤,而在具体的网络新闻公关实务开展的过程中,也有着许多要点需要公关人员关注。这些注意要点大多从网络新闻公关操作的细节出发,主要有以下几点。

1. 公关活动的新闻能够有足够的关注度

网络新闻是否具有吸引力是决定公关活动能否成功的首要前提。只有新闻具有话题性，充满吸引力，才能引发公众的关注、思考、讨论，从而扩大公关活动的范围。而要使公关活动的新闻充满魅力，需要从新闻的内容本身和制作过程来考虑。

新闻内容本身要有足够的吸引力，这再一次证明了新闻要有一定的新鲜感，是新近发生的事实。同时，新闻的内容要与众多受众的利益相关，这样新闻内容本身才会拥有较多的阅读点。要使网络新闻的内容避免同质化，公关人员应该在新闻的深度化和差异化方面寻求突破。可以尝试制作网络新闻公关的专题报道，不仅形成一种规模效应以吸引更多的读者，也可以借此形成组织的网络新闻品牌化效果。新闻制作过程要凸显吸引力，就需要公关人员拥有熟练的网络新闻公关的业务水平和知识经验，大致可以从以下几个方面着手。

（1）新闻标题先声夺人

网络新闻公关制作标题时，要充分关注标题的重要性。标题是整个新闻的精粹，在以阅读标题为习惯的网络信息时代，标题是否具有吸引力是决定受众是否选择阅读新闻的重要决定因素。因此网络新闻公关的新闻标题不仅要简洁，要涵括公关活动的核心信息，并且要做到生动有趣，引发读者的阅读兴趣。同时公关人员也可以利用网络技术，为标题增添一些特殊的效果，如发光字、悬浮效果等，这样可以吸引更多的读者。

但是在选定标题的时候，不能盲目追求引人注目，而断章取义。要谨记新闻标题是对整篇新闻的概括，而不能截取一段来以偏概全。更重要的是，网络新闻公关人员在编辑网络新闻时也不可以采用省略、歧义和模糊指代等不合理的操作方法来取得轰动效应。当读者发现新闻标题过于夸张而与内容不符时，反而会产生抵触情绪。

（2）新闻形式丰富多彩

网络新闻公关的新闻形式要有吸引力，最重要的是充分利用网络的多媒体集成效果。传统的文字稿、图片，可以搭配重要的视频、音频资料，同时提供各种相关的链接资源，都是网络新闻公关吸引公众眼球的重要手段。但是，在这一过程中也要注意对附加材料的选择。例如：图片的选择应该能够抓住某一个特殊的信息点来烘托整篇新闻稿，使得新闻稿中的重要信息能够在图片中集中爆发；音频、视频资料的链接也应当合理、合适，并且真实有效。

如图3-4所示，上述网络新闻是报道中央媒体推出"讲文明，树新风"的公益广告，该网络新闻不仅用简短精练的文字概括整个新闻事件的起因经过，而且也附上了几则公益广告的图片和几条其他公益广告的链接。这些广告图片的运用，明显增加了网络新闻的生动性和趣味性，也丰富了整条新闻的宣传形式，从而吸引更多公众关注以"讲文明，树新风"为主题的公益广告。

（3）新闻角度新颖独特

现代网络在为网络新闻公关创造了许多有利条件的同时，也带来了一个不可避免的问题，即新闻材料的重复转载、传播等，造成了新闻公关的立场、角度千篇一律而毫无新意。这样，会使公众失去对公关活动的好奇感，无法达成组织的传播目标。因此，网络新闻公关工作人员在开展公关活动时，要充分注意深度挖掘新闻的内涵信息，独立思考，进行独到的解读，达至人无我有，人有我优的境界，才能在众多的新闻中独树一帜，为成功的网络新闻公关活动造势。

图 3 - 4

2010 年 2 月下旬,一位横空出世的"犀利哥"迅速席卷了国内的网络世界,引发了一场全民的热议风暴,关于"犀利哥"现象的网络新闻不断出现在各大网站、论坛中。更有网民利用"犀利哥"的形象进行再创作,各种 PS、恶搞,把"犀利哥"置身于各种娱乐明星乃至政治明星之间,这场网络狂欢自然而然引起了媒体的广泛关注。而在这个时候,一些网络新闻从不同的角度出发,冷静、客观地思考"犀利哥"现象出现的原因,认为这是网络媒体缺乏责任感和良知的表现,又引发了一场关于新媒体时代网络媒体的规范与责任的讨论。也有媒体从另一个角度,认为"'犀利哥'其实正是无名大众为自己创造的代言人。当人们无法直接讲述时代与人性的困境时,只有通过这种貌似荒诞的行为,来表达自己的心声。可以说,网络中这些看似低俗的事件,构成了我们这个时代的精神自由,也自然流淌成我们智慧的源泉"。[①] 无论这些观点合理与否,但是这些新颖的角度都及时把这场网络狂欢平息下来,重新引发思考,开启了新一轮的学术与现实的媒体讨论。

2. 网络新闻公关要更加注重用户体验

网络新闻公关的一个重要环节就是与公众的互动。要实现这个良性的互动,就要求组织从公众的需求出发,创造一个以用户感受为优先考虑的活动过程。网络新闻公关的策划人员和技术人员要关注许多细节方面的问题,以便提供尽可能便捷、人性化、个性化的用户管理方式,创造优质的用户体验,以此来加深公众对组织的好感度。

(1)在版面设计时,要合理设计网页的界面

对于页面的色彩搭配,一般选用简单的色彩,且各个版面的色彩搭配要尽量保持一致,形成统一的色彩风格。在具有艺术美感的同时,版面也要符合大众的视觉审美效果,营造一

---

① 叶匡政:犀利哥是时代精神自由符号[N],《东方早报》,2010 年 3 月 3 日。

种舒适的视觉感受。

合理的界面设计也包括合理的内容板块。根据不同网络新闻信息的特点、时间、表现形式来合理布局。如把最新的新闻信息放在最突出的栏目,把重要的新闻信息设置专题来进行追踪报道,把图片信息与标题信息适当地结合,把广告信息间接地穿插在网页版面内,这样既能宣传广告信息,又不会使广告信息盖过网络新闻。

网络新闻的网页需设置完整的各项栏目,以便包含丰富的内容和服务。如图3-5为网易新闻的网站界面,根据不同的新闻类别设置了不同的新闻栏目,有特定的图片新闻,也有国际新闻、国内新闻等,这样公众就可以依照自己的阅读需要,阅读不同类别的新闻,真正做到良好的用户体验。

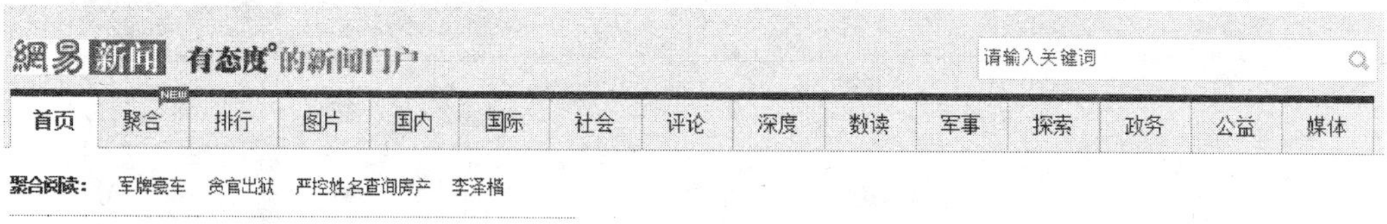

图3-5

(2) 在传播的过程中,应该倾向简单化的传播

虽然文字可以详细地描述新闻事件的起因、经过和结果,但是它不如图表与视频直观、形象。运用图片和视频来代替千篇一律的文字稿,可以让读者最迅速地获取重要信息,也可以增添网络新闻的趣味性。

另外,为了实现简单化的传播,网络新闻公关人员可以对新闻检索设置关键词。利用几个词语概括整篇新闻内容,不仅可以方便公众搜索新闻内容,而且能帮助公众将丰富多样的网络新闻进行分类、储存,以便对相类似的网络新闻进行比较阅读。

为了增强网络新闻传播的便利性,还可以借助与时俱进的科技,在传播技术上实现创新。如今手机网络不断完善,智能化手机的流行开创了网络新闻传播的新渠道。网络新闻公关人员需不断学习,借助新的传播技术,开发相关的网络应用,或是利用现今流行的二维码扫描技术,在手机网络世界实现新闻信息的及时传播,为每一位受众创造便利化的网络新闻阅读体验。

(3) 在接收反馈时,要为公众打造一个良好的发言地

注重维护互动平台和用户操作等问题,塑造一个亲切友好的阅读界面,来吸引更多的受众。最后,网络新闻公关的操作人员要注意定期维护网站、页面的程序,保障信息的正确传递和页面、站点的正常运作。

3. 讲求网络新闻公关活动的持续性

组织的公关人员还要保持网络新闻公关活动的持续性。网络新闻公关不是简单地传播新闻稿,而是一个从组织到公众,再由公众反馈给组织的双向过程。网络新闻公关活动的持续性,主要是调查每次公关活动中公众的反馈和对组织外部网络环境的监测。

一般组织的公关人员在传播网络新闻后,往往会在网页上开设一定的栏目,让公众表达自己的观点。有的是"网友跟帖"、"我来说两句"、"我要评论"等通俗的、人性化的评论栏目来获取公众的舆论,接收受众反馈。另有一些网络新闻网站为了能够更为直观、形象地获得

公众的情感反映,还设计了一些可以形象表达公众情绪的评论栏目,以一些简洁的图片让公众可以快捷地表达自己的看法。但是在开设评论栏目、接收公众反馈时,也要注意设置一定限制条件来防止部分非理性公众发表不合理的言论,也要避免非法的言论煽动公众舆论,造成不可挽回的后果。

另外,组织在平时也应该关注组织外部的舆论环境,对网络环境进行长期地追踪和评估,这样才能够更好地设置组织网络新闻公关活动的议题,使组织与公众之间有长期的互动。同时,这样也可以使组织更好地了解公众诉求,更加准确地把握公众的立场,界定组织的利益边界,为进行更加良性的网络新闻公关活动奠定基础。

第三节　网络新闻公关案例分析

网络新闻公关从诞生至今,一直快速发展,并不断完善,也取得了优异的业绩。在各式各样的网络新闻公关活动中,不乏一些出色的、具有典型意义的活动案例。每一个网络新闻公关人员要想充分理解网络新闻公关的内涵,掌握基础的网络新闻公关的操作手法,就应该了解、研究这些案例。以下就选取一个成功的网络新闻公关案例来进行分析。

案例:女民工模仿外交部发言人讨薪

简单的蓝色方格衬衣,结结巴巴的发言,直白浅显的语言,一位名叫苗翠花(化名)的女民工在"民工工资讨薪新闻发布会"的布景下,模仿外交部发言人口吻,发表讨薪公告。自2012年10月初,这段视频在网上悄然走红,并且引发了广泛关注。

这篇发言稿,直指天津市某建筑工程有限公司与天津市某区殡葬管理所之间的工程款纠纷。视频中,女民工模仿外交部发言人的口吻,讲述自己被用工方拖欠1 380万元的事实。这位自称"苗翠花"的讨薪发言人向天津一殡葬管理所追讨1 380万工程款,其中350万是民工工资。女民工在发言过程中强调,双方应该主张和平、合理、合法地索要款项,以和为贵。她还在视频中反复声称对拖欠工程款行为表示强烈的不满,并称殡葬管理所上级管理部门——该区的民政局,扮演了极不光彩的角色。民政局领导叫嚣民告官的案子输了有损政府形象,所以不能支付判决的款项。最后,女"新闻发言人"重申,该殡葬管理所应立即无条件支付工钱。视频中还有农民工扮演"讨薪社"记者,与"新闻发言人"上演一问一答。可以说,整个视频从背景到对话都极具正式新闻发布会的效果。

这段视频于2012年5月24日出现在新浪博客中,5月27日,另外一网易博客也发表了这段视频。随后于10月9日凌晨由一位自由撰稿人最先贴到微博上。视频一经上传,短时间内被数万人转发,在网络上引起极大的效应,网友们纷纷表示,这段视频既好笑又心酸。这位女"新闻发言人"用一种黑色幽默的方式,道出了民工讨薪的心酸与无奈。同时,也引发了各方的激烈讨论,对民工合法权益的保护,相关法律的制定与执行,这些都成了网络空间流行一时的话题。

随着微博、博客、论坛等平台民众舆论的不断发展,各大新闻门户网站也纷纷把目光投注到这一特别的新闻发布会上,也都编辑正式的网络新闻报道这一讨薪事件。网络世界的轰动效应迅速蔓延至现实传统媒体,各地方电视台、报刊都相继报道了这则新闻。

民众的舆论力量继续蔓延,多方聚焦关注这一新鲜但又是屡见不鲜的讨薪话题。在调查中,有记者发现据天津《今晚报》2010年2月份报道,天津市第二中级人民法院,曾在2010年前后审理过一起某区殡葬所拖欠工程款的案件。同时,视频中涉及的相关部门早先在接受中原网采访时,工作人员称,女子所言完全是歪曲事实,是施工方和联营方相互勾结骗取国家资产。工作人员还透露,该项目工程款实为680万,其中280万为民工工资,"已经于2009年全数发放,都有签字"。

双方各执一词,致使关于这场讨薪发布会的讨论也愈演愈烈。讨薪总额、讨薪发布会的真正策划者都成了各方争议的焦点。然而,官方的这一回应否决了女民工所陈述的事实与要求,尽管这边民意沸腾,但是该公司并没有顺利拿到被拖欠的工程款。于是,在"苗翠花"口中的"老板们"的筹划下,2012年10月19日第二次新闻发布会在北京举行。这次发布会的主角依然是"苗翠花",矛头依然直指该殡葬管理所。

在两场新闻发布会之后,这则讨薪新闻已成为公众的热议话题,"苗翠花"和她工友的艰难讨薪路也受到了广泛的关注。绝大多数民众对此都表示心酸,同时也批评该殡葬管理所和相关民政部门不负责任,也有相当一部分网民通过网络表达自己的观点和愤怒。

在巨大的舆论压力和相关部门的介入下,据新华社报道,2012年10月26日记者获悉,尽管该殡葬管理所并不认可承建方提出的工程款总额,但经天津市高法二审判决,还是在近日将剩余700余万元工程款打给承建方,再由承建方发放给农民工。

至此,这历时近三年的讨薪总算是告一段落,辛苦工作的民工终于拿到了自己应有的工资。尽管许多疑问并未解决,全部的真相也没有清晰地展现在公众面前,但这场讨薪发布会却真实地发挥了它巨大的威力,借助网络的力量,维护了这群民工的合法权益,为这次事件画上了较为圆满的句号。

案例分析:

农民工讨薪早已是一个常见的新闻话题,但是通过召开新闻发布会的形式却是史无前例的一次。这场轰动的讨薪发布会,充分展示了网络新闻公关强大的力量。这场特殊的网络新闻发布会,使得"苗翠花"这群农民工三年来默默无闻的艰难讨薪之路立即展示在公众面前,成为众人皆知、备受关注的公共事件。

从网络新闻公关所起到的作用来看,这次新闻发布会不仅借助网络的力量,将天津某区殡葬管理所拖欠民工工资的行为和民政部门的不当处理行为反映出来,迅速地吸引了大多数公众对事件中的讨薪民工的同情与支持,以及对该殡葬管理所和相关民政部门的批评,引起广大公众的关注,提高了事件的知名度。同时,讨薪发布会借助网络方便快捷的共享性和资源的传递方式,使得这一讨薪视频从原先知名度不高的论坛经由微博、博客等新型传媒方式辐射扩展,被具有新闻敏感度的新闻编辑捕捉到新闻线索,在视频发出不到一天的时间内,迅速被编辑成正式的网络新闻,见诸各大正规的新闻门户网站。而这些网络新闻也因为集合多媒体技术,不仅有翔实的文字内容,而且附有视频的截图或整个视频资料,使得公众能够更加全面地了解整个讨薪事件的经过,从而吸引更多的公众。

网络新闻发布会以一种低成本的方式,使平时处在社会底层很难发出声音的农民工有了一个可以表达自己心声的机会,来维护自己的合法权益。可以说,网络新闻公关也为普通群众传播信息提供了自己的渠道。

而公关活动的另一方公众,则通过网络平台表达自己的愤怒和同情,以及思考和建议。这些种种的公众舆论都形成了一种强大的压力,使得工资拖欠方不得不正视这个问题,为了平息公众的舆论,迅速采取措施。可以说,这场新闻发布会引发的效应,是农民工可以拿回工资的一大推力。该建筑工程的农民工,近三年来的讨薪起初无人问津,然而通过这次网络发布会却在短时间内得到了圆满的解决。

再来看整个网络新闻发布会的内容,这次讨薪发布会最大的特色在于,新闻发言人“苗翠花”是以模仿官方新闻发言人的口吻来阐述建筑工程和殡葬管理所之间的薪资纠纷,同时也表达了农民工的不满。虽然,在整个发言过程中,女发言人讲话声音微弱,且不流利,表现不尽自然,但是这更加突出了农民工为了讨回合法的工资而被逼无奈的心酸。整个网络公关活动不仅选材新颖,突破了以往较为极端的方式,同时以一个普通的农民工来发言,又选取一个农民工做记者代表,以小人物来体现大事件,显得更加讽刺又更加真实,从而引起更多的关注,增添更多的话题性。

最后,再从整个公关的操作过程来看。虽然整个公关活动的真正策划者并没有露面,但对于这场活动的策划者的讨论一直进行着。这两次新闻发布会最直接的目的,是为这群农民工讨回薪金,也为该建筑工程公司讨回工程费用,所以这整个活动背后的目的是多样的:可能是农民工们为了维护合法的权益;也可能是工程公司为了追讨拖欠的费用,保障公司的权益;甚至也有可能是公益人事的热心之举,向现有的不健全的机制所发起的挑战。总而言之,这两次新闻发布会虽说是复杂的,但最终达到了其目的。

在整个传播的过程中,我们也可以发现,活动的策划者准确地把握活动开展的进程,有步骤地采取应对措施。首先,在微博上引发热议后,各大新闻网站也纷纷投入这次活动中,转载、复制新闻和相关链接。在引发第一轮的公众舆论后,活动的策划者分析当前的公众反映,根据相关部门拒不付款的情况,随后又在北京召开了第二次的新闻发布会,借着前一次的余热迅速点燃了整个事件的热度,为整个公关活动加温。由此可见,在整个网络公关的活动环节中,活动人员及时、准确地进行舆情分析,接收反馈,从而根据现实情况采取进一步行动,都体现了整个活动的科学性和有序性。

思考题

一、简答题

1. 简述网络新闻公关的概念及其含义。
2. 思考网络新闻公关的优势及劣势。
3. 说明网络新闻公关的注意要点,并列举出其他要点。

二、案例分析题

2011 年 4 月 20 日凌晨,在天涯论坛中,一名发帖者发布了这样一条网帖:“清明节前夕,去了趟河南信阳市许世友将军墓。在回程的路上,无意中发现马路边一位老人供奉着某县县长头像,跪求帮忙讨要医疗费。"在该网帖中,发帖者介绍 72 岁的信阳市某县老人匡某,因女婿无故被人用钢筋棍打断了右腿,家徒四壁的老人无奈到处借债,在女婿即将进行第二次手术时,却仍未筹到一分医药费。由于该县县长有着良好的为官声誉,且因种种客观条件的限制,只能跪求县长,希望县长在百忙之中过问此事并帮忙讨要医药费。

此帖一发,立刻在网络上引起围观,各大网络论坛及微博纷纷传播,引来社会关注。而根据这一情况,河南省当地宣传部门回应称,此举是"人身侮辱",并声明已经着手调查此事。这一回应,再一次引发了网名和许多公众的热议。许多网民在质疑老人的跪拜行为是否合理的同时,也热议应为人民服务的官员何以对此不闻不问,并且认为这次的跪拜行为表面上是百姓对官员的信任,却反衬出了实际上的不信任。

在强大的公众关注和舆论压力下,该县委宣传部主办的官网于 4 月 20 日发布了县委、县政府作出的处理决定:1. 县委、县政府高度重视此事,诚恳接受舆论监督;2. 责成事发地镇党委、政府同老人见面,并同其女婿王某联系,详细了解伤者目前身体状况,决定先期拿出一定费用,对其手术给予帮助;3. 对于涉案情况,安排公安、司法部门依法快速处理。随后在 4 月 21 日,事发地镇党委、政府派出专人看望、慰问老人,并承诺给予老人一个圆满的答复,而被跪拜的县长(在事件发生时,改任为该县县委书记)也坦诚向老人和广大群众致歉。

根据上述案例,试分析该事件如何体现了网络新闻公关的相关知识。

第四章
互动问答公关

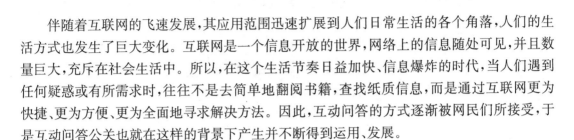

第一节　互动问答公关概述

伴随着互联网的飞速发展,其应用范围迅速扩展到人们日常生活的各个角落,人们的生活方式也发生了巨大变化。互联网是一个信息开放的世界,网络上的信息随处可见,并且数量巨大,充斥在社会生活中。所以,在这个生活节奏日益加快、信息爆炸的时代,当人们遇到任何疑惑或有所需求时,往往不是去简单地翻阅书籍,查找纸质信息,而是通过互联网更为快捷、更为方便、更为全面地寻求解决方法。因此,互动问答的方式逐渐被网民们所接受,于是互动问答公关也就在这样的背景下产生并不断得到运用、发展。

一、互动问答公关的概念

互动问答公关是网络公关的一种。它是以企业、政府、服务性组织等为公关主体,以互联网为媒介,运用网络互动的双向模式,采用一问一答或自问自答的对话形式,并借助重要门户网站、论坛网站、SNS社区等互动问答平台,在网络上开展或组织的公关活动。其旨在通过网络互动问答平台,弱化公关主体的形象,为有需求的网民解答疑惑、问题,或主动提出关于公关主体本身的问题并给予解答,且以此为公关主体树立良好的形象,增加公关主体的影响力和正面宣传,或是达到其某一特定公关目标。

二、互动问答公关的特点

互动问答公关是一种集互动性强、针对性强、运用范围广、可操作性强、成本低廉等特点于一身的网络公关方式。

1. 互动性强

互动问答作为一种线上沟通方式,是介于问者和答者之间的一种双向沟通。因此,互动问答公关是一种直接面向公关客体,并与之产生交流、互动的公关方式。公关主体利用其自身与公关客体之间的互动问答关系来充分了解公关客体的所需、所求,并给予恰当、得体、良好的回答与解释,和公关客体形成良性互动关系,加深公关客体对自身的了解和认识,拉近公关客体与自身的距离,维系彼此之间的感情,产生深远持久的影响,并以此推广公关主体的良好形象。

2. 针对性强

公关主体可以通过检索与自身相关的信息来了解网民对公关主体持有的问题和疑惑,这大大节省了公关主体在互动问答网络平台的公关活动的时间和精力,提高公关行为的效率。一般来说,互动问答公关的针对性强,公关主体能够找到和自身信息相关的问题来回答,对症下药。这有利于公关主体精准地把握受众群体,减少不必要的、漫无目的般的公关行为,并且通过合理的方式引导网民思维,也可制造网民热衷的话题,从而在公关客体之间进行转载和传播,快速扩大影响力。互动问答公关有利于通过更有效率的公关方式,获得更好的公关效果,达到更高的公关目标。

3. 运用范围广

互动问答公关的公关平台众多,各大门户网站、论坛网站,SNS社区等网络平台都可进行相关操作,而且互动问答这种网络信息交流方式已十分普及,并被人们所熟知、接受。因此,互动问答公关在实施的时候,可以不受空间、时间的影响和阻碍,在大范围内进行互动问答公关行为,打破了传统媒体的种种限制。这种互动问答的公关方式有利于公关主体的公关行为的传播与扩散,有利于掌控庞大的公关客体,加深公关主体的影响力,实现既定的公关目标。

4. 可操作性强

互动问答公关主要是在各大网络平台上面采取互动问答的形式来进行相应的公关行为,达成相应的公关目标。互动问答公关不需要大型的公关活动策划或是时间耗费和人力、物力、财力的消耗,仅仅需要和公关客体保持良好的互动沟通关系即可。这对于公关主体在网络上引起较大的网络关注度,提高自我影响力,加深公众印象,美化组织形象来说是十分方便可行的,而且极具操作性。

5. 成本低廉

互动问答公关不需要大量的广告投放或其他费用,只需借助现有的网络活动平台。相对于线下公关活动或网络公关广告等公关行为来说,互动问答公关成本低廉,且对于网民问题的回答一经采用或是推荐,则更能给其他拥有同样问题的网民传递公关主体所需传递的信息,并且只需要注意后期维护即可,无需多次、重复地投入精力和时间来一一加以解答,省时省力,因此是公关主体实现公关目标的理想方式之一。

三、互动问答公关的注意点

1. 选取互动问答公关的平台

随着互联网的发展,网民们的线上互动交流也越来越频繁。而网络上面供网民进行互动交流的平台也应运而生,并且越来越受到人们的欢迎,成为网民们互相交流、互相答疑,传播知识和信息的重要平台。

(1) 互动问答平台的概念

互动问答平台就是提供网民进行线上提问、回答、交流信息、资源共享、传播知识、解答疑惑的虚拟场所。在这里,网民可以根据自身的需求,在互动问答平台上提出针对性问题,并通过积分奖励的方式来激励其他网民来帮助自己,当然在接受专家或其他网民的帮助的同时,也尽力给别的网民提供自己力所能及的帮助。并且,这些被采纳的答案又会进一步作为搜索结果,提供给其他有类似疑问的用户,达到分享知识的效果。在互动问答平台上,每位用户都是互动问答平台的受益者,同时又是互动问答平台的贡献者。因为每位用户都可以通过自身对问题的反馈来构建互动问答平台的知识网络,组织形成新的信息库。而互动问答平台会将互动问答过程中累积的知识数据反映到搜索结果中,而信息可被用户进一步检索和利用,从而形成知识体系的良性循环。[1] 另外,互动问答平台还具有相关的辅助功能,

---

[1] 参考老客网,"什么是互联网互动式知识问答?"http://beijing.laoke.com/shangwu/7268685.html.

例如：不同问题分类、信息智能检索、相关问题链接、推荐参考答案等。

（2）互动问答平台介绍

大型互动问答平台有百度知道、新浪爱问、搜搜问问、雅虎知识堂等，同时还有各种专业领域的专门知识问答平台，如 MBA 问答频道、中奢问答（奢侈品问答平台）、16 楼游戏问答、有问必答（医患互动医疗健康问答平台）等；另外还有以不同地域划分的互动问答平台，如珠海知道、iKnow 华中科技大学校园互动问答平台等。在此，我们对几个常用的大型互动问答平台进行简短的介绍。

① 百度知道

百度知道（http：//zhidao.baidu.com/）是搜索引擎百度旗下的自主研发产品，主要用于网络用户在百度知道的平台上针对自身的需求，发布自己所关心的问题，并留给其他热心的网民予以解答。用户可以在百度知道的平台上进行信息交流和资源共享。如图 4-1 所示。

图 4-1

百度知道实行积分制，提问者可以给予回答者一定的分数奖励，同时根据各项积分规则，用户的积分也可以得到奖励或扣除。另外，一个问题的回答一旦被提问者所采纳，则会被百度知道自动归为百度新知识。值得注意的是，百度知道对于链接限制较为严格。

如今，"百度一下，你就知道"的口号已经深入人心，这体现了百度知道互动问答平台的强大功能和它具有的影响力。

② 新浪爱问

新浪爱问（http：//iask.sina.com.cn/）是新浪旗下的互动问答平台，旨在调动网友们的积极性来进行互动问答，使网友们相互分享知识与经验。

与百度知道类似，新浪爱问也采用积分经验制，但新浪爱问的搜索结果排名完全是按照用户的自我选择和评价进行的，因此避开了商业的竞价排名模式。同时，新浪爱问上的提问及回答都需通过审核方可发表。

③ 搜搜问问

搜搜问问（http：//wenwen. soso. com/）是腾讯旗下的互动问答社区，与其他搜索引擎类似，搜搜问问也是一个提供给用户进行知识探讨，搜索相关答案、资料的互动问答平台。

与其他互动问答平台不同的是，搜搜问问是与腾讯 QQ 相连接，因此用户可以在自己的 QQ 账号上进行各项操作，快捷便利。同样，搜搜问问也采用积分经验制。另外，搜搜问问对于回答无等级限制，且在回答中设置链接较为便利。

④ 雅虎知识堂

雅虎知识堂（http：//ks. cn. yahoo. com/）是雅虎旗下的互动问答平台，功能同几大互动问答平台并无较大区别。相较而言，雅虎知识堂推出的时间较晚，人气不如其他平台，问题和回答的收录速度较慢。但其最大的优点在于雅虎知识堂的全球性知识背景，因此在雅虎知识堂的提问或搜寻到的答案能更丰富，能满足用户更多的需求。如图 4 - 2 所示。

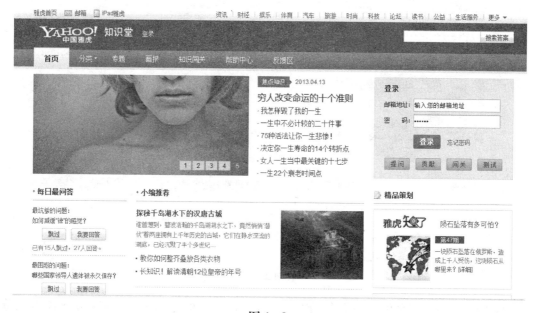

图 4 - 2

⑤ 天涯问答

天涯问答（http：//wenda. tianya. cn/）是由谷歌和天涯社区联合开发的互动问答平台，旨在为用户提供信息交流、知识共享的网络平台。

在天涯问答上的问题和答案可以在谷歌搜索引擎上显示出来，由于谷歌于 2010 年停止了与天涯社区的合作，因此，现在的天涯问答已经是天涯社区的独立产品，其推广范围受到了一定的影响。

天涯也采取积分经验值制，并可以根据积分换取一定的话费充值。值得注意的是，天涯问答的问题能够较快地得到解答，设置链接较为便利，但天涯没有设定最佳答案的功能。

2. 选择合适的目标受众群

为了获得良好的公关效果，更好地塑造形象，公关主体必须时刻关注各大网络平台的动向和舆情发展动态,要有效地将受众群体分类,以便掌握不同网民的特点和需求,对症下药,采取不同的话语方式和应对机制,更好地影响公关客体的思维导向。

3. 确定公关目标

公关主体在互动问答平台开展公关活动的时候,必须明确自身想要达到的公关效果,即树立公关目标。要善于将其转化为被网络用户所接受的话语方式,并以此向网民传递公关主体的核心价值理念,不能偏离原有的公关目标或造成不吻合甚至是相反的公关效果。

4. 做好与公关客体的沟通

在网络的环境中,公关主体可以打破时间、空间界限与限制,直接实现和网民的双向的、实时的沟通与交流。换言之,受众人群可以不用通过任何中介与公关主体进行沟通,公关主体也无需依赖传统媒体来维护良好的组织形象。因此,在这种条件下,公关主体应该在互动问答中积极解答网民的相关问题,引导网民思维方式和价值判断,增强自我影响力,树立良好的组织形象,和公关客体之间保持良性的互动关系。

第二节　互动问答公关操作方法

一、互动问答公关的基本步骤

互动问答公关在操作上具有一定的方法或套路,其一般基本步骤为:

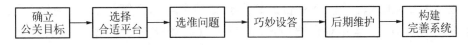

确立公关目标 → 选择合适平台 → 选准问题 → 巧妙设答 → 后期维护 → 构建完善系统

1. 确立公关目标

(1) 公关目标的含义

公关目标是一个公关主体所有公关活动、公关行为的核心目的之所在。换言之,公关主体必须确定互动问答公关的目标所在,一切公关行为必须围绕公关目标展开。而互动问答公关的目标是多种多样的:可能是树立公关主体的良好组织形象;可能是扩大公关主体的社会影响力,提高知名度,制造话题、引起轰动;可能是挽回企业形象,消除负面影响,澄清当下不实的误会和传言,积极应对公关危机,进行有效的危机管理,阐明事实真相,表明态度,承认错误并承担责任,博取公众的理解和同情心,化危为机等。无论是哪一种公关目标或是多种公关目标的交杂,互动问答公关的公关主体必须确立好明确的公关目标,防止公关行为过程中出现目标模糊、指向不明和操作紊乱等现象。同时,确立清晰明确的公关目标也有利于公关人员采取相应的公关应对行为,使公关行为协调一致,目标明确。

(2) 不同的公关目标需要不同的公关准备

① 树立良好的社会组织形象

当公关目标是为了树立自身良好的社会组织形象时,公关主体必须把握互动问答平台上用户的需求与动向,积极有效地传播自身良好的正面形象,利用互动问答的双向交流模式,与网络用户保持良性互动关系,合理地沟通,传播自身的优点、优势,积极维护自身的品牌、口碑。

② 扩大自身的影响力和知名度

当公关目标是为了扩大自身的影响力和知名度时,公关主体需要努力地传播与自己有关的信息和资料,向网民主动提供相关材料,注意制造融洽的气氛和话题效应,引起网民的注意,加强与网民的沟通、互动。同时还应力求在和公关主体相对应的受众群体中扩大影响,以主体自身的领域范围为中心,向外围扩散,努力推广自身的正面形象。

③ 危机管理,重塑组织形象

当公关目标是为了进行危机管理并重塑组织形象时,公关主体必须尽可能地在第一时间通过互动问答平台检索相关信息,了解网民对公关主体所发生的危机事件的看法和态度,了解网民意见和发展趋势,与之进行沟通交流,主动回答网民的疑惑和问题。同时,要采取有效沟通,对于误会要积极澄清,郑重解释;对于自身的错误,要勇于承认并主动承担相应责任,赢得网民的同情感,提高其认可度,告知危机管理的相关动作,引导舆论向良好的趋势发展,做好有效的危机公关,重塑组织形象。

2. 选择合适平台

互动问答公关的效果在很大程度上取决于互动问答平台的选择和取舍。当公关主体因精力有限或时间紧张而导致无法全面铺开式地进行互动问答公关的时候,就必须做到合理、明智地选择恰当的互动问答平台。

如今,互动问答平台的数量越来越多,其各自的特点也不尽相同,那么如何在众多的互动问答平台上面进行有效合理的选择呢?这就要参考各互动问答平台本身的特点和聚集的用户群(五大互动问答平台的特点介绍请参考本章第一节)。例如:当公关主体具有全球性背景,或是针对台湾用户时,就可以选择雅虎知识堂,因为雅虎知识堂具有全球性的信息资源,并且雅虎"奇摩知识+"在台湾以74.8%的使用率高居榜首[①],这说明雅虎知识堂在台湾地区的受众群体十分广泛,因此选择雅虎知识堂可以获得较好的效果,达到相应公关目标;倘若公关主体想要针对腾讯QQ用户进行互动问答公关,则可以选择搜搜问问作为互动问答平台,因为搜搜问问和腾讯QQ是相互联系的,选择搜搜问问能很好地面对理想的受众群体进行互动问答公关。此外,各种类型的互动问答公关目标也有不同的平台选择,也可能是几大互动问答平台的协调运用,具体情况可做具体分析。

3. 选准问题

由于互动问答平台上有大量的用户存在,而网民所提出的问题也是众多繁杂的。因此,公关主体必须找准与自身主体相关的问题来进行回应,否则会因缺乏针对性而导致效率低下,造成人力、物力和时间上不必要的浪费。

值得注意的是,互动问答公关在选择问题的时候有两种方式:其一是检索搜寻和自身相

---

① 数据来源于百度百科词条——雅虎知识堂。

关的问题进行回答;其二是主动发起与自身相关的问题进行提问,并予以回答。两种不同的方式会在不同的情况下运用,但很多时候互动问答的主体会选择将二者结合起来运用,以求达到更好的公关效果。

4. 巧妙设答

如何巧妙、准确地回答网民或本身提出的各种问题,是互动问答公关中最重要的环节。只有能给公关主体带来良好公关效应,提升组织形象和影响力的答案才是互动问答公关行为是能达成既定的公关目标的关键所在。因此,在回答设问时必须小心谨慎、深思熟虑,运用扎实的公共关系知识和公关能力,与网民进行互动问答。要把握网上互动问答的双向传播方式,做好一对一、一对多的直接、快捷对话。在互动问答的过程中,要注意以下几点。

(1) 问题整理

互动问答平台上的问题数量巨大,单靠个人一一去浏览、回答是不可能、不实际的。因此,组织必须要做好网络平台上问题的分类整理。而绝大多数互动问答平台都有问题的智能分类方法,因此可以直接利用平台提供的分类目录,从中搜寻符合公关主体的相关问题。同时,要定期对问题进行归类整理。一些类似的问题如果加以整理归类,则可以给出相同的答案,不用再费心解答,这样便可以极大地节省人力、物力和时间,大大提高公关效率。因此,适当的问题整理与归类是很有必要的。

(2) 对症下药

网友在互动问答平台上提出的问题不尽相同,因此也需要给出相对应的回答,即对症下药。不同的网民有不同的需求,在互动问答的过程中,需要注意不同问题的特性和不同网民的个体差异,针对不同公关客体的不同需要和不同反应态度,提供不同的信息服务。要尽量向网民传递公关主体的正面信息,解决其需求和疑惑,同时维护自身的良好组织形象。切勿答非所问,做无用功,这样会在互动问答的过程中给提问者留下不良印象。

(3) 注意技巧

互动问答公关要注意在回答问题时合理运用公关素养和公关技巧,注意互动问答的双向沟通模式的运用,形成与网民之间的良性互动关系。切勿生搬硬套,过于官方化、刻板化,语言可以生动、自然、真诚、热情,不能过于晦涩。同时,在回答问题时还应注意把握问题答案的篇幅长短,过长的回答会给人造成反感,使人失去阅读兴趣。因此,答案必须观点鲜明,层次清晰,还可以辅以图片等信息,帮助网民理解,获得更佳的公关效果。

巧妙设答的相关步骤如下:

方式一:回答现有问题

在互动问答平台上会有大量的问题等待回复和解决,而互动问答公关则需从众多问题中找到与自身相关的问题,有选择性地予以回答,达到公关效果。以百度知道互动问答平台为例,其操作方式如下。

(1) 打开网络浏览器,输入百度知道互动问答平台网址: http://zhidao.baidu.com/,或打开百度首页,点击百度图标下的"知道"即可。如图 4-3 所示。

图 4 - 3

完成上述操作后,将弹出百度知道的主页,如图 4 - 4 所示。

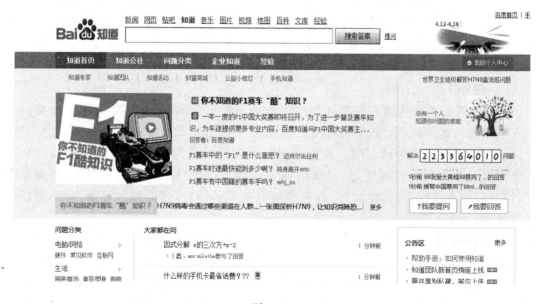

图 4 - 4

(2) 在主页上方的搜索框里搜索与自身相关的信息,并点击搜索答案按钮,如"华东师范大学",将弹出搜寻到的结果。如图 4 - 5 所示。

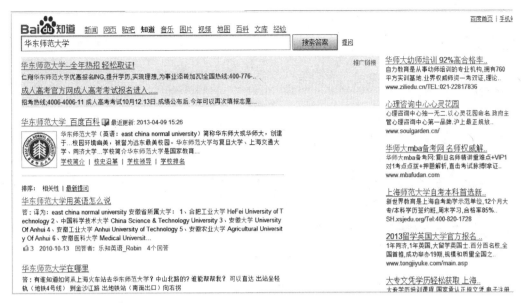

图 4 - 5

　　（3）选取相关的问题并点击，在问题下面的回复栏中进行回复，点击提交回答。如图4 - 6所示。

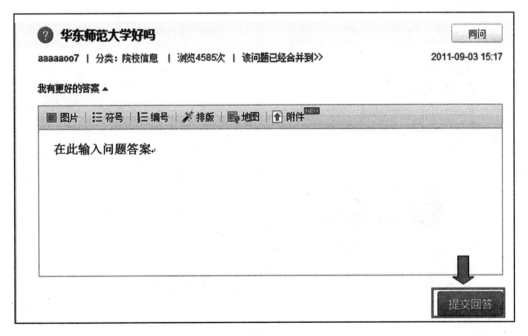

图 4 - 6

　　（4）若提问者进行追问，需积极回答，以保持良好的沟通交流，构成良性互动关系，方法与一般回答的步骤相同。

　　方式二：自主设问并回答

　　（1）提问需要登录用户。在设问时，需点击"提问"。如图 4 - 7 所示。

图 4 - 7

(2) 在弹出页面上的问题栏中输入所拟问题,点击"提交问题"按钮即可。如图 4 - 8 所示。

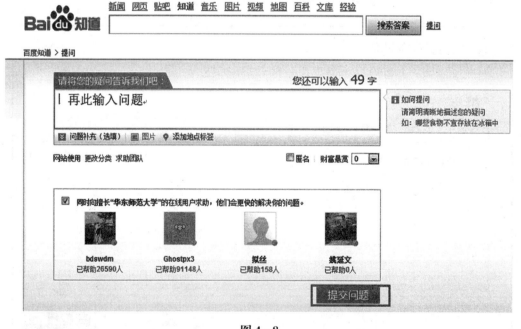

图 4 - 8

(3) 设置问题之后,可以更换账号,以普通网民的身份对该问题进行回答,并通过回答的内容努力展现公关主体的良好组织形象。(注:自主设问并回答的步骤与回答现有问题相似,请参考上文。)

(4) 可以用多个账户分别回答设定好的问题,以不同的个体身份努力展现公关主体的良好形象。

（5）提出问题的账户将自己提供的答案设定为最佳答案，并以此引导用户的评价与思维导向，达到良好的公关目标和效果。

5. 后期维护

互动问答平台的后期维护也是公关活动中一个必不可少的步骤。由于互动问答平台上用户众多，问题更新速度快，每个问题的回复也可能较多。如果不加以后期维护，那么之前公关行为的效果则会大打折扣。因此，公关主体必须保持对相关问题的密切关注，防止之前的回答被其他大量的回答所掩盖。一旦之前的回答失去了应有的公关效果，则应该及时更新回复，加紧和提问者及其他网民的互动交流、沟通、分享、反馈，加强对互动问答公关受众的认识与了解，争取更多网民的关注与满意，提高公关主体的影响力和知名度，增加公关主体在各大网络平台和用户面前的曝光率、展露机会，为自身创造出更多的机会来引起媒体和网民的关注，增强其良好形象影响的持久性。

6. 构建完善系统

互动问答公关不仅需要公关主体与网民进行双向沟通交流，还需要做好在公关主体团队内部构建完善的互动问答公关系统，建立良好的互动问答公关团队，拥有丰富公关经验、专业公关知识的人员，配备齐全的互动公关评价体系。同时，在进行互动问答公关行为的过程中，要善于总结经验，善于根据问题的发展变化，及时调整公关策略与话语方式，善于从中选择最佳方式进行公关活动，构建完善、高效的互动问答公关体系，从而更好地达到活动所期望达到的公关效果，为公关主体的组织形象、美誉度、影响力的提升提供便利。

二、注意事项

1. 信息传播

（1）时效性。网络的更新速度快，信息量大，因此必须保持信息的时效性。对于不断变化中的公关主体的信息也要及时更新，避免陈旧过时的信息给网民带来误导和误解，给公关主体带来不良影响，增加其后续公关成本。

（2）全面性。互动问答公关在处理问题时，要注意给予提问者和网民的信息是完整的，否则易造成他们对公关主体了解的缺失和认识的片面性，导致对公关主体或问题本身的看法不确切、不深刻，没有真正拉近彼此之间的关系，影响公关活动的效果。

（3）真实性。互动问答公关旨在展现公关主体良好的组织形象，因此在问题处理上会运用到相应的公关技巧，美化公关主体的形象。但在公关主体确实存在且被公众知晓的负面问题时，要对网络舆论给予合情合理的回应，切勿隐瞒或大幅度夸大、歪曲事实，要争取公众和媒体的理解和认可。倘若一味地隐瞒公关主体的真实信息，则会招致网民的不信任和反感，对公关主体的形象有严重影响，十分不可取。

2. 信息表现方式

（1）多样性。在互动问答的过程中，注意灵活应对不同的问题和公关受众，要充分了解其各自的需求，注意表达方式的灵活运用。在公关危机面前，要耐心地、真诚地、负责任地向提问者答疑解惑、说明情况，寻求理解、支持和同情；在复杂的问题和情况面前，可以使用视频、图片等方式予以说明，多方面展现公关主体的正面形象，通过互动问答给网民留下深刻而良好的影响。

（2）可信性。互动问答平台上更多的是网络用户与用户之间的沟通交流。因此，公关主体不能保持社会组织的严肃感、优越感、距离感，必须以实际用户的身份和语气，口语化、真诚地表达信息。切勿表现得官方刻板、艰难晦涩，也不能流露出浓烈的商业气息和虚假成分。要从用户的角度出发，与网民平等地进行交流活动，利用好互动问答平台的优势，向公关受众传递出公关主体的正面形象，增加信息的可信度和接受度。

3. 加强互动问答公关的效果

要加强活动问答公关的效果，必须充分利用互动问答平台的运行机制和规则。以百度知道为例，如果要让问题的回答被更多人看见和采纳，可以将答案设置为最佳答案，或者利用多个账号对某一答案进行推荐。同时，还可以增加问题的点击量，通过互动问答平台用户之间的互动来增加问题的活跃度和影响力，吸引更多的人关注，增加重复访问次数和停留时间，以便被更多的提问者所采用或接受，从而保证公关主体的曝光率和影响力，达到树立良好的组织形象的公关目标。

4. 附加链接、图片等相关性信息

互动问答平台的使用除了可以发布常规信息外，也可以上传图片等信息，或者插入相关链接。通过这样的方式，有利于公关受众了解到更加全面的信息，为公关主体增加了曝光率和吸引力。值得注意的是，链接的添加要符合互动问答平台相关的细则，添加过多的链接可能导致账号被查封、答案被屏蔽，甚至招致用户的反感。同时，不同的互动问答平台对链接、图片的限制和要求不尽相同，这就要求公关主体选择合适的互动问答平台以寻求最佳的公关效果。

第三节　互动问答公关案例

1. 案例一：上海英语培训机构（百度知道互动问答平台）

在互动问答平台上推广自身的正面形象，公关主体需要运用互动问答公关。根据网民的习惯，百度已经成为全球最大的中文搜索引擎。因此，当网民有需要时，运用百度互动问答平台的可能性很大。下面以寻求上海英语培训机构为例。

在百度上搜索"上海英语培训机构"，将会弹出以下界面，如图 4-9 所示。我们可以发现，百度知道的内容会优先显示在百度搜索的第一页上。

点击方框中的链接，将会弹出有关"上海英语培训机构"的问题搜索。如图 4-10 所示。

（1）对于问题的回答。公关主体应注意运用普通网民的身份，采用亲切、口语化的语气，表现出真诚的、热心的态度。同时，要善于拉近与提问者的距离，消除隔阂，建立信任（参考图中画线部分）。另外，回答要点明中心（参考图中方框部分），这是整个公关行为的核心部分。要提供给提问者相应的回应——"凯文老师"作为英语培训机构可以推荐，对孩子的英语学习有所帮助。此外，还可以附上链接，提供相关的参考资料，增加可信度。

附加的链接很好地附和了公关主体的说法，强化了公关效果。

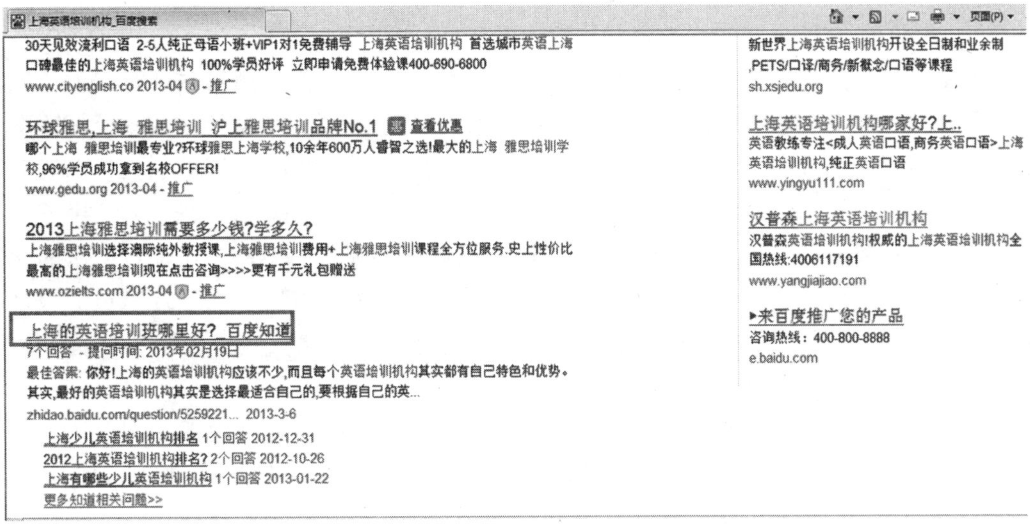

图 4 - 9

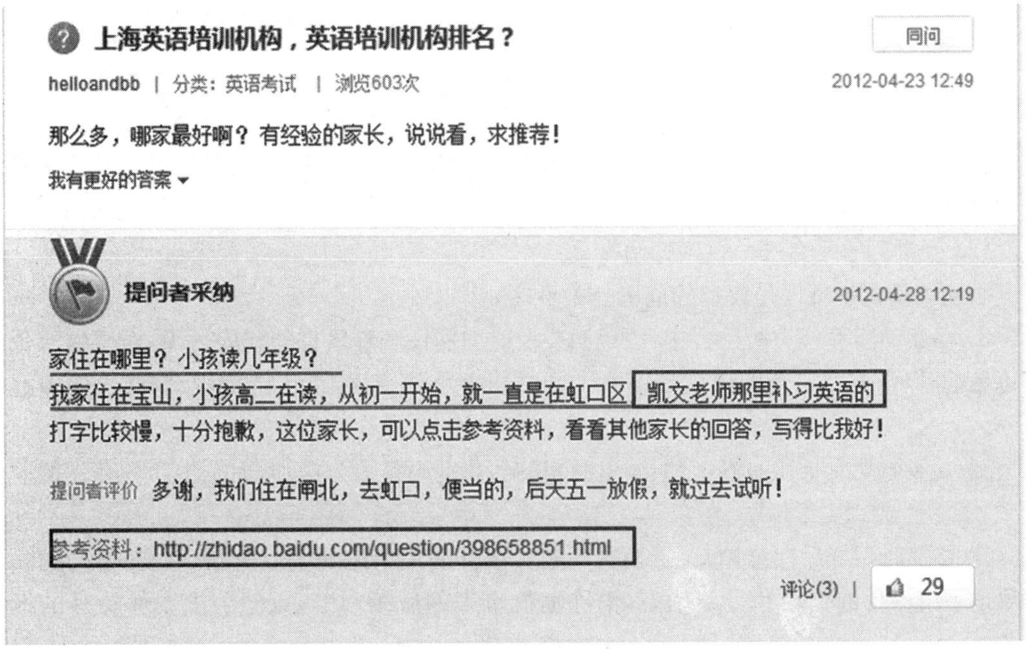

图 4 - 10

（2）问题推广。公关主体的回答要让被提问者采纳，这样才能提高答案的浏览率。同时，对于回答的采纳率，可以多次推荐答案，增加答案的可信度和影响力。

（3）增强效应。对于互动问答公关，还可以在互动问答平台上主动发表相关问题并予以回答，增加公关主体的曝光率，形成呼应效果，树立公关主体的良好形象。

2．案例二：酒鬼酒塑化剂事件（百度知道互动问答平台）

（1）事件回顾

酒鬼酒有毒，没人愿意相信这是真的。号称天下第一酒的酒鬼酒，一直以酝酿湘西千年文化,传承湘西古老秘方自居,号称"无上妙品",其酒鬼酒系列也成功跻身高端白酒行列,但让人无法想象的是,酒鬼酒却内含致命化学物质。

酒鬼酒中的塑化剂含量竟然超标高达 260%,这是 21 世纪网将酒鬼酒送第三方检测得出的答案。21 世纪网在酒鬼酒实际控制人中糖集团的子公司北京中糖酒类有限公司购买了 438 元/瓶的酒鬼酒,并送上海天祥质量技术服务有限公司进行检测。检测报告显示,酒鬼酒中共检测出 3 种塑化剂成分,分别为邻苯二甲酸二(2 -乙基)己酯(DEHP)、邻苯二甲酸二异丁酯(DIBP)和邻苯二甲酸二丁酯(DBP)。其中,酒鬼酒中邻苯二甲酸二丁酯(DBP)的含量为应为 1.08 mg/kg。而 2011 年 6 月卫生部签发的 551 号文件《卫生部办公厅官员通报食品及食品添加剂中邻苯二甲酸酯类物质最大残留量》规定 DBP 的最大残留量为 0.3 mg/kg,酒鬼酒中的塑化剂 DBP 明显超标,超标达 260%。

食品中塑化剂超标将对人体有严重的危害,台湾大学食品研究所教授孙璐西认为塑化剂毒性比三聚氰胺高 20 倍。长期食用塑化剂超标的食品,会损害男性生殖能力,促使女性性早熟,以及对免疫系统和消化系统造成伤害,甚至会毒害人类基因。

同时,据 21 世纪网了解到的情况,塑化剂超标在白酒行业里不只是酒鬼酒一家,其他品牌的白酒,也存在塑化剂超标的现象。

塑化剂在中国内地俗称增塑剂,是工业上广泛使用的高分子材料助剂,在塑料加工中添加这种物质,可以使其柔韧性增强,容易加工,可合法用于工业用途。同时,食品在储存过程中也会有微量增塑剂从包装材料中迁移到食品中。

但在酒鬼酒检测报告中,DBP 明显超出了卫生部规定的最大残留量额度,也就意味着酒鬼酒已经威胁到人体安全。[①]

(2)互动问答平台——百度知道

酒鬼酒塑化剂事件是典型的危机公关事件。

① 在互动问答公关的过程中,酒鬼酒应及时向网民解释事件的前因后果,对事件给予合理可信的解释,避免公众的误读和不满。同时积极承认错误,承担责任,换取网民的理解和原谅。

② 要多方呼应上述回答,表明酒鬼酒中的塑化剂不是人为添加,而是生产环节中的差错所致。

③ 要及时做好后期维护,对于相关问题和事件的最新进展予以更新、回复,帮助网民更详尽地了解事件的真相和最新动态,消除危机带来的后续影响,重塑公关主体良好的组织形象。

④ 在危机面前,也可以主动设问,转移矛盾指向,将大众的视线转移至他处,缓解公关主体的压力,从多个角度解释事件的原因,为公关主体的形象修补做努力。

3. 案例三:淘宝评价——淘宝网

除了平时常见的互动问答平台,其他常见的网络平台,如网络社区、BBS 论坛、淘宝网等都可以运用互动问答公关。淘宝店铺商品下面的各种评价也可以看到互动问答公关的身影。

---

① 李耳:《致命危机:酒鬼酒塑化剂超标 260%》,21 世纪网,http://www.21cbh.com/HTML/2012 - 11 - 19/wNMzA3XzU2NDcwNA.html。

（1）可以扮演顾客身份，进行互动问答公关，对公关主体的形象起到积极维护作用。通过对公关主体及其服务进行正面评价，推广良好的组织形象，引导其他客体对公关主体的好感和认可度。

（2）对公关主体的负面评价、负面影响必须迅速作出回应，阐明事实。倘若是因为自身失误而造成的负面影响必须作出诚恳道歉，并真诚地表示愿意弥补失误，并以此换取用户的谅解和认可，积极消除负面影响，维护组织形象。

（3）与公关受众群体保持良性互动，保持良好的沟通和联系，拉近彼此间的距离。如图4-11方框部分所示，对用户的正面评价表示感谢，并积极推广，扩大效应，引起其他用户的共鸣和呼应，以此体现公关主体的良好组织形象。

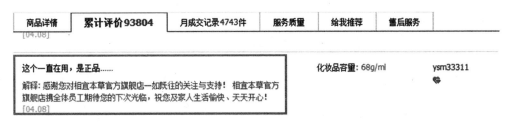

图 4-11

互动问答公关的案例众多，在互动问答平台上十分常见，因此也成了网络公关中常用的一种手段。互动问答公关今后的发展以及如何更好地为组织维护自身形象，是网络公关要认真研究的课题。

思考题

1. 什么是互动问答公关？
2. 互动问答公关有哪些优点？
3. 互动问答公关与搜索引擎公关有何区别？
4. 搜集互动问答公关的案例，谈谈你对互动问答公关的认识。
5. 你平时较常用的互动问答平台是哪个？你认为它有什么优缺点？

第五章
BBS 论坛公关

第一节　BBS 论坛公关概述

一、BBS 论坛的产生与特点

1978 年,芝加哥出现了 BBS 系统,即网络论坛的雏形,后逐渐发展成为广为人知的"电子公告板"。随着技术的发展,到 20 世纪 90 年代初,BBS 用户就已经发展到几百万个,各种形式的网络论坛如雨后春笋般出现和发展,渐渐地成为大众获取知识、传递信息、沟通思想、发表言论的重要媒介和工具。

BBS 作为被网民广泛喜爱的网络社区,相比于其他平台,其优势是显而易见的。其特点主要表现在以下几方面。

1. 自由性

网络论坛对所有网民开放,没有条件限制,而且免费服务于大众,网络用户可以申请代表自己身份的 ID 进行发帖、顶帖、转帖、回复等。只要发表内容不违背法律和相关论坛规定,大众均可自由发表言论、表达情绪,这种突破时空局限进行交流的独特优势,使得 BBS 迅速受到大众青睐。

2. 匿名性

网络论坛的用户大都是匿名登录,相比报刊、电视等传统媒体,读者很难知道帖子发表者的真实身份,对于所发表内容的真实性也难以判断。但相对而言,发表自由度较高。

3. 交互性

论坛上的网友可以通过发帖、转帖、顶帖、发表各种意见等表达自己的态度,同时也可以得到其他浏览者的反馈,从而形成良好的互动。在这种交流中,参与的受众数量是巨大的,交流过程也突破了时间地域的界限。

公共关系的实质在于沟通,社会组织通过媒体来实现与公众的沟通与交流,媒体在当中起了重要的作用。由于 BBS 论坛成为新时代的产物,为公关的发展提供了更好的途径和渠道,推动网络公关的发展。网络公关作为一种强调沟通效果的实践活动,在日新月异的技术革新背景下,面对着需求日益增多、兴趣爱好日渐广泛的受众群体,有了更多的挑战。网络公关人员应充分把握信息传递媒介,为社会组织带来新的发展方式与发展机会。

二、BBS 论坛公关的核心：舆论引导

公关的目标是改变受众的态度和行为,这个过程是潜移默化的,不是单向的,也不是强制的。BBS 论坛与其他网络媒体传播信息途径相比,有它自己的相应优势,其强大的舆论氛围的影响力将有助于高效地实现公关目标。

舆论,即"公众关于现实社会及社会中各种现象、问题表达的信念、态度、意见和情绪表现的综合,具有相对的一致性、强烈性和持续性,对社会发展及有关事态的进程产生影响,其

中混杂着理智和非理智的成分"。"网络舆论"即网民对焦点事件或新闻所表现出的具有一定影响力、倾向性、一致性和持续性的意见或言论。

BBS论坛信息的传播是一个系统的过程,在这个系统中有着大量的社会信息,其中有可以被利用的,也有噪声信息,公关人员应致力于传播有效信息,将信息从无序到有序,从低级到高级进行转化,进而将网络舆论引领到有利于己方的线路上,引导舆论来实现公关目标。

由此可为BBS论坛公关下一个简单的定义:BBS论坛公关是网络公关的一种重要方式,主要通过论坛信息的发布、传递、交流等过程来实现社会组织的信息公开、形象塑造、危机处理等目标。论坛公关涉及多方利益相关者,其中包括主要的论坛舆论掌控人,如发布信息的社会组织、个体信息源等;论坛信息接收者,即信息要到达的目标受众,如网民、群众等;论坛的形成载体,即网站、社会组织网上社区等。舆论机制在网络公关的过程中起到了核心作用,其机制就是论坛公关的核心机制。

当我们了解了论坛公关的核心机制后,论坛公关人员往往要把握其机制,为论坛公关的顺利开展做好铺垫。由此舆论引导的概念就十分必要了,舆论的引导主要是通过某种手段把控舆论的方向,使其有助于公关目标的实现。舆论的引导是很复杂的,这里重点介绍两个运用于舆论引导的机理:议程设置理论和沉默螺旋假设。

李普曼在《舆论》一书中最早提出了议程设置的思想。其思想开始来源于政治学。议程设置的观点主要是指大众传媒影响社会的重要方式。在传播学中,议程设置理论的主要含义是大众媒介加大对某些问题的报道量或突出报道某些问题,就能影响受众对这些问题重要性的认知。

议程设置理念实际涉及的问题是,传播如何围绕特定的目的设置议题,使之达到影响社会、影响公众舆论的效果,它是传者和受者之间一种相互牵制、相互作用的双向关系。BBS中议题设置的首要手段是论坛讨论主题的设立。论坛必须要有主题,这样既可方便网友进入,找到自己的兴趣所在;又可避免出现漫无边际的交谈,浪费网友的时间。把不同主题设置为不同板块,在不同板块下设立不同的论坛。另外,BBS还需对相关热点事件开辟新的主题论坛。

BBS中议程设置的另一个重要表现是对主题论坛的严格控制与管理。这其中包括对主题论坛的暂时性封锁、永久性删除,以及对发表不恰当、反动言论的用户ID的封杀和对其帖子的删除。在某些时候,还会出现以管理员身份发表的所谓"通告"与"声明",对某些用户的行为提出警告。

以上是BBS在议程设置中运用的两种重要表现,公关人员往往通过信息传递活动来赋予各种议题不同程度的显著性方式,影响着人们对周围世界的大事以及重要性的判断,进而形成一致的情感态度,塑造舆论方向,营造舆论氛围。

据德国学者伊丽莎白·诺尔·诺伊曼"沉默的螺旋"的假设,人们在表达自己想法和观点的时候,如果看到自己赞同的观点,并且受到了广泛的欢迎,就会积极地参与进来,这类观点会大胆地发表和传播,若发觉某一观点无人或很少有人理会(甚至有时会被群起攻之),即使自己赞同它,也会保持沉默。意见一方的沉默造成了另一方的增势,如此反复循环,便形成了一方的声音越来越强大,而另一方越来越沉默下去的螺旋式的发展过程。

由此可见,舆论的形成与BBS论坛媒介营造的意见氛围有直接关系。因为BBS论坛使得同类信息传播的连续性和重复性产生累积效果,信息到达范围的广泛性产生普遍效果。这使 BBS 为公众营造出一个意见氛围。在传统社会,人们害怕孤立,会对优势氛围采取趋同行动,其结果是造成"一方越来越大声疾呼,而另一方越来越沉默下去",这成为舆论生成的驱动力量。这一假说在一定程度上反映了 BBS 对舆论形成的重要作用。

在把握以上两个舆论机制的同时,我们要注重舆论引导操作过程中的原则。其舆论引导主要把握的原则有:

1. 及时性原则

网络的传播速度高于任何一种媒介形式,其高效的互动形式使公关运作方便的同时也带来了相应的隐患。在公众关心的热点问题上,BBS 的舆论引导效应十分明显,甚至使事件波动难以把控,相关公关人员要对 BBS 论坛上的动态进行快速反应,寻找事件的突破口,在舆论形成过程的初始阶段就给予引导,引向其预期方向。比如在论坛上出现的某些观点,公关人员可以通过大量的回帖进行舆论方向的扭转,或者通过开设新帖子来掩盖原来的舆论方向。

2. 互动性原则

BBS 论坛公关强调互动性。BBS 论坛作为一个信息开放的系统,常常处于动态之中,信息会被不断再造重塑。为了营造公关人员的目标舆论氛围,公关人员要充分发挥引导作用,对公众的反应进行积极的回应,并在此基础上进行说服。良好的互动不但能够扭转局势,还可以增进组织与公众之间的感情,为组织的其他公关渠道扫清障碍,为今后的公关活动做好感情铺垫。

3. 整合性原则

由于 BBS 论坛上的信息繁杂,内容海量,公关人员应该对其上面的各种声音进行整合,形成主流的舆论,对信息进行分析、整合与提炼,树立信息的权威性、正式性和全面性。把握这个原则需要注意的是,如果是官方品牌或者社会组织的论坛,要设置论坛管理员,定时地管理论坛,清扫噪声信息;如果是利用论坛进行短暂性的公关活动,要注意整合传播信息,使得信息的传播更为醒目,传播的目标更有针对性,传播的方式更加夺人眼球。

4. 针对性原则

首先,公关人员要锁定目标受众。分析目标受众使用 BBS 的行为特点,把握目标受众的活跃时间,分析目标受众的关注热点,分析目标受众的网络行为方式和网络表达方式。其次,注意信息传播的技巧,BBS 论坛中有大量的舆论信息,所以需要通过强烈情感的表达和引导来完成主流舆论的形成,通过集中合适的互动来形成预期的舆论氛围。

第二节　BBS 论坛公关的流程

一、常规性论坛公关方法

1. 论坛公关的机理

BBS 论坛公关过程中的重要方法是运用意见领袖效应,具体含义是指论坛中某个或某些特定成员成为全体成员的中心人物。传播学家罗杰斯归纳意见领袖的特点时指出,观念领导人必须具有一定的外部示范作用,具有权威性,有一定数量的支持者和追随者。BBS中处于这样核心位置的是名人、学者,或者能提供引人注目观点的、积极参与谈论的群体成员。这一部分人在论坛中发起话题或者进行回复时往往能吸引大量的成员参加与讨论,对其他受众产生强烈的影响力。社会组织可以充分发掘意见领袖的特征、挖掘其潜在的号召力和影响力,或者培养意见领袖或者聘请与主题相关的意见领袖参与公关传播活动,使意见领袖充分发挥其扩散与传播、支配与引导的功能。如图5-1所示。

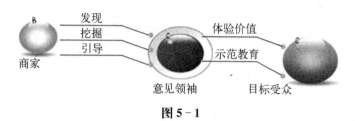

图 5 - 1

论坛公关的金字塔模型很好地解释了论坛公关是如何实现其信息传递的。在现实生活中,意见领袖作为媒介信息和影响的中继和过滤环节,对大众传播效果产生了重要的影响。事实上,这种传播方式不仅在两个层次间进行,而且常常是"多级传播",一传十,十传百,由此形成信息的扩散。在扩散的过程中会有特定的传播环节,如图5-2所示的金字塔模型。受众往往通过身边人群获取信息,由于兴趣开始于受众对某个论坛的知晓和参与,渐渐信服其中的观点,并被其影响,进行再传播,公关人员应把控这种环节去影响受众。

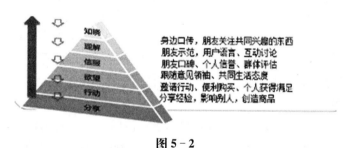

图 5 - 2

2. 常规论坛公关流程

（1）引出话题

根据希望达到的公关目标以 BBS 论坛博主、第三方意见领袖或普通网民的身份进行话题的搜索、编写、设置与输出。

很多社会组织把论坛作为自己发布信息、与受众沟通的有效途径。在官方网站建设的同时,往往会有固定的论坛供大家参与讨论。这可以视作社会组织与公众沟通的有效平台,也是社会组织进行论坛公关的有效方式。

BBS论坛博主或者管理者发出的话题通常较为官方,有权威性,不易改动,需要保证其真实性、客观性和全面性。论坛版主通常会选择固定时间进行评比、盘点,发布相关活动信息等。

比如,在中国的汽车行业,论坛社区的建设被视作品牌建设的重要方式。在各大汽车论坛上培养各种类型的 ID,在日常情况下潜水或者发帖聚拢人气,遇到品牌危机时还可以通过各种身份的 ID 进行舆论引导。很多品牌的汽车官方论坛都吸引了大量顾客及爱车族的关注,论坛版主、企业相关负责人伴随新款车型的上市在论坛上发出新帖子,进行有关产品的网络公关活动。如图 5-3 所示。

全民普及风暴 比亚迪3系全线搭载6速自动挡

2月25日,比亚迪3系(F3、L3、G3)全线搭载成熟先进的6速自动挡升级上市,掀起了一场技术全民普及风暴,升级后的比亚迪3系成为8万元以内唯一拥有这一先进技术的车系。比亚迪将这项成熟的技术普及到3系车型上,不仅提升了产品本身的市场竞争力,更让更多普通消费者能享受到顶级技术带来的舒适便捷。

图 5-3

中国广播网由中央人民广播电台主办,具有鲜明的广播特色,致力于打造全天 24 小时不间断直播的中文互动在线广播第一品牌,建设全球最大中文音频网络门户,通过互联网让中国的声音传播更远。为了实现线下线上的整合传播,在网络平台上充分发挥论坛等相关渠道的优势,其中各种自主活动的帖子引来更多受众的关注和参与。节日期间有版主就发起了摄影比赛来丰富论坛活动,强化与受众的沟通,塑造品牌的温暖亲切形象。

在帖子发表的过程中,第三方意见领袖的声音通常更易被接受,网民更易相信,所以在选择发出话题的意见领袖的人物时要慎重,往往选择与话题有相关性的代表发帖子。

普通网民发出帖子往往能与受众对象拉近距离,话题更易被受众所接受和相信,易引导舆论。社会组织要注意监测论坛动向,把控危机的方向,及时处理论坛引发的负面信息。在让普通网民自由发言的同时,要做好监测,避免危机出现。

下方为某论坛上出现的一家手机 4S 店的危机事件。

2013 年 2 月,内地某家手机店员工欺负客户,因客户没有光临其手机店,仗势欺人有"留下买路钱"的企图和态度。该客户在微博上记录并发表了该事件,还通过论坛进行了爆料和转载。随后引起了广大网友的支持和帮助,迅速引来了众多媒体的关注。由此可见,普通网民可通过论坛发表言论,该店应该对此作出快速反应,监测论坛动向,注意引导舆论,采取积极的回应态度,切莫消极等待,让事件扩大蔓延。

(2)论坛回复

相应的目标受众看到帖子后往往会表达自己的声音,通常有支持、反对、中立、质疑、不解等相关情绪。在面对受众的质疑和不解时要以恰当的身份进行回应,第一时间进行跟帖,委婉表达。回复要充分注意回复技巧,同时也可以聚其他网友之力用舆论攻击负面信息。尤其面对违背公关目标的声音要及时进行跟帖回复,避免形成舆论后删帖。

如上文案例,被指责手机店曾经动用资源进行了微博和论坛的删帖,但没有达到理想的效果,反而遭到后续更加强烈的关注和众网友的炮轰,这样的删帖做法较为失败。

关于公关删帖的操作目前说法不一,删帖通常会在最大程度上降低负面信息的危害和传播,但是在进行操作的时候要遵守我国法律,严格执行网络信息传播规定等相关政策。我国公关行业仍存在相关灰色产业链,通过一些非法手段进行删帖工作,公安部也有针对性的打击政策,网络公关从业者对此要保持谨慎。

(3) 转载引用

转载引用是公关过程中的重要部分,组织可以通过此方式扩大影响力,加速舆论的形成,更快地实现公关目标。选择转载引用帖子、回复信息时要注意选择的信息与公关目标相契合。网络大军通过帖子的回复、转载、引用来实现其希望营造的舆论氛围。

(4) 媒体介入

当帖子的影响力达到一定程度的时候,就会引来传统媒体的介入,媒体的介入往往是事件或者活动的重要转折点。公关人员要充分明确公关目标,如果为危机问题,媒体的介入必然会引来更大的祸患,引起更多的关注,对组织的影响是无穷的。所以要在传统媒体介入以前将苗头扼杀在摇篮里,在网络平台熄火,如果没有达到此目标,要在爆发更大的危机时做好与传统媒体的沟通和协调,搞好与传统媒体的关系。同时,在平时要与媒体保持较好的关系往来,善待媒体,善用媒体。

如果媒体的介入形成积极舆论,则有利于公关目标的实现,公关人员也可以积极与传统媒体进行联系,吸引传统媒体的关注,帮助扩大事件的影响力。传统媒体的介入将会对公关目标的实现助一臂之力。这时公关人员要全力配合,采取搭乘式宣传,实现线上与线下的双向传播。

二、论坛危机公关的三大核心操作

1. 跟帖

社会组织一旦发现明显歪曲事实、误导网民的帖子,要第一时间在主帖下方跟帖,委婉地发出客观的声音,引导舆论。需要注意的是跟帖的态度要鲜明,身份可以伪装也可以代表官方,具体操作要视情形而定。由于跟帖会导致该主帖所在位置上升,因此跟帖的对象限定于不断出现的新帖。

2. 发帖

对媒体正面报道和网民的正面帖,积极加以包装和引用,同时策划相关帖子,不断地发帖,引导舆论。帖子要具有价值和高度,给受众积极的引导和建设型的意见,更多角度、全面和充分地看待事情,了解企业,避免舆论声音一边倒。可以选择意见领袖或者权威性高的草根进行发帖。同时也可以选择事件的参与者或者普通受众发帖,更真实,让人相信。同时也要注重线上线下的联动,从根本上扭转被动局面。

3. 顶帖

非社会组织自己的官方论坛由于发帖可能面临被其他帖子覆盖或者删除的危险,所以要配合积极的顶帖,将有利的帖子顶上去,这也是比较省力有效的方法。当然,顶帖也是有方法的,有时候可以直接顶帖,有时候需要以跟帖的方式来顶帖。顶帖的作用在于形成主流舆论氛围,影响受众。

第三节　BBS 论坛公关案例分析

以下为运用论坛来进行公关的两个案例:一个是危机管理中运用论坛公关来应对的案例;一个是品牌建设中运用论坛公关技巧来提升品牌美誉度的案例。

一、360 黑匣子公关之战

2013 年 2 月 26 日有媒体发布《360 黑匣子之谜——奇虎 360"癌"性基因大揭秘》一文,揭露 360 安全卫士、360 浏览器等产品如何以安全名义窃取用户隐私,监视用户上网行为,引发对 360 安全软件是否安全的大讨论。

而就在文章发出后的几小时时,360 公司便发布声明称《每日经济新闻》的报道是虚假的,并斩钉截铁地认为这是"流氓软件"、"木马病毒黑客"、"传统杀毒软件"和"以搜索为代表的垄断巨头"等互联网行业四大利益集团以联合的方式共同遏制和抹黑 360。同时,360 宣布起诉该报社。

360 公司面对网络安全质疑的时候往往采取"标准化"危机公关的步骤。第一步先声明这是虚假的,然后将责任推给竞争对手,接着起诉媒体。

360 拥有强大的控制媒体舆论的能力,其反应速度之快有目共睹,在过程中充分把控舆论,遏制负面信息扩散。网络亦爆出 360 购买该报为防止负面信息扩散带来的影响。当然这个过程有很多不妥当的地方,但值得参考的是 360 公关过程中的及时性和全面性。

首先,360 通过论坛发表了公告,其内容如下:

① 该篇虚假报道,严重违背了新闻道德及媒体工作职业操守,给 360 冠以"莫须有"的罪名,用比喻和妄想代替事实,以匿名记者引述匿名人士和竞争对手的言论,汇总了历年来攻击 360 的各种谣言,并加以夸大传播。在长达近 4 个整版的篇幅中,该报道非但没有进行任何权威的技术论证,更无视此前 360 就相关问题的多次澄清和说明,甚至未与 360 公司进行过任何的采访与求证;报道中通篇引述的不实言论,已经对 360 的商誉构成了严重的诋毁,如图 5-4 所示。

② 作为互联网安全公司,360 通过了中国信息安全测评中心的测评,取得了国家信息安全测评证书(安全工程类一级)。同时,360 的客户端产品也通过了国家信息安全产品分级评估测评,并被授予国家信息技术产品安全测评证书。360 旗下的全线产品也均符合公安部、工信部等国家机关制定的互联网终端软件服务行业规范,以及国内外网络安全软件的各项标准,360 产品安全可信。

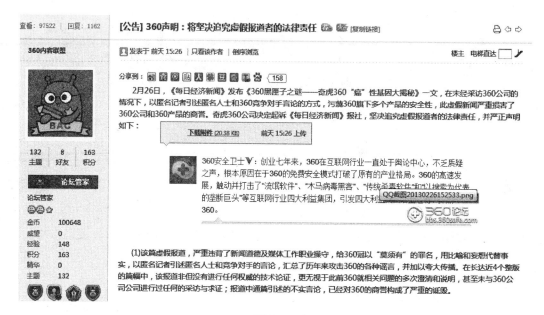

图 5-4

正是在 360 所倡导的"免费安全"理念的带动下,中国网民得到了基本的保护,安全软件的普及率从原来的 10% 提升到现在的 95% 以上,360"免费安全"每年为中国互联网用户节省 400 亿至 800 亿元人民币的安全软件开支,全面促进了中国互联网安全水平的整体提升。

③ 创业七年来,360 在互联网行业一直处于舆论中心,不乏质疑之声,根本原因在于 360 的免费安全模式打破了原有的产业格局。360 的高速发展,触动并打击了"流氓软件"、"木马病毒黑客"、"传统杀毒软件"和"以搜索为代表的垄断巨头"等互联网行业四大利益集团,引发了四大利益集团以联合的方式共同遏制和抹黑 360。

应该说,各种抹黑、诋毁 360 的行为,不仅对 360 公司正常经营造成了极大的影响和困扰,更是对中国互联网安全产业服务发展和网民公权的一种践踏和伤害。

④ 我们坚信,竞争对手正是 360 发展的"磨刀石",360 产品经得起市场和历史的检验;每一次竞争对手的抹黑与质疑,也都为 360 提供更多向用户介绍和推广 360 产品的机会。同时,我们将对于编制、炮制和传播抹黑 360 公司谣言的行为坚决予以回击。360 公司决不妥协,将依法追究黑公关虚假报道媒体及其背后指使者的相关责任,以正视听。

论坛公告内容有绝对的官方性和权威性,态度诚恳,文字表述翔实,同时配合有关公告的发出,在论坛首页动态窗口有相关辟谣专版。如图 5-5 所示。

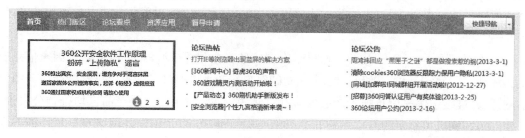

图 5-5

此案例值得大家借鉴的是 360 在论坛上发表声明的文案,首先义正词严地声明了相关报道对 360 公司的诋毁,其次说明了 360 公司多年来对网络安全的贡献,接下来又对诋毁的行为上升了认识高度,认为这样的行为是对整个互联网行业有害的,最后 360 公司表达了自己的决心。整篇声明充满正义之感,极具说服力,在某种程度上也对受众有了比较全面的交代。同时通过论坛发出声明,短时高效,使得广大受众在短时间内就得知了 360 公司对此事件的态度,很好地配合了其他危机公关的操作。

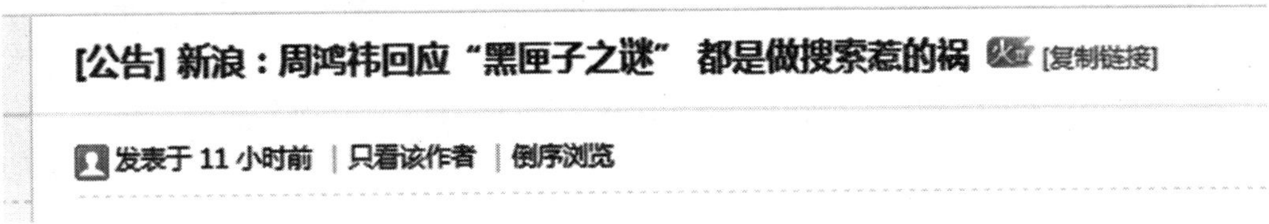

[公告] 新浪:周鸿祎回应"黑匣子之谜" 都是做搜索惹的祸 [复制链接]

发表于 11 小时前 ｜ 只看该作者 ｜ 倒序浏览

图 5-6

接下去在论坛公告里又发出采访周鸿祎的相关报道的帖子(如图 5-6 所示),周鸿祎作为奇虎 360 的董事长,在此事件中是比较权威的意见领袖,他的声音是受众关注的,也能够代表 360 公司的态度。这个帖子详细地交代周鸿祎对攻击 360 文章的所有内容进行的回应与解释,让公众们第一时间得到信息,同时也为危机的舆论方向形成奠定基础。论坛帖子发出后,其点击量快速上升,回复数不断增加,其中不同 ID 表示支持的声音居多,形成了积极正面的舆论氛围,为 360 的公关之战奠定了一定的基础。

二、论坛公关——品牌建设的助推器

在今天的品牌建设中,公关环节作为组织与公众沟通的重要步骤是不可或缺的。大型品牌的建设当然少不了论坛公关的操作,这些品牌往往通过自己的网站和相匹配的论坛社区来与消费者进行有效的互动。国内通过论坛公关的方式进行品牌建设的主要表现在汽车行业和化妆品行业的消费者社区建设方面。像前文已提到,汽车行业往往通过论坛社区的建设来推出新车型、介绍保养车的小窍门、普及与车相关的专业知识等方式来维护消费者对品牌的忠诚度。化妆品行业往往通过建立社区来聚拢人气,提高品牌认知度,通过消费者的化妆品试用体验来传递积极信息,扩大消费群体,进一步增强消费者心中的品牌形象。这里将介绍一化妆品品牌的成功的论坛公关案例。

相宜本草是一家国产天然本草类化妆品品牌,其产品进入市场化运作时间较短,市场认知度较低。虽然产品拥有良好的品质和口碑,但对于该品牌了解的消费者相对较少。相宜本草总部在上海,据公司调查数据显示,相宜本草在上海地区产品美誉度达 70 分,而知名度只有 30 分,这与公司这几年发展的整体策略有关,市场投入相对较少,将更重要的资源及资金投入产品研发及销售渠道。相宜本草采用了网络社区口碑建设的策略,借助互联网社区新媒介,展开迎合精准群体心理的公关策略,利用网络快速传播的特点,实现低成本的广泛传播效应,进一步建设其品牌。

相宜本草选择了一化妆品网站作为核心传播载体,以论坛社区为品牌建设传播中心,整合浙江本地社区及线下高校资源,实现了线上线下互动整合传播。

其整个品牌建设的过程如下:

第一个环节是号召消费者通过论坛社区免费申请品牌试用装。利用消费者的利益驱动和新鲜事物的好奇心,为品牌造势、吸引眼球、聚集人气。这个过程使品牌无形中受到了极大的关注,吸引受众的眼球,其实已经成功了一部分。

第二个环节是收集申请者的数据资料(包含真实姓名、性别、住址、邮箱、电话、QQ、品牌消费习惯等信息),并向品牌进行反馈,以便数据挖掘。在这个过程中,相宜本草充分利用数据资源,对这些潜在消费者进行电话营销,并且为每个潜在消费者邮寄了相宜本草的会员杂志,很多用户反馈其服务很贴心,使得消费者对相宜本草这个陌生品牌产生了好感。

第三个环节为典型的论坛公关。它充分发挥了网络公关的优势,公司网站联合国内知名社区站点,做联合公关活动,使活动有更丰富的传播载体,更广阔的传播范围,快速提升品牌在网络中的知名度和影响力。

第四个环节为用户分享、试用体验。以奖品为诱饵,吸引试用用户分享产品体验,引导消费者的正向口碑,使推广产品在网络传播的知名度和美誉度得到一定程度的提升。该社区有稳定活跃的用户群,收到试用装的用户很快就开始试用体验,并且她们非常愿意与大家分享试用的过程,社区正面舆论渐渐形成。高质量的人群和特定的氛围,奖品诱饵使得试用评论的质量非常高,90％以上的评论都超过500字,这在化妆品评论网站、社区较为罕见。高质量的论坛评论对品牌建设产生了巨大的推动作用。

第五个环节为邀请试用达人。试用达人拥有忠实的读者群,在网络试用领域有着较高的知名度和影响力,充分利用这类意见领袖的优势,在活动结束阶段,重点推荐活动期间优秀的网友评论。

相宜本草借用论坛社区的品牌建设突出了自己的产品优势,扩大了消费者群体,在社区论坛中通过消费者的反馈来吸引更多消费者的关注和青睐。其中运用了意见领袖的机理,也充分证实了金字塔模型传递信息的效用,通过试用达人的推荐来博得公众的信赖,而消费者的回复、评论很好地形成了正面的舆论导向,其中高质量的论坛评论增强了品牌影响力,提升了其美誉度和知名度。

思考题

1. BBS 论坛有哪些特点?
2. BBS 论坛公关的核心是什么?
3. BBS 论坛公关的常规性机理是什么?
4. BBS 论坛危机公关的三大核心操作是什么?

第六章
博客公关

中国博客教父方兴东认为,博客是 web 2.0 时代的经典应用,人们通过博客实现了双向沟通,使其在信息社会网络体系中成为了一个完整的主体。《IT 经理世界》杂志管理版主编岳占仁认为,博客"越来越成为互联网主流应用","以博客为代表的数字社会媒体的兴起已经悄然改变了舆论产生和传播的规则"①。

需指出的是,从 2002 年起步至今,博客发展道路由早期的草根化逐渐转向精英化,一些普通用户开始慢慢转投微博等更简单随性的社交网站,但一些"超级博主"的博客仍然保持着很高的点击率和影响力。对于公共关系而言,博客已经是一个非常重要也相对成熟的网络平台。社会组织合理有效地利用博客进行公关活动,往往能取得良好的效果。这一章,我们将走进博客公关,认识它的基本概貌,了解它的方法功用,建立对于博客公关的系统体会。

第一节　博客公关概述

一、博客公关的涵义

了解博客公关的涵义,可以先从了解博客开始。博客是一种信息交互、人际交流的自主性网络综合平台,通常意义上的博客结合了文字、图像、音乐、视频、链接等要素,是以公开发布消息、介绍情况、阐明观点、表达思想、传播知识等为主题内容的一种便捷的网络日志。

博客公关基于博客平台的产生发展演进而来,是借助博客这一特定网络应用媒介接触公众,开展网络公关活动的公关形式。用户个人、社会组织等通过强势的博客平台即时更新信息、传播相关资讯、开展线上活动、宣传工作事务、破解危机难题、建立公众联系、强化沟通互动,以此来协调利益关系、塑造组织形象。这些公关博客平台自主撰写或聘请职业写手发布专业、系统、权威的博客帖子,吸引一批忠实关注者,掌握话语权,发挥影响力,以期达到良好的公关目的。

二、博客公关的基本要素

属于网络公关和新媒体公关范畴的博客公关主要在传播方式和面向对象等方面与传统公关区别开来。② 博客公关的主体、客体和手段是博客公关的三大基本要素。

1. 博客公关的主体——社会组织

公共关系的主体在公关活动中处于主导地位,是公关活动的策划者、发起者、调控者和主要获益者。博客公关的主体与传统公共关系的主体大致相同,是广泛存在的社会组织,即由一群拥有规范章程、特定利益和共同目标的社会人员组成的集合体,包括公司企业、政府

---

①　岳占仁:《博客:公关新游戏》,《IT 经理世界》杂志,2007 年第 1 期。
②　米晓彬:《不可忽视的博客公关》,《传媒》杂志,2007 年第 8 期。

机关、公益机构等多种类型。这些社会组织通过开展博客公关活动来塑造自身的网络形象，协调和维护自身利益。

2. 博客公关的客体——网络公众

公共关系的客体在公共关系活动中处于从属地位，是公关活动的传播对象、接收对象、参与对象，包括潜在公众、知晓公众、行为公众等。博客公关的客体在普通社会公众的基础上更侧重于网络公众，尤其是博客用户。公共关系必须认识公众、了解公众、培养与公众的良好关系。博客公关活动亦如此，它必须以研究网络公众为科学基础，重视公众、顺应公众、服务公众，通过博客平台平衡网络公众和社会组织间的利益诉求，优化虚拟社会里双方的关系状态，并由网络公众影响更多社会公众。

3. 博客公关的手段——博客发布

媒介传播是公共关系主客体之间沟通联系、相互作用的桥梁，博客公关以博客传播为主。博客公关以博文发布为双向互动中介，一方面将社会组织的情况动态传播给网络公众，一方面又从特定受众群体中汲取有价值的信息资料，以此达到优化公关活动的目的，从而促进社会组织的良性发展。

三、博客公关的优势特征

博客公关相较于传统公关形式和其他类型的网络公关活动有其独特的优势特征。

与社会组织的门户网站相比，博客公关不再严格要求中规中矩。通过博客平台发布的公关博文拥有更广阔的自主发挥空间，主题内容、形式类型等方面也更为灵活，且富有新鲜创意和个性化色彩，时效性更强。公关博客平台将博文依照发布的时间顺序汇总于一个整体网页，同时也可以将重点博文置顶显示，便于网络公众搜寻浏览。此外，由于公众对博客信息的信任度超过对企业官方信息的信任度，因而博客公关往往更容易取得公众的好感。

公关博客平台的商业价值最主要体现在其低廉的运营费用上。博客是一柄低成本、高效应的公关利器，在无壁垒、零费用进入博客领域后，组织能以更低的成本完成对目标公众的调研，以更低的宣传费用代替大额广告投入，以更少的用户费用扩大公关活动的知名度与美誉度。某些情境下，公关博客平台大胆利用互联网新媒体进行公关创意活动，吸引更大范围用户的兴趣与关注，创造热点新闻，引发深入报道，这种低投入的网络公关行为的效果远大于高额广告宣传费用投入。

公关博客平台彰显出的交互性也不容小觑。博主与读者在博客平台上实现了一定程度上的直接的双向交流。博主发表博文使得读者被告知，读者接受信息后，能够通过留言、评论等方式发表个人的思想观点，而博主也能及时有效地做出互动与回复，轻松完成双方传播与反馈。

公关博客平台的优势还体现在更高的细分程度上。博主发表博文时可以选择博文标签和博文分类，这一方面便于用户有针对性地检索，另一方面也强化了公关博客平台的个性属性。每个博客平台在吸引形形色色"过路人"阅读博文的同时，也得以慢慢形成特定的读者群体。这是一批长远、忠实的公众，公关博文的发布传播因此颇具精准的定向性，对于公关活动口碑效应的扩散也颇具益处。

　　公关博客平台拥有效果评估系统。博主可以通过博文的阅读量、评论量、转载量、收藏量等量化数据来评估所发布的公关博文信息的传播效果、活动效应，并通过对博文效果评估数据的即时性了解，及时采取相应措施。

　　公关博客平台能见度高，能够实现与百度、谷歌等搜索引擎无缝对接，与新浪、腾讯等热门网站密切外挂，具有良好的整合传播效果，并借此为博客带来较高访问量，使得博文更具影响力，同时借助博文扩散引导网络舆论潮流，强化公关活动效应。

　　然而不可否认，博客公关也存在难以避免的缺陷。在公关博文里稍有疏漏，就容易出现不当言论或不良行为，并可能因此引起法律纠纷。另外，舆论必然存在正反双方，博文传达出来的内容有时候难免遭到质疑甚至非议，经过网络渠道的传播与扩散，可能会爆发危机，使公关活动进展和社会组织形象招致攻击，造成不良评议甚至引发巨大破坏力。例如：曾有一个名为"环美×××（某大型超市，如图6-1所示）购物记"的博客，其博文内容围绕美国一对爱好自驾游的中年夫妇驱车在该超市不同地区的美好购物体验展开。这个博客一度成为关注热点，文章对该超市的好评也是洋洋洒洒。然而并不多久，就有网民揭发这对夫妇的自驾游实际上

图 6-1

是由该超市赞助的，背后由其品牌公关公司一手安排操控。这一消息迅速扩散并在网络上引发公众的反感风潮，网民们随后也把这个暗箱操作包装出来的博客分类标注为"骗子"，公众纷纷斥责这种"假博客"（flog）行为，该公司也被推到了舆论谴责的风口浪尖。最后其公关公司不得不站出来为这一不透明的公关行为公开道歉，但该公司仍不可避免地为此遭受了实际利益和企业名誉遭毁的双重损失。

　　博客公关是公共关系不可忽视的传播力量。趋利避害，有效发挥博客的能量，利用其优势特征为社会组织的公关活动服务，注意防范博客公关危机，是顺应网络公关潮流的必然选择。

四、博客公关的辨识

1. 博客公关与博客

　　博客包括草根博客、明星博客、名人博客、专题博客、企业博客等多种类型，一些博客专注于某个特殊限定的主题发布新闻、传递信息、发表评论等，而更大一部分博客则被博主用作记述故事、情绪、思想、观点等内容的私人日记。博客公关的主体是社会组织，也就是说进行公关活动的博客平台往往不是独立的自然人，即便是以个人博客的形式呈现，通常是以法人代表或者组织代理的身份发布博文。博客公关主要是依靠发布面向特定公众群体的专业权威的原创博文内容达成一定公关目的的。

2. 博客公关与网络公关

　　网络公关的运作形式包括网络媒体新闻、线上公关活动以及借助搜索引擎、论坛、博客、

微博、电子邮件等多方位平台构筑的虚拟社区公共关系。博客公关不等同于网络公关,而是网络公关的一种,是其重要组成部分。

3. 博客公关与微博公关

广义的博客一般包括基本博客和微型博客,也就是狭义概念上的博客和微博,两者最直观的区别是文章字数。博客发文没有明确的字数约束,而作为微型博客的微博则要求发布内容的精炼,通常会把字数限制在100至200字内。因而博客公关通常比较具体而微,完整的博文使得策划的公关活动显得明确、正式,也更加具备真实性与可信度,而微博公关则侧重于短小概括。两者的另一项区别在于微博更新频率过快,内容常常因被沉覆而转瞬即逝,博客文章则更经得起长期通告和执行。需要指出的是,微博公关有时会通过网站链接的形式引导公众点击到博客平台,获得更多的公关活动详情。

4. 博客公关与博客营销

很多营销活动都离不开公关手段,而一些公关活动的目的也的确是为了促进营销,营销和公关有相辅相成的重叠之处,然而把两者混为一谈是个重大误解,因此必须分辨出营销和公关两者的区别。具体就博客营销和博客公关而言,博客营销主要是营利性社会组织利用博文的可见性与传播性,借助博客平台达成介绍产品、发布广告、扩大市场、提高销售、实现更高经济效益的目的;而博客公关的主体则不局限于经济领域的社会组织,公关活动利用博客平台开展更注重其相对完善的交互沟通性能,以此建立长远的组织价值体系,通过信息传播、即时交流、专题活动、危机处理等方式树立组织形象、协调组织利益、维护公众关系。

第二节 博客公关基本方法

一、博客公关的运作步骤

博客定位 → 选用名博 → 话题策划 → 发布实施 → 建立博客系统

1. 博客定位

博客定位是成功运营一个公关博客平台所必须提前确立的规则。一般而言,博客定位包括博主定位、博文定位、用户定位、目标定位等内容。

博主定位:筹备公关博客平台之前,必须确定用作公关活动载体的博客是以什么身份在撰写:是私人个体、领域专家,还是社会组织的官方发言,或者其他。这也决定了整个博客日后的立场和态度。

博文定位:公关博客平台发布的博文内容应该是一系列整体,保持一贯的风格特色,且确立相对规范的更新间隔和发布时间。有别于官方网站严格遵循的模式,平台发布的每一篇博文需要避开过重的功利心,需要灵活变通,但是所有博文应该是围绕某个共同主题展开的，或者以某项公关活动为主线或中心，从而为特定的公关目标效应服务。

用户定位：博客公关的目标用户是某项特殊公关活动所面向的特定网络公众。认识并了解公众，明确潜在对象和行动对象，致力于培育忠诚而长久的关注群，是博客公关的重要一课。进一步说，网络的四通八达会给博客平台带来很多并非原定目标公众的读者，博客运营要本着多多益善的心理把公关活动的精神分享给所有阅读博文的网络公众，以吸引更多线上乃至线下公众的关注与追随。

目标定位：博客公关的开设必然有其既定目标：树立并宣扬社会组织形象，或是优化并强化社会组织声誉及影响力，或是协调并创获社会组织综合效益，或是培养公众、维护关系、拉近距离，或是多种诉求的综合。明确博客公关的最终目标，在运营过程中以巧妙的策划和坚持的实施来努力达成。

2. 选用名博

运用博客平台开展网络公关活动，首先要选择知名度高、访问量大、影响力强的博客运营商注册账号，如国内的新浪博客、腾讯博客等。在公关博客开设的初始阶段，可以借助博主在相关领域内的地位名声、夺人眼球的博客名称、详细的博客概况信息、突出的写博能力、热议的话题评论文章，或是某种程度的"病毒式"推广，使博客能在较短时间内迅速成长起来，晋升点击量大、浏览数多、关注度高、排名靠前的优秀博客。

公关博客平台的形式多种多样：有麦当劳公司、中国红十字基金会等社会组织的官方团队博客；有中国第一公安等政府机关博客；有宝洁公司、IBM 集团在官方鼓动下大量开设的员工博客；有都灵冬奥会期间可口可乐公司赞助大学生直播赛事的"Torino Conversations"活动博客和柯达公司举办的"柯达数码相机神秘西藏之旅"系列事件的活动博客；有凤凰卫视、新华视点等主流媒体博客；有韩寒、徐静蕾、李开复等明星名人博客；有股市风云、Jupiter Research 分析师等专题博客；有万科集团董事长王石、SOHO 中国董事长潘石屹等企业家、社会组织高管博客；还有新浪博客中点击量破千万的弱水三千、梅术光等草根名博……

在一定条件下，博客公关的开展还可以通过商谈、联合、冠名、代言等方式有选择性地借助现有名博，利用博客圈活跃、强势的知名博客完成一项公关活动在网络上的策划实施，来显著提高公关活动所期望达到的效益。

3. 话题策划

话题策划是博客公关的核心步骤，做好话题策划是公关活动成功的灵魂。博客公关的话题策划没有固定统一的套路，拥有个性创意、深度广度等特征的策划才能掀起话题关注热度和参与风潮。如何策划优秀、成功、经典的话题是博主需要花费时间精力、发挥智慧灵感去着重思考的问题。

通常而言，博客公关的话题策划首先应该展开广泛调研，洞悉公关活动的要求、受众、目标、费用等基本策划意向，分析当前社会的时事热点和网络平台的热议话题，探究网络公众的所思所想。在科学调研的基础上，要激发热情、迸发灵感，仔细考虑可行性、参与度、影响力等因素，提出应时应景的话题方案，并根据目标效应进行筛选和改善，完成完整的策划书。然后针对博客平台的优势与特征，寻找契合点，设计能与博客巧妙融合的模式，充分利用文字、图片、链接、视频、音乐等表达手段，使得博客公关的主客体得以尽情参与其中，抒发情绪、表达观点、表明立场。最后还需要对话题进行测评,预估效应,并对可能出现的问题做好应对准备。

博客公关话题的策划应该牢牢把握"博客眼"。"博客眼"即为话题的关键点,是整个博客公关活动最为精准、精彩、精妙的地方。节日、食物、动物、旅行、流行用语、专业术语、热点新闻、文艺娱乐、校园活动等,经过包装设计都能成为便于传播、容易记忆、引人入胜、凸显价值、赚取点击率的好"博客眼"。

4. 发布实施

组织完成话题策划后,还要通过博客平台撰写发布、推广实施。在撰写发布的过程中,拟定夺人眼球、过目难忘的博文标题,撰写或是华丽、或是朴实幽默、或是诚挚的博文,搭配锦上添花的图片、音像,设置富有诱惑力的参与激励机制等,都是可以加以考虑的。另外在公关活动进行的过程中,必须不时更新,发布动态,提高知名度,保持影响力。

而在推广实施阶段里,博主应该审慎又不失灵活地落实策划方案,集中力量进行博文宣传,坚持不懈地进行博客互动,寻找适合的机会节点制造波澜,引发新一轮热潮。

另外,博客公关的开展也可充分借助舆论和媒体的力量。博文的阅读浏览、点击转载以及用户评论等方式经过合理开发后,能引发博客读者的关注、谈论,并口口相传给更多网络民众,从而调动公众的好奇心和积极性,引发口碑效应和参与。当话题成为热门词条,公关活动蔚然成风时,就能制造新闻事件,召唤媒体的主动报道,再度促进扩散和渗透。同时,博主也要密切跟进舆论和媒体,就其中的好评部分加以发扬,精益求精;就其中富有争议的问题及时修缮,趁早规避可能发生的危机。当然成功的博客公关并不应只局限于一种平台,组织还可以通过微博、论坛、终端乃至线下的传播共同配合完成。

5. 建立博客系统

博客公关贵在坚持更新、不断完善,积累厚实的博文信息和关注群体,打造专业卓越的博客团队,营造和谐融洽的博客环境,发挥充满活力、风格鲜明、独具特色的博客形象,同时通过博客效果评估渠道,投公众所好、顺时事热点、及时监控、规避风险,建成拥有美誉度、掌握话语权、具备影响力的完整博客系统。

二、博客公关的基本法则

1. 基本规范

博客通常不必拘泥于刻板模式,不必恪守正统写作套路。博客公关也并非中规中矩、一板一眼,而是一种简单随意、灵活轻松的网络公关形式。但这并不意味着博客可以不再遵循文章的基本规范。博文不仅要遵照文法规范,做到拼写正确、语言通顺、结构完整、条理清楚,还必须遵守道德法律,文明诚信,真实可靠,积极健康,切忌为搏出位而不择手段。

2. 风格特色

博客的风格特色体现在多方面,优秀的公关博客平台通常形成了鲜明的个性。如文笔方面,博客文章可以是犀利的、老练的、诙谐的、抒情的;在内容方面,博客文章可以是宣扬组织文化精神的,是介绍公共关系理论实务的,是跟踪某项公关专题活动进程的,也可以是处理危机问题的。

3. 谋篇布局

首先,公关博文需要一个好标题来吸引读者。这个标题是能高度统筹文章内容,并且具有亮点的。其次,虽然博客没有篇幅限制,但长篇大论的文字会消磨读者的阅读耐心。因而博文也需要主题明确,重点突出,言简意赅。再次,博文如果只有单调的文字内容,可能会使公众失去阅读兴趣,所以博文应该注重图文结合,加强多种元素的结合运用。最后,博客网页通常是以列表形式显示,每篇博文第一眼呈现给读者的大约只有两百字,为此博文需在文章开头就抓住读者的胃口,诱导他们进一步查看全文。如一篇关于公关专题活动的博客,就应该把策划中的重点、亮点、吸引点适当提前彰显出来。

4. 内容撰写

要使公关博客平台"生意兴隆",就要求博客文章具有价值。这种价值是由多种因素构成的。比如博文要坚持原创为主,转载为辅。引用其他优秀博文固然无可非议,但是只有坚持原创才能使博客拥有经久不衰的生命活力。比如博文要抛开过于明显的商业行为。利用博客做公关必然有其利益诉求,博客公关也确实需要树立明确的公关目标,但明显的功利主义会使读者产生反感与厌恶,所以博文应该学会选择巧而为之,找到合适的平衡点。比如公关博客要追求博客在公关领域的专业卓越,使业内人士难以挑刺批驳,使普通读者认可推崇。但与此同时,要牢记博客平台不是学术园地,枯燥乏味、高深难懂的内容会使关注群体流失,这也就失去了博文的价值。

5. 博文更新

博客更新也是一个需要重视的问题。这项法则主要包括更新的时间、久度和频率。第一,时间。什么时候发博客?即便博客发文无需像微博、论坛等平台追求短时间内的关注热潮,但是博文发布也需要考虑时间。调查目标用户惯常登录博客浏览博文的时间段,在这段时间内更新博文往往效果更佳。而在特殊日子的特殊时间节点发文也是不错的选择。第二,久度。博文发布要持续多久?一成不变犹如一潭死水的博客难以长期吸引公众的关注,所以博客更新必须长期坚持。公关活动进程中博客通常会及时更新,而当消息动态并不密集时,也应当定期更新博客,即便只是简单的人文关怀,也要保持博客活力,维系与关注群体间的交流沟通。第三,频率。多长时间发博客?一般来说,更新频率与点击数量、阅读热情、关注热度成正比。但质量重于数量,因而公关博客的更新频率以每周 1 至 2 篇为宜。

6. 交流互动

web 2.0 时代网络平台交互性的重要性日益彰显。经营一个公关博客平台,要经常关注相关社会组织特别是公关团体的博客资讯,并与公共关系业界人士交流观点、联络关系,关注同行的动态信息。同时,网络公众的力量也必须引起博主的足够重视。充分运用博客平台的留言、评论,借此完善目标受众的资料库,通过多种手段与读者沟通分享、回复反馈,加强对博客公关受众的认识与了解,拉近距离,维系感情,争取更多读者的关注与满意。

7. 完善链接

自从 SEO 诞生之后,搜索引擎全方位获取信息,再由网民自由提取的情况,使得搜索引擎的优化越来越成为潮流所向。因而虽名为博客公关,但却不能仅局限于博客平台开展公关活动。博客要做好关键词添加,以便于网络公众的检索。使博文成为热门搜索引擎中显而易见的链接,是提高博客访问量和点击率、增加公关博客平台知名度和影响力的至关重要的工作。另一方面,博客发布的博文内容中也需要适当地分享网络链接。这些链接可以是社会组织的官方网站,可以是进行中的公关活动的微博论坛,或者是博客话题的背景信息、知识资料等。

8. 行家里手

作为公关博客,最好避免大杂烩式杂乱无章的博客文章,而应该选择专注于某一特殊领域,成为该领域一个具有影响力的博客站点,牢牢占据行业内的一席之地,作为社会组织开展公关活动的一个"战场",成为公关业界的一种声音、一股潮流。

9. 面面俱到

这条法则要与前文所述博文中心主旨的专一、专业区别开来。所谓面面俱到,涵盖了博客名称、博客备注、博客头像、博主资料、博客版式、博客背景等细节设置。博客名称应该重点突出、主旨鲜明、便于识别与记忆;博客备注是指一句话概括博客整体内容,博客围绕什么中心、主要写些什么文章,要使读者一目了然;博客头像一方面要与博主形象、公关活动主题、博客强势之处贴合,一方面要使网民喜闻乐见;博主资料尽量做到完善,必要的联系方式应该填写准确,公开度与透明度的提升有助于消除网络公众对博客公关的误区,增强他们对博文的信任与好感;博客版式调整能够彰显博客界面的友好性,起到对于来访者的引导作用,使来访者易于查找所需信息,乐于进一步阅读;博客背景则要突出公关主题,衬托博文内容,也应使博客美观协调,给读者舒适和谐之感。博客站点的细节对于博客公关的推广可能没有立竿见影的效果,但具有潜移默化的影响力,也是组织必须下功夫经营的关注点。

10. 博客价值

私人博客随心所欲地讲述琐事、抒发感情、泛泛而谈都无妨。但是公关博客平台上的每一篇博文都应该精心筹划、认真执笔,每一篇博文都应该包含目的性、可读性、知识性、传播性。在强调投公众所好的同时,博客也不能一味迎合读者,在顺应公意的基础上应该通过具有实用价值的内容来引导读者,使读者从中有所收获。这才是公关博文的最大价值,也是实现公关活动目标效应的手段与伏笔。

第三节　博客公关案例分析

一、通用汽车 Fast Lane 博客的线上公关

拥有百年历程的美国通用汽车公司是全球汽车行业大亨,其官方博客 Fast Lane 站点网址(http://fastlane.gmblogs.com/)是建立汽车企业与现有车主及潜在客户进行直接沟通交流线上渠道的先行者,也是目前世界范围内最受欢迎的企业博客之一。

Fast Lane 由曾任通用汽车公司副总裁的鲍勃·卢兹(Bob Lutz)构思创立。2005 年初,通用汽车公司公关部门的技术人员将这位汽车业传奇人物执笔所书的一篇关于"新土星车型设计"的文章录入可供用户阅读的博客模板中,成为 Fast Lane 正式诞生的标志,这个博客

也由此开启了通用汽车公司立足博客平台、促进公司发展的重磅之旅。

Fast Lane 博客成立之初,通用汽车公司就因为撤销《洛杉矶时报》广告投入事件[①]被推到风口浪尖。当时还处于"蹒跚学步"阶段的 Fast Lane 正视这些来自多方面的大量负面评论,尝试性地通过博客平台公开地与通用汽车公司的客户、社会组织团体、大众媒体进行协调沟通,直接对质疑进行说明交流,恳切诚挚又不卑不亢地表明自身立场,表达自身观点,卓有成效地打了场漂亮的翻身仗,赢得了社会公众的理解和支持,重塑了通用汽车公司的品牌形象,维护了企业的经济利益。Fast Lane 在这一事件中扮演了令人称赞的主角,通过危机公关的实践活动证明善于运用博客平台是增强社会组织知名度、美誉度、影响力等综合实力的优良途径,切实彰显了博客公关的作用和能量。

2012 年 6 月,通用汽车公司宣布召回旗下四十余万辆雪佛兰-科鲁兹轿车,针对轿车故障问题调整引擎挡板的位置,防止可燃性液体在引擎舱中堆积。通用汽车公司在声明中指出,受影响车型的引擎防护板可能使得引擎舱内的液体无法排出,由此产生失火隐患。为应对本次召回事件,Fast Lane 在 2012 年 6 月 8 日发表了题为"Chevy Cruze Gets Ready for Storm Season"(如图 6-2 所示)的博文,表达了直面问题、积极应对的坚定态度,盼望客户谅解,并理解公司对于通用汽车质量保障的追求,重申了通用汽车公司的品牌价值。六天后,Fast Lane 更新博客,发表了题为"Celebrating 85 Years of GM Design"(如图 6-3 所示)的博文,通过一段品牌视频带领读者回顾了通用汽车历史上的重要成就,宣传了通用汽车公司厚重的历史积淀和悠久的品牌历程,表现出通用汽车公司是值得选择、值得信赖的,说明通用汽车公司是在不断研发、不断探索、不断进步、精益求精、力求完善的,间接性巧妙柔和地回应了科鲁兹轿车召回事件的谴责与攻击,传达了通用公司的文化精神,重整了企业形象,维护了客户群体和综合效益。这又是一例成功的博客公关案例。

图 6-2

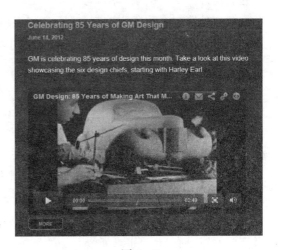

图 6-3

---

① Market Watch,旧金山,2005 年 4 月 8 日讯。

立足于汽车领域前沿资讯、行业先进设计、通用汽车产品、公司战略文化中心主题的Fast Lane博客由通用汽车公司高管主笔,诚实直面负面批评,保持与客户群体的密切互动,坚持原创、权威、专业。Fast Lane目前保持每月8至10篇博文的更新频率,受到社会公众的广泛关注和热情追崇,也受到了客户群体、业内人士、各类媒体的高度评价。

我们真的收到了不少有价值的反馈,Fast Lane上的每一个话题,都是一次极好的对话。

——通用汽车公司新媒体公关总监 Michael Wiley

最初的尝试已经变成了通用最主要的沟通手段。博客给了我个人一个与你们——通用汽车的公众走近的机会。我经常发现你们的评论不仅深入而且具有挑战性。但是你们对通用的热情和希望通用能够更多地为消费者提供更优秀产品的良好心愿,已经足以激励我们。

——世界汽车六巨人之一、通用汽车公司高管 Bob Lutz

Fast Lane博客被通用汽车公司打造成一个直接与客户受众对话互动的最重要渠道。它超越了传统意义上的主流形式,接受反馈,容纳异议,倾听呼声,珍视意见。通用汽车公司Fast Lane线上公关的案例充分体现了博客平台如果得到合理有效运用,对于社会组织了解、认识、影响、服务公众,并与用户们建立双赢式的交流沟通,对于社会组织维护自身形象与声誉、提升经济效益和综合实力,往往能够创造出其不意的大收获。

二、毛里求斯旅游局"让爱开始的地方"博客征文公关活动

大文豪马克·吐温曾说:"上帝先创造了毛里求斯,再仿造毛里求斯创造了伊甸园。"毛里求斯是非洲东部的一个火山岛国,四周被形态万千的珊瑚礁环绕,沿海平原拥有风光旖旎的阳光海滩,中部矗立着景色壮观的高原山地。近年来,毛里求斯作为新兴旅游目的地异军突起。同许多非洲国家一样,毛里求斯开始把目光投向中国,谋求将中国发展为传统欧美客源市场之外第二个重要旅游客源地。继免签证政策后,上海前往毛里求斯直达不经停航班在2013年1月25日正式开通。直航受到国内游客爆仓热捧,也使毛里求斯这个旅游胜地迅速进入国民视野。

趁此良机,又时逢2013年情人节,毛里求斯旅游局联合新浪博客面向中国这个重要客源地,开展"让爱开始的地方"博客征文大赛。活动宣传标语是:"如果只凭想象,你永远无法触摸到有'印度洋的珍珠'之称的美丽岛国毛里求斯的真容,现在有一个绝佳的机会,让你带上爱人一起共度浪漫时光!"

博客征文活动的主题是参与者分享和伴侣爱情开始的"地方",这个"地方"可以是某个地点、某一首歌、某一件事、某一个心动时刻等。活动规则是撰写一篇博文分享爱开始的地方,配上情侣照,形式可以包含文字、图片、视频等。活动同时在微博平台开设微话题,参与者需要发布带有"#毛里求斯爱开始的地方#"标签的微博,亦可分享参与海选的博文链接。活动于2月8日至3月15日进行博文投稿、投票海选,3月16日至3月20日进行大奖评选。特别大奖是毛里求斯蜜月自由行,一等奖是当地特色大礼包,二等奖是当地特产,三等奖是渡渡鸟玩具,幸运奖是毛里求斯T恤衫及毛里求斯旅游资料套装。博客征文活动开始没几

图 6-4

天,就陆陆续续有《毛里求斯"风水"酒店》、《毛里求斯海滩狂欢节》、《实拍:毛里求斯罕见的七色土》、《沙滩海水都没闲着》、《毛里求斯植物园》等多篇草根博文发布。

博客征文是博客公关的新鲜形式。毛里求斯旅游局"让爱开始的地方"博客征文大赛推出丰厚奖项来吸引网民踊跃参加。"让爱开始的地方"主题一方面契合情人节这一特别节日,另一方面也突出了毛里求斯主打"浪漫海岛游"、"蜜月新选择"的旅游主题线路。而从参赛博文来看,不少博主把毛里求斯视为"爱开始的地方",深情执笔,生动记述了在毛里求斯独特的旅游体验,热情描绘了毛里求斯的自然美景与人文发现。通过草根博主的"言传身教",毛里求斯的千种面貌、万般风情便跃然纸上,更多网友开始去了解并关注毛里求斯,也会有更多的国民把赴毛里求斯旅游付诸实践。毛里求斯旅游局策划"让爱开始的地方"博客征文大赛这样一个公关活动,吸引了旅游客源,也打造了"天堂海岛"的美好形象。

不同于很多组织团体赞助一项旅途后在博客平台上连载行程记录的惯常做法,激励草根博主参与公关活动,然后借用他们真情流露的笔墨来传播推广,既调动了网民们的积极性和参与,又提高了公关活动的真实感与可信度,这对于达到公关效果收效颇大。

三、世界博客行动日公益公关活动

10 月 15 日是世界博客行动日(Blog Action Day)。这一天,来自世界一万多个博客社区的百万名网友会围绕一个特定的公益主题发表系列博文,以引发该话题全球性的关注与讨论。

世界博客行动日最初由联合国环境规划署在 2007 年 10 月 15 日发起,环境规划署说:"把全世界的博客社区联合起来,我们就能向全球数百万受众宣传环保知识,提高公众环境意识,引发人们思考,并展开世界范围的讨论。"世界博客行动日网站(www. blogactionday. com)声称:"我们的目标是让每一个人都来探讨人类怎样做才能享有美好明天。"

参与者在世界博客行动日当天,可以在博客上撰写有关当年的公益主题的看法和小贴士,也可以把 10 月 15 日一天的收入捐献给环境基金会,或者可以向其他网民宣传"博客行动日"活动。

世界博客行动日活动旨在团结全世界的博客网站,提高百万网民的公益意识,引发人们对环境问题的讨论与思考。该活动前几年选定的"环境"、"贫穷"、"气候"、"水"等主题,都获得了全球博主广泛的参与和积极的响应。

塑造社会组织形象、倡导社会共同责任、推进组织与公众交互调和,是公共关系的正能量所在,而借助博客等新媒体平台开展的公益公关则可以被选择为加强社会组织知名度、美誉度、影响力的重要推手。

博客公关的案例不胜枚举,其功用也显而易见。公共关系怎样善用博客平台,如何发挥博客公关的隐藏能量,是社会组织需要结合自身情况不断审慎思考的课题。

思考题

1. 什么是博客公关?在博客平台上开展公共关系有哪些优势?

2. 结合自身体会,说说博客公关与博客营销的区别。

3. 如果你是××饮料公司公关部工作人员,请问你将如何打造一个博客来推广公司产品?

4. 博客公关在运作过程中应该注意哪些问题?

5. 搜集博客公关的案例,谈谈你对博客公关的认识。

第七章
微博公关

第一节 微博公关概述

如果说在近些年互联网发展中有什么时代性改变的话，那么"微博"就应当是首先的一个。"你微博昵称是什么?""有没有看到我新发的微博照片啊?""×××的微博回复我了!"……这些对话都成了人们日常生活问候的话语，人们交流的内容与话题更多地与微博有关，"刷微博"更是成了每天的必须活动。

"围观改变中国"这一句话已经不再陌生，从当初的"小荷才露尖尖角"发展到现在中国微博用户总数达 2.498 亿(2012 年 10 月)。

微博这一网络"自媒体"在中国的互联网环境中正在"接着地气"，散发着蓬勃的生机。据中国互联网络信息中心(CNNIC)报告显示，截至 2011 年 12 月底，我国微博用户数达2.5亿，较上一年底增长了 296.0%，网民使用率为 48.7%。微博用一年时间发展成为近一半中国网民使用的重要互联网应用产品。拥有着众多活跃受众的明显特征让微博成为各组织开展公关活动的必争之地。

一、微博公关概述

1. 关于微博

微博，即微博客(micro-blog)的简称，是一个基于用户关系信息分享、传播以及获取的平台，用户可以通过 web、wap 等各种客户端组建个人社区，以 140 字以内的文字更新信息，并实现即时分享。最早也是最著名的微博是美国 Twitter。2009 年 8 月，中国门户网站新浪推出"新浪微博"内测版(如图 7-1 所示)，成为门户网站中第一家提供微博服务的网站，微博正式进入中文上网主流人群的视野。

知名新媒体领域研究学者陈永东在国内率先给出了微博的定义：微博是一种通过关注机制分享简短实时信息的广播式的社交网络平台。

其中有五方面的理解。关注机制：可单向可双向两种；简短内容：通常为 140 字；实时信息：最新实时信息；广播式：公开的信息，谁都可以浏览；社交网络平台：把微博归为社交网络。

图 7-1

通俗的解释是，微博提供了这样一个你既可以作为观众，在微博上浏览你感兴趣的信息；也可以作为发布者，在微博上发布内容供别人浏览的平台。发布的内容一般较短，如 140 字的限制。当然微博也可以发布图片、分享视频等。微博最大的特点就是：发布信息快速，信息传播快速。例如你有 200 万听众，你发布的信息会在瞬间传播给 200 万人。

2. 微博发展

在中国，经过近几年的发展，微博呈现出多元化、立体式的衍生，具体内容如图 7-2 所

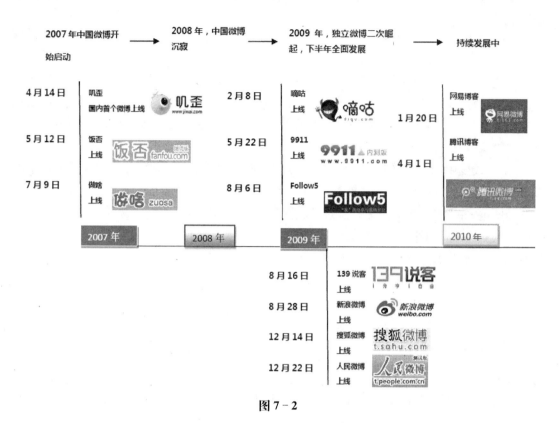

图 7 - 2

示。目前的微博类型主要有新浪微博、腾讯微博、网易微博等。

二、微博公关界定

微博是一种公关工具,是一个基于用户关系的信息分享、传播和获取的平台,它由 140 字的信息发布、评论、转发、关注、话题、粉丝和音视频等核心元素构成。所谓的微博公关,是社会组织和个人利用微博技术平台,进行传播信息、沟通交流、塑造形象、整合资源、调配利益,从而实现公关目的的一种行为。

微博公关特点:

微博客草根性更强,且广泛分布在电脑桌面、浏览器和移动终端等多个平台上,有多种商业模式并存,或形成多个垂直细分领域的可能,但无论哪种商业模式,都离不开用户体验的特性和基本功能。

第一,使用方便——可以用电脑发微博、手机短信/彩信发微博、手机 wap 发微博,还有对应的电脑/手机客户端能够发布微博;

第二,使用门槛低——文字量少,简单易明,任何人都可以上去写/说;

第三,打破传统网络产品的窄关系网/对等关系网,使人可以与不同层次的其他人物建立沟通联系;

第四,传播信息快——改变以往发送方信息主动推送的形式,改善繁琐、容易被过滤的问题,转为用户主动获取信息,另外通过裂变效应,使传播效果更快、更广;

第五,获取信息多——通过各个角度、阶层、属性的人物/媒体/企业等进驻,使微博上可以获取更多类型的海量信息;

第六,低成本——微博申请是免费的,维护也是免费的,而且维护的难度和门槛也非常低,不需要投入很多的资金、人力、物力等,成本非常低廉。

第二节 微博公关作用

一、提高品牌亲和力,增加形象好感度

企业的社会形象很大程度上决定了用户的黏性与首选度,也会影响品牌的形象与口碑。如果能够使公司的形象拟人化,将极大地提高亲和力,拉近与用户之间的距离,而通过微博这样的产品,很容易实现这一效果。

例如,在 2013 年农历春节期间,广州市中级人民法院发布加多宝禁用"改名"广告的禁令,2013 年 2 月 4 日,加多宝官方微博连发四条主题为"对不起"的自嘲系列文案,并配以幼儿哭泣的图片,引发上万网友转发。

"对不起,是我们太笨,用了 17 年的时间才把中国的凉茶做成唯一可以比肩可口可乐的品牌。"(如图 7-3 所示)"对不起,是我们太自私,连续 6 年全国销量领先,没有帮助竞争队友修建工厂、完善渠道、快速成长……"

"对不起,是我们无能,卖凉茶可以,打官司不行。"

"对不起,是我们出身草根,彻彻底底是民企的基因。"

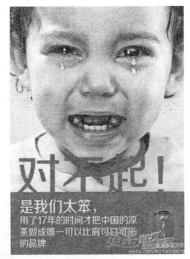

图 7-3

"对不起"系列微博出炉之后,舆论出现了"一边倒"的态势。在微博发出短短六七个小时内,"对不起"系列微博的转发量逾 17 万,覆盖粉丝数逾 3 亿。加多宝在市场中的声望不降反升。

二、拉近与用户的距离,增加互动与沟通

微博天生就是一个有效的公关平台。公关从来不是一种单向行为,只有通过与对象的交互,公关才有可能达成。从这个角度看,微博似乎就是为公关而生的。

微博内的用户与信息缺乏足够的规律性,在纷繁的内容下隐藏了不同的动机、目的、要求、情绪等,每一条微博的发出都体现了用户自己的看法,然而这些似乎非常确切的看法不等于事实。真假之间、流言与蜚语、诚恳和谎言为公关创造了无限的可能。

企业建立微博账号实施公关行为的过程,本质上是一种印象管理的过程,持续交互的过程有助于在目标用户内建立一种稳固、可信、拥有与品牌气质一致的形象。这个形象对企业至关重要,对用户也是如此。

例如,美国现任总统奥巴马,他也是美国历史上第一位黑人总统,而在他成功的背后,微博功不可没,在美国大选期间,奥巴马通过 Twitter 获得了 15 万名粉丝致贺词,而他的竞争对手希拉里只有 6 000 多名。

奥巴马的成功之处在于通过微博拉近了与选民之间的距离,在竞选期间,奥巴马团队每天在微博上与关注他们的粉丝互动,对用户的信息进行反馈,甚至还会主动关注别人。毫无疑问,当一个在电视中偶像级别的人物关注了你,与你还进行了互动,你会不被他的人格魅力所征服吗?而希拉里却是另外一种想法,只是把微博当作了发布消息的平台,忽略了互动这一环节,与奥巴马团队相比,选民自然认为希拉里没有重视他,结果也就显而易见了。在这次活动中,微博起到了桥梁的作用,作为与粉丝互动的平台,奥巴马尝到了甜头。

三、对产品与品牌进行监控

微博公关的重要工作之一就是要进行产品与品牌的舆论监督,包括产品的基本信息、客户反馈、出现问题、解决问题等,只是可以通过微博这样的平台来进行工作。比如:可以通过微博搜索的平台来了解客户在谈论与我们有关的哪些话题,对我们的产品和品牌是否认可等。

例如:一些比较大的企业,如星巴克,经营微博的目标是希望通过微博来做品牌。它通过微博发布一些品牌信息,通过与客户建立关系,来为品牌服务。如"星巴克中国"的微博上有一块重要内容,就是星巴克近期的活动以及新品等信息(如图 7-5 所示),还有"#星巴克

图 7-4

迎来金秋咖啡季♯"、"♯10月18日亚运期待星巴克有奖问答获奖♯"、"♯沉醉咖啡体验@北京站招募中♯"等信息。星巴克非常擅长客户关系的维系之道,比如和粉丝的互动:"@张庆微博:咖啡的7种香气,品尝不同咖啡时,总有几种香气会强烈地窜出来。""@星巴克中国:咖啡的七种香气,你能说出几种?"诸如此类的巧妙互动数不胜数,引发大量粉丝的转发和评论。目前,星巴克中国的粉丝数已达11 334名,几乎每一条微博都有20余条评论,名为广州咖啡馆体验的微博转发达800余条。

四、整合或者辅助其他公关方式

随着微博的深入人心,其重要性也逐渐被人们所发现,其功能的多样性也被广泛应用,越来越多的企业通过微博公关来辅助网络公关、数字营销、病毒营销等,效果也都非常不错。

例如,2012年5月30日到8月8日,桔子水晶酒店每隔一周就会播出一部以星座为主题的微电影,主要展现各个星座男生的爱情特质,此星座微电影一播出便在微博上赚足了人气。桔子水晶酒店是一家定位于时尚、简约的美式全球连锁酒店,被大众称为"另类的5星级"。

桔子水晶酒店使用了微博公关与微电影结合的公关战略,并采取了自我传播与联合传播的两种方法。在自我传播方面,桔子水晶酒店将星座电影的播出时间固定化,提前公布每部微电影的播出时间,让观众看到预告后产生一种期待心理,尤其是对于自己感兴趣的星座微电影,同时桔子水晶酒店还鼓励网友转发、评论,并设置相应的问题与网友互动,为此,桔子水晶酒店每期都会为网友准备丰富的奖品。

联合传播方面,桔子水晶酒店主要依靠两股力量,一股是合作品牌,一股是微博上的意见领袖。此次微电影的拍摄选取了合作品牌的联合植入,如奔驰、珂兰钻石、漫步者等,不仅避免了单一品牌的过多植入,而且更重要的是获取了对方品牌的传播资源,进一步扩大此次微博公关和微电影传播计划的传播力度。微博上的意见领袖也是传播助力因素之一,此次微电影的微博公关还邀请了微博上诸多的意见领袖进行转发、评论,每位意见领袖都有自己大量的粉丝,他们的粉丝绝不亚于大部分企业官方微博的粉丝数,一些领袖们借助自己的言行间接吸引各自粉丝的参与,在受众成几何级增长的情况下,桔子水晶酒店的微博公关着实火了一把。

五、协助企业进行危机公关

在对企业品牌与口碑进行监控的同时,可能会有紧急与失控的状况,此种情况可能会引发品牌的舆论危机,甚至于在企业实施危机公关时,微博也成为越来越多企业为自己澄清事实、改变形象、获得认同的平台,像安利、欧莱雅、麦当劳等企业就利用微博公关的应用,成功配合了危机公关应对战略,实现了减少损失,转危为机的华丽过渡,但是对于微博危机公关来说,对一步是天堂,错一步是地狱。

例如:2012年2月初,从事活熊取胆的福建中药企业归真堂欲在国内上市,引发了社会公众的激烈讨论;非政府组织(NGO)致信证监会反对归真堂上市,数十位名人声援支持,微博转发抗议信息达数万条。"活熊取胆"被推向公众的视线。作为传统中药企业的归真堂面临着一次严重的公关危机。

面对危机,归真堂2月23日在新浪微博上开通了官方微博,并于21时21分发布首条微博,在微博上直面汹涌的舆论风暴,加上之前22日与24日二天开放训熊基地,邀请媒体、机构及意见领袖前往参观。展现出一个积极面对媒体公众的企业形象,避免了媒体的炒作以及谣言的滋生,但是归真堂之后的应对着实把自己推向了深渊。

就在归真堂的危机公关正在发挥效果的时候,被媒体曝光出启用微博水军营销,盗用大量微博账户发布有利于自己的支持言论,其中被大众所熟知的李开复、潘石屹等名人微博,本来大多数名人只是普通地转发一下微博,而被造假之后,这些重视个人品牌的名人们不可能沉默,自然会出来辟谣,而归真堂则得到了名人们上千万粉丝的不认可,一下子产生百万级的负面品牌形象和数万计的传播。归真堂企业本来可以低调将事件影响降到低点,但不合理的微博危机公关让归真堂事件矛盾迅速激化,并被大量意见领袖和媒体所关注和报道,结果归真堂的微博危机公关自然成了失败的案例。

第三节　微博公关内容与操作实务

我们该如何操作,以便发挥微博公关的作用呢?

一、微博公关主体

1. 个人微博公关

很多个人的微博公关是靠个人本身的知名度来得到别人的关注和了解的,以明星、成功商人或者社会中比较成功的人士居多,他们往往是通过微博这样一种媒介来让自己的粉丝更进一步去了解自己和喜欢自己,微博在他们手中也就是平时抒发感情的平台,功利性并不是很明显,他们的宣传工作一般是由粉丝们跟踪转帖来达到公关效果的。

2. 企业微博公关

企业一般以盈利为目的,它们运用微博往往是想通过微博来增加自己的知名度,最后达到将自己的产品卖出去的目的。与个人微博公关相比,企业微博公关要难上许多,因为知名度有限,短短的微博不能让消费者一个直观地理解商品,且微博更新速度快、信息量大,企业微博公关时,应当建立起自己固定的受众群体,与粉丝多交流,多做形象建立工作。

二、关键词

在操作微博公关之前,我们必须要对几个关键词进行阐释。

1. 粉丝听众:没有粉丝的微博无异于一潭死水,从公关角度看,没有粉丝,这个微博也就形同虚设,没有意义。粉丝是信息的接收者,同时也是潜在消费者,很显然,粉丝越多,传播效力就越大。

2. 话题(活动、投票):这是微博的衍生产品,一个话题可以因为参与者的数目而成热点,一旦话题成热点,那话题所植入的公关对象也就随之成名,对比之前利用论坛炒作话题来说,微博炒作话题将会更加灵活高效。活动,跟话题类似,但活动的互动和参与性更强,目的更明确,更具吸引力。投票,是活动的一种,很有潜在价值。

3. 互动(转播、点评、投票):微博最鲜明的特点就是互动性强、互动周期短、能够第一时间达成互动,这也是微博发展如此迅猛的内在推动力。转播,也就是二次传播,假如平均每个博主拥有 5 000 名粉丝,如果有 10 个人转播一条微博,那传播受众将瞬间达到 50 000 名,传播效力可想而知。

4. 微博营销:利用微博各方面的传播及代言(名人博客)进行的营销活动。

5. 微博运营商:微博网站运营商,即新浪、腾讯、搜狐、网易等公司。

6. 微博认证:被微博运营商官方认证成为知名微博博主,会获得系统推荐,会获得更多的粉丝,更有权威性。

7. 知名博主:分为草根知名博主和名人微博。前者是通过各种方式把自己炒作成被社会关注的草根人士,这类微博具有很强的传播效力;后者是名人,这类微博除具有传播效力外,还有极具价值的潜在代言效果。

8. 微博营销商:利用微博展开微博营销的网络公司或个人。

9. 开放式平台:微博可以接入的各种授权应用,这是微博后续发展和整合的生力军,通过应用的接入,微博可以跟游戏、文学等形态进行无缝结合,同时,还可以实现各个微博平台的同步,牵一发而动全身。比如:你在 20 个微博平台有账号,而这 20 个账号都跟一个账号绑定,你只需要给这一个账号发,其他 20 个账号都会同步更新。假若你每个账号拥有粉丝 2 000 名,那将有 40 000 名听众同时看到你新发的信息,而这个过程可能只要 1 秒钟。

10. 微博模板:各大微博都提供了模板选择,跟 QQ 空间一样,模板会在后期带来广告价值。

11. 手机微博(移动终端微博):这是微博异于其他互联网形式最突出的特点之一,它会非常容易打破互联网和手机互联网的限制,轻松互通。换句话说,通过微博,可以把公关、营销活动从互联网同步到手机,这一点是传统网络公关的瓶颈。

三、微博公关执行

1. 微博定制

(1)申请微博

① 以企业名称注册官方微博,主要用于发布官方消息。

② 企业领袖注册微博。企业内部多个专家可以用个人名义创建专家微博,发布对于行业动态的评论,逐步将自己打造为行业的"意见领袖"。

(2)官方认证加"V"

"V"是新浪官方的认证,是其账号权威性的保证,也是粉丝对于其账号信任的基础。同时微博信息可被外部搜索引擎收录,更易于传播。

(3)微博模板设计

微博的模板背景尽量与自我品牌紧密联系。

（4）建立微群

微群是一个有共同点的微博账号的集合,建立微群有利于粉丝的团结与联系。

（5）建立微刊

新浪应用的"微刊"是一本属于自己的个性化刊物,博主可以自由地编辑许多有意思的内容来吸引更多的读者。这是一个基于兴趣的阅读和分享平台,博主可以创建一本微刊,每一本都可能被订阅,原创或摘录的每一张图片都可能被喜欢、点评,同时还会有庞大的微博用户来围观。

（6）设置标签

微博的标签功能是指可以设置最符合自己特征的 10 个标签,如环保、文化、旅游等,设置合适的标签,将会极大地增加曝光率,那些对相关标签感兴趣的人,就有可能主动成为你的粉丝。

（7）提供客服

官方的客服也可用以个人名义创建微博,用来解答和跟踪各类企业相关的问题。如图7-5所示。

宝马中国微博主页

图 7-5

2. 微博运营

（1）内容制造

微博的内容信息尽量多样化,最好每篇文字都带有图片、视频等多媒体信息,这样读者才能具有较好的浏览体验;微博内容尽量包含合适的话题或标签,以利于微博搜索。发布的内容对于粉丝要有价值,才有利于传播。

① 原创微博撰写:新浪微博的一名"天才小熊猫"的博友制作了一幅名叫《右下角的战争》的动画图片,该图片被转发了 10 万多次,作者也收获了 2 万多个粉丝。

② 热点微博转发:想要将微博的内容做得好也非易事,所以要有一些小技巧,比如说根据当前的社会热点来进行微博内容的撰写和转发,比如"免费午餐"的微博公益,热门的电影或者体育比赛等,再比如"冷笑话精选"、"头条新闻"等比较热门的微博账户所发内容也可以进行转发。

③ 重点微博维护:微博需要勤更新,尤其是重点的微博账号,更新的速度降低,那么关

注度也会降低。

（2）重大节日及活动定制模板设计

根据不同的节日与活动来进行模板设计，从视觉上辅助公关形象的形成，有利于产生立体的公关效果。

（3）精准筛选并寻找重点客户关注

主动出击，主动关注相关的人员。例如：美国有一家叫辉瑞的制药公司，为了让公众了解他们的一款抗抑郁的药，他们就在微博中主动搜索有"郁闷"、"抑郁"的关键词，通过这样的方法去寻找潜在的消费者，向他们提供与抑郁有关的信息，保持与他们的沟通，在帮助他们的同时，又树立了自己的良好形象，更是为自己的药品打下良好的市场基础。

（4）实时抓取行业信息

通过微博来了解行业的信息，既为自身的信息积累打下基础，又增加了转发微博的信息价值与专业价值。

（5）实时抓取追踪分析行业竞争对手走向

通过微博来追踪分析行业竞争对手的走向，知己知彼，方能百战不殆。

3. 微博推广

微博只是工具，媒体本质上都是人的交流。微博内容制作出来后，需要有人转发，形成助力，需要积累微博上的人脉资源，最主要的转发方式有：草根达人转发、意见领袖转发、文化名人转发、人气明星转发。

4. 微博活动

做活动是一种非常实用的方法，也是增加粉丝数最有效的方法。活动主要有三种类型：

（1）同城活动：活动是针对特定地区有效，可以是省份，可以是城市，也可以是小区。内容包括聚会、促销打折、作品征集等。

（2）有奖活动：活动需要设置奖品，包括奖品数量、中奖几率等。活动形式分为：大转盘、砸金蛋、有奖转发和其他。它们的共同点是活动发起者必须是微博用户，发起时间最长为 5 天，一旦发起，不可更改奖品名称和发起时间。即将结束时，可以追加奖品的数量，但是不可以更改奖品的名称。如图 7-6 所示。

（3）线上活动：活动只在线上进行，形式包括晒照片、送祝福、测试等。如图 7-7 所示。

图 7-6

微博活动的实施只是冰山一角，每次活动都需要有系统的策划步骤：

① 前期主题活动方案策划；② 后期活动信息发布收集；③ 活动亮点转发、评论；④ 草根领袖微博转发；⑤ 明星红人微博转发；⑥ 活动信息关键词监控；⑦ 客户释疑、澄清、声明等（微博内容，回复@及私信）。

说出#过年回家#那些话 赢取回家机票

类 型：线上活动
时 间：**12月23日 周四 10:00 - 12月24日 周五 12:00**
　　⊗ 距离活动开始还有1天23小时50分19秒
费 用：免费
发起人：58同城 Ⅴ
标 签：#过年回家# 　⑦ 怎样玩标签

报名表：浏览｜下载｜打印
参加条件：👤
(116人参加)

我已参加这个活动(不参加了)　　　　　　🔄 分享到微博 ｜ 举报

图 7 - 7

总体来说，微活动都应有结构性、系统化的实施策划，才能更大程度地保证活动的公关效果。

5. 微博事件运作

组织制造一定的微博事件也是有必要的，事件话题可以与社会关注热点有关，甚至是具有争议的，引发别人的关注与转发，也可以达到大量曝光与增加粉丝的作用，借助事件将自身的品牌特征与形象"润物细无声"地进入到受众的印象中。

在微博事件运作上，不得不学习杜蕾斯的微博公关。杜蕾斯的微博粉丝数量增长（如图7 - 8所示）与活跃程度（如图7 - 9所示）一直是微博公关活动中的标杆，数量庞大以及互动频繁的粉丝群体在微博环境中助推了企业形象的建立，当然，这样的成绩是与其团队的智慧与努力分不开的。

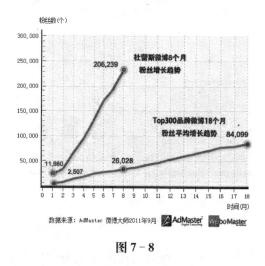

图 7 - 8

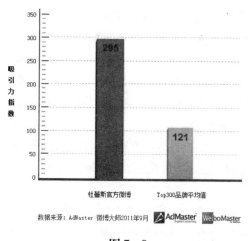

图 7 - 9

事件一：杜蕾斯鞋套雨夜传奇

2012 年 6 月 23 日北京暴雨，这一话题无疑是全天热点。尤其下午下班时间雨越下越大,新闻报道地铁站因积水关闭,京城大堵车,意味着很多人回不了家,同时意味着有很多人在微博上消磨时间。杜蕾斯微博团队里有人说不想新买的球鞋被弄脏。于是有人提议穿杜蕾斯套鞋回家。

随后杜蕾斯团队的成员发布了这条微博,如图7-10、图7-11所示。

@地空捣蛋 : 北京今日暴雨,幸亏包里还有两只杜蕾斯。 原文转发 (88314) | 原文评论 (17457)

图7-10

大约5分钟后,杜蕾斯官方微博转发此微博并评论,"粉丝油菜花啊! 大家赶紧学起来!! 有杜蕾斯回家不湿鞋~"。短短20分钟后,"杜蕾斯"已经成为新浪微博一小时热门榜第一名,把此前的"积水潭"和"地铁站"甩在身后。于当晚24点转发近6000条,成为6月23日全站转发第一名的微博。

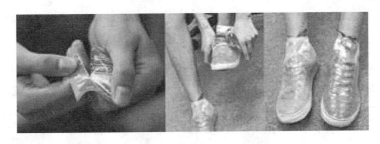

图7-11

事件分析:

① 一级传播带动二级传播,以达到更广泛的广告效果。

通过粉丝过往的微博传播,许多网友看到了这条微博,同时通过他们的分享转发,这条微博又进行了二级传播,影响人群在千万级以上。

② 利用内容的新奇性,有目的地进行了一场公共关系传播。杜蕾斯的这次微博活动,其实是一有目的的策划活动。

同时杜蕾斯的官方微博也与粉丝进行互动,及时对一些回复进行评论与转发。而网友也在不知不觉中,通过转载和评论去扩大这条微博的影响力,进行更大范围的宣传,使得杜蕾斯品牌的知名度、美誉度和被信任度都得到提高。

事件二:草根名博@作业本怀孕事件

4月12日晚间,喜欢晚睡的新浪草根名博"作业本"发了一条恶搞微博:"今晚一点前睡觉的人,怀孕。"杜蕾斯官方微博旋即通过关键词搜索寻迹而至,留下评论:"有我! 没事!!" 这条微博把包括"作业本"在内的人都逗笑了。随后包括"作业本"回复并转发的两条相关微博共计被转发7000多次。

这件事情也非常简单。与每天早晨罗列热点一样,杜蕾斯微博公关运营团队每日的另一项例行工作叫做"盯大号"。甚至可以说,这是每10分钟一次的例行工作。杜蕾斯官方微博及其运营团队关注了许多"大号",并从这些大号的内容中捕捉预设的关键词。"作业本"微博当时的粉丝数已有30多万,"怀孕"更是杜蕾斯这个品牌必然要捕捉的关键词,两个条件一吻合,使得@作业本那条"今晚一点前睡觉的人,怀孕"的微博自然就进入运营团队的视野。

当然这也离不开时间点的偶然,@作业本的微博发布已经在晚上10点之后,运营的编辑凑巧赶上。这其实受制于技术的局限,因为"盯大号"捕捉关键词这件事,现在是由人力来完成。

除了与@作业本互动,杜蕾斯还和很多品牌互动过。之前提及的套鞋事件是与凡客诚品的互动,早先还曾与凌仕效应、Mini 中国等品牌的官方微博互动。所有这些互动都有一个特点,就是有趣、好玩。

6. 微博应用

现在微博的第三方插件越来越多,其中有一些插件是可以帮助组织增加粉丝的,除了微博的插件以外,网络上还出现了许多第三方软件,如互粉工具、互听工具等,这些插件都可以帮助我们快速增加粉丝。如图7-12所示。

图 7-12

7. 信息监测与危机公关

微博不仅可以作为信息的发布工具,而且可以作为信息的搜集与检测工具。它的具体功能有:舆情监控:微博账号及站内负面监控;信息分析:微博站内热词监控及分析;竞品分析:同行竞争对手的监控;效果分析:评测微博对品牌提升和销售增长的影响;优化方案:优化微博的内容策划、互动方式、社交关系。

在信息监测的基础上,企业在无形之中形成了微博公关的防护系统,尤其是在应对危机的过程中,信息的监测与及时回复、事实信息的及时发布,以及与媒体、社会大众的沟通都有利于危机的化解与过渡,甚至转危为安,转危为机。

例如:2012年的"3·15晚会"曝光了麦当劳与家乐福两家外资企业。在曝光之后,微博中的网民对两家企业态度却是不同的。对于家乐福是一边倒的批评声,"把家乐福赶出"的言论比比皆是,但是在对麦当劳的态度中,调查显示有82.5%的网名更倾向于支持麦当劳,甚至对央视这一传统的权威媒体产生质疑。

微博中对麦当劳的正面影响大过负面,加"V"的用户一面倒向麦当劳,成了免费公关。如李开复的微博内容:"麦当劳当晚就道歉真不容易";"挺麦当劳,敢于承认错误";"麦当劳比起那些化学食品安全多了";"中午就上麦当劳,行动支持"等。

同样是面对央视质疑,为什么两家企业的境遇却是不同呢,我们也通过麦当劳的微博危机公关来学习操作:

(1) 出现危机时,反应迅速,当机立断。在第一时间第一个站出来在微博上道歉。如图7-13所示。

> **@麦当劳 Ｖ**:央视"3·15"晚会所报道的北京三里屯餐厅违规操作的情况,麦当劳中国对此非常重视。我们将就这一个别事件立即进行调查,坚决严肃处理,以实际行动向消费者表示歉意。我们将由此事深化管理,确保营运标准切实执行,为消费者提供安全、卫生的美食。欢迎和感谢政府相关部门、媒体及消费者对我们的监督。
>
> 今天21:50　来自新浪微博企业版　　　　　　转发(7660)｜评论(2670)

图 7-13

麦当劳的回应微博具有以下特点:

① 界定问题——界定为单店的违规操作,并不是大范围事件。

② 表明态度——"非常"、"立即"、"坚决严肃"、"以实际行动表示歉意"、"深化"、"确保"等。

③ 改善行动——明确改善的是管理力度,强调制度的正确。

④ 明确传递对象——回应给问题爆发处。

(2) 第一个由微博网友自发力挺麦当劳,也为麦当劳渡过难关起了很大作用。

截至事发当晚的 23 点 20 分,在@新浪财经等众多媒体的带动下,@麦当劳官方微博这条信息获得了 8 400 多次的转发量,直接一次转发覆盖的人数超过 1 000 万。获得了在社交媒体时代的最大程度的信息传递速度和效率。也就是说,向 1 000 万人传递了麦当劳对于问题的回应姿态。

(3) 首个主动停业,交由工商部门检查的企业。

麦当劳紧急切割,避免了破窗效应,微博公告将此次事件定位为个别事件,并邀请权威的第三方,化危为机,邀请工商部门上门,停业整顿,这反映了麦当劳的管理体系与公关的功底。

从案例可见,在被中国最强势的电视媒体报道后,精明的麦当劳选择换一个主场作战——微博。避央视锋芒,选择微博作为主战场也是麦当劳渡过难关的关键因素之一。

第四节　微博公关案例分析

"上海发布"微博

2012 年,连续 10 个月,上海市政府新闻办官方微博"上海发布"高居新浪微博平台政府影响力全国风云榜首位。

影响力持续提升的背后，已然可见上海政务微博群的清晰定位：当好"便民小助手"、"民生直通车"、"发展助推器"、"民意风向标"、"网络发言人"。

按照上海市第十次党代会报告中提出的"建好以'上海发布'为核心的政务微博群"这一目标，上海正推动各类政务微博融合发展、形成合力，共同做大做强互联网主流舆论。

"上海发布"首期推出"早安上海"、"上海新闻"、"午间时光"、"灯下夜读"等栏目，将组织微访谈、微活动、微调查，链接"中国上海"门户网站和上海市人民政府新闻办公室官方网站，努力为公众提供即时的信息服务。

做好问题的第一回复者

在网传上海市场的牛肉感染炭疽杆菌的时候，赶在谣言扩散之前，"上海发布"联动"上海食药检"第一时间于 2012 年 10 月 24 日发布微博引述市食安办副主任顾振华的话，表示"目前上海市场的牛肉采取定点供应，必须按照国家标准，经检验检疫合格方能销售，从源头上杜绝问题牛肉。今年以来，牛肉及其内脏风险监测均合格"。

及时发布权威信息、快速应对重大舆情、努力提供实用资讯……以"上海发布"为龙头的上海政务微博群勇于进入舆论源头的"现场"，在突发事件中积极充当"第一定义者"。如 2012 年 6 月 4 日上午，金山区中运河部分区域水体异常，金山石化地区居民纷纷抢购商场超市饮用水。此时此刻，如果官方声音缺位，很可能引发更大的风波，金山区新闻办的微博账号"金山传播"及时回应，"石化地区居民生活用水处于安全状态"。在接下来几天中，"金山传播"全过程跟进水污染事件的调查、处理和改进，最新进展实时播报，陆续发布"初步锁定疑似污染源，并责令疑似污染肇事企业停产整顿"、"下半年还将启动金山一水厂深度处理工程，工程完成后全区人民将喝上更优质的自来水"。多数网民在转发评论中表示相信政府结论、相信水质没有污染，并力劝身边朋友不要盲目抢水。

让政府的声音始终占据主动，"上海发布"办公室还建立起全时段监看机制。团队成员不放过突发事件与舆情线索。如 2012 年 4 月 2 日 23 时 30 分许，大量网友@上海发布，称在家中感觉房屋晃动，求证是否地震，相关微博短短半小时即转发数千次，并出现了各种猜测。"上海发布"向权威部门求证后，于 4 月 3 日零时 27 分发布关于闵行区发生 1.2 级地震的权威消息。该微博在新浪微博、腾讯微博转发评论总量超 7 万次，第一时间有效平息了各种猜测。

在互动中倾听最真实的声音

政务微博既是政府在微博舆论场的发言人，也是网民呼声的倾听者，正如"上海发布"在上线第一天回应网友时说："我们会一直倾听，及时传递，努力为关心上海的'听友'们服务。我们将踏踏实实走好今后的每一步。"

作为全国乃至全世界最复杂的轨交系统之一，上海轨交每天运载客流达 500 万人次以上，地铁的任何变化都可能牵动上万人的出行计划，因而"上海地铁"的微博在增加各类信息发布的同时，更加注重与网友间的互动。

　　许多乘客反映的诸如车厢漏雨、驾驶室未关门,甚至车站厕所损坏等问题,都通过"上海地铁"微博告知地铁运营方。

　　有专家认为,公共决策和管理,一旦"定论"后再引发民议,政府会十分被动。应该主动设置议题,先让民众"议一议",而借助政务微博这一互动平台,将有助于群众和政府听到彼此最真实的声音。

　　大型居住区如何更好地让居民安居? 2012 年 10 月 13 日,浦东新区航头镇人民政府官方微博"航头新视野"微直播"大居居民代表恳谈会",线上线下、官员居民互动交流"开门七件事",针对微直播中网友提及出行不便等问题,前不久已见行动:浦东新区建交委公交处、新区运管署、浦东公交公司、公交投发公司、南汇公交公司等部门相关负责人来到航头,共同研究解决航头公交配套。不少网友留言"给力"、"有效率,赞一记!"

　　更好地回应民众诉求,在互动中化被动为主动。2011 年 12 月沪上最大民营旧书店"小朱书店"面临关门,经"浦东发布"、"浦东文创"及各微博转发和评论引起广泛关注,在有关部门关心下开出了新店。

"微博集团军"显出协同效应

　　2012 年上海台风季来临之际,市民们又增加了一个即时信息获取渠道:政务微博。细心的市民或可发现,8 月初台风"海葵"袭来,全市各大政务微博统一将微博头像改为相应预警图标,积极发布或转发各类预警提示、天气预报以及航班、火车、公路等交通信息,在网上形成强大的预警声势。

　　8 月 8 日当天,"上海发布"共发布和转发 51 条台风应对信息,获得网友转发评论超过 9 万次。@上海发布、@上海市天气、@警民直通车—上海、@上海地铁 shmetro 包揽当天新浪政务微博影响力排行榜前 4 位,20 个上海政务微博进入当天前 100 名。在这样的应急状态下,显示了全市政务微博群协同工作机制的优势。

　　有了"海葵"的协同经验,应对 2013 年中秋、国庆长假期间高速公路首次实行小型客车免费措施,上海政务微博群的合作更是水到渠成。"上海发布"联合相关政务微博,连续 8 天值守,滚动播报、疏导交通,共发布微博 56 条,获得评论、转发 2.3 万条,得到网友的充分肯定。

　　上海警方的警民直通车政务微博群,有不少化解危机的案例。在总结经验时有一条不容忽视,那就是争取多部门联动,可收到良好的效果。"金茂大厦火灾"其实是"雨雾天气的视觉感受"、"长宁区有人抢小孩"的真相是"债务纠纷引发的争执",公安官方微博的辟谣,多部门、多区域的官方微博联动,让谣言在进一步发酵前平息。

平等真诚交流,重塑政府形象

　　是板着面孔说教,还是用一个普通网民的语言来说话? 以"上海发布"为代表的上海政务微博群打出"亲民牌":天气预报,卖萌、耍宝、吟诗、流行体等运用灵活自如;菜里乾坤、交通资讯等,给网友最及时的信息提示。

　　"要在新媒体平台上做好群众工作,放下身段,平等真诚交流是基础。"在这方面,"浦东高速交警"微博走的是"技术型路线",微博团队曾连发"神帖",其中"调节后视镜的方法"帖文被转发、评论近 2 万次；"爆胎了,怎么办"帖文转发、评论超 11 万次,更是在网友中产生了强烈反响。市委宣传部相关负责人表示,上海政务微博群的出现,为增加政民互动、打造服务型政府提供了一条成本低、速度快、效果好、形象佳的渠道。

从上线最初的应对为主,学会在微博平台上与不同利益群体平等交流沟通,如今摆在上海政务微博群面前的是如何实现有效引领。

走在前列,引领舆论场。据介绍,以"上海发布"为核心的上海政务微博群将提升前端舆情发现与研判,中端应对与响应,末端网上网下善后的速度,尝试多媒体方式的立体发布和表达,在"网民问政"和"政府施政"之间搭起桥梁,让政务微博真正实现"陪伴式服务",成为市民生活不可或缺的一部分。

(资料来源：根据东方早报报道整理)

思考题

1. 微博公关与博客公关有何区别?
2. 微博危机公关有哪些原则?

第八章
播客公关

第一节　播客公关概述

近年来,由于互联网的不断普及、无线互联技术的不断发展、视频分享网站(如 Youtube、土豆网、优酷网等)的迅速壮大,以及以智能手机和平板电脑为主要媒介载体的移动终端技术的高速进步,孕育、产生并普及了新型的传播方式——播客。播客凭借其自身传播内容的丰富性,传播途径的广泛性,民众参与的便利性和相对较低的制作门槛等优势,成为人们生活、娱乐甚至企业营销、公关的重要途径和手段。

一、播客公关的概念

播客公关是借助目前流行的传播形式——播客为主要媒介,通过微视频等形式,结合门户网站、论坛、社交网络以及视频分享平台开展公关活动,以树立、维持或转变公关主体的形象,提高知名度和公信力,以达到公关主体的公关目的。

二、播客的产生

播客作为目前重要的传播方式,其产生和发展的时间并不长。2004 年下半年,播客才开始在互联网上流行,并用于发布音频文件。而其产生与发展离不开苹果公司的崛起和苹果 iPod 便携式音乐播放器、iPhone 手机、iPad 平板电脑等产品的迅速普及,其应用商店中的播客 podcast 和 itunes(包括客户端 itunes)也为播客广泛传播提供了必要的传播载体。

随着时间的推移、技术水平的提高和市场需求的不断扩大,播客也从单纯的网络电台,音频分享发展到现在的音频、视频等多种形式,尤其以时间相对较短的微视频为主要形式。产生于 2005 年的 Youtube,现在已经成为全球最大的视频分享网站。同时,类似的视频分享网站的成功也体现了播客的巨大市场和作为公关重要手段的有效性。

三、播客的普及和成功的原因

播客的普及和成功的原因有以下几点:

1. 互联网的不断普及;
2. 微视频制作途径的多样性和便携性;
3. 社交网络、公共分享平台的发展;
4. 本身传播内容的多样性、丰富性和易读性;
5. 文化繁荣和对于创意的渴望;
6. 搜索引擎技术的发展。

互联网的普及让人有更多的机会接触网络,而内容丰富,形式多样,充满创意,贴近生活,实用易懂的简短视频就成了现代人生活中不可或缺的一部分。同时,随着手机功能的不断优化和完备,拍照、拍视频,上传分享成了主流手机的必备功能,而手机也早已成为人们生活必不可少的一部分。会声会影,PE 等视频制作软件的功能强化,使用更简单,操作性更强,也为民众参与微视频的制作提供了必不可少的工具。

另外,3G 网络的普及,无线网络覆盖面的不断扩大也为微视频的上传提供了更加便捷的途径。另一方面,社交网络、公共分享平台的不断发展,使得那些内容新颖,娱乐性高,实用性强的微视频可以在一夜之间传至网络的每一个角落,如一些带有恶搞成分的调侃性视频,对于当今时事的褒贬评论,创意十足的广告或传销片,容易引起某个群体甚至是多个群体共鸣的短片等,都有可能成为一时的网络热点。

由于微视频传播的信息量远超过平面、音频等单一方式,它带来的视觉、听觉感受会更加强烈有效,这也是目前微视频被广泛运用在各个领域的重要原因。而搜索引擎的快速发展,使得人们的需求和市场的供应成了更加直接有效的途径。人们可以更快,更方便地找到想要的信息。这些条件都为播客的发展提供了条件。

四、播客公关的注意点

1. 明确受众群体

播客公关有其特定的受众群体。播客作为新生事物,传播方式相对新颖,受众人群以年轻人为主。其中主要是经常接触网络,习惯使用移动终端设备上网浏览视频,参与社交网络,门户网站的人群。而这部分群体数量和范围都在不断扩大,因此,播客公关的影响力不容小觑。

2. 播客传播途径的选择

由于受众群体选择的不同,考虑到影响力、成本等因素,选择相应的传播途径也是播客公关的重要内容。途径选择的重要性主要体现在效果上,投入产出比是事倍功半还是事半功倍都有直接反映。而一般情况下,如果受众对象不确定,可以同时通过多种途径进行播客公关。

3. 视频内容的吸引力

播客作为重要的公关手段,主要在于其传播内容。而内容是否吸引人,主要在于其创新性、娱乐性、感人性、引发共鸣程度等多个方面。但无论是哪个方面,主旨都是一样的,即吸引目标受众群体,并广泛传播以完成公关目标。所以,在使用播客作为公关形式时,要尤其注意播客内容的吸引力是否能够达到目标效果。

第二节　播客公关基本方式

播客公关方式并没有固定的模式,但是常见的基本方式主要有微视频征集、公益宣传、广告形式公关、现场活动视频(片段)分享等。

一、微视频征集

1. 概述

微视频征集是指公关主体借助互联网平台(有时伴随实平台)发布征集信息,吸引目标受众关注并参与,以达到特定公关目标的网络公关活动。微视频征集的内容根据公关主体自身特点和可行性等条件,往往范围较为广泛,可以是发生在受众群体身边的故事、对于公关主体或其产品与目标受众群体的关联度,对于某主题的看法,模范人物(时间)的介绍等,没有严格的规定。如腾讯拍客联盟与浙江卫视等组织的以"我眼中的最美浙江"为主题的微视频征集活动。该活动通过中国影响力较大门户网站——腾讯为主要媒介,旨在宣传浙江的旅游文化和人文关怀,同时也帮助腾讯拍客联盟从简单的视频分享网站发展为拥有更多人文关怀,参与群众更加广泛的网站。此次活动帮助浙江旅游事业得到了很好的推广,打造了浙江旅游,浙江政府的良好形象,同时也唤起了网友的美好回忆,生活中的点滴小事有了更多的共鸣和感动,使得浙江的旅游热点、历史文化古迹等丰富人文关怀和良好生活的形象都得到了很好的树立。

在微视频征集过程中,可以吸引目标受众群体,起到良好的传播推广效果;同时,征集结束后,征集成果的发布与展示也为公关主体和承办方赢得了更多"曝光"的机会。所以微视频征集需要公关主体结合承办方或合作方进行广泛的推广,同时对于承办方的选择也是公关目标达成的重要因素,两者需要找到活动本身的公共结合点。

2. 微视频征集策划流程

(1)公关目标达成

公关目标是公关活动的主旨,由于目前网络公关往往涉及的不仅仅只有公关主体,还有承办方,所以在征集活动开展前,需要根据双方的特点确定合理的公关目标,以便有效地开展公关活动。

公关目标一般可以按照紧急程度和影响范围程度的不同做一定分类。不同的公关需求会有不同的公关行为,微视频征集一般适用于紧张程度较为缓和、目标影响范围较大的公关需求,一般持续时间较长、受众群体较为广泛。

(2)目标受众定位

受众群体的定位直接影响着网络公关成功与否,它是策划播客公关活动乃至所有公关活动必不可少的步骤。目标受众定位应注意以下几点:

① 目标受众群体的定位来源于公关主体或公关主体产品的特点,并结合市场调查结果及其分析得出;

② 目标受众群体对于微视频公关活动形式要有较高的接受度。

(3)播客平台的选择

采用播客作为公关形式,往往需要较大的宣传范围,所以需选择合适的传播平台以达到预期的公关目的。选择播客平台要注意传播内容的特点、公关主体及产品的特征、传播平台本身的定位和风格、传播平台的权威性、传播的广泛性等内容,因为它们会直接影响最终公关效果的达成。

(4)征集平台搭建

播客是一种参与度极高的传播方式,而播客征集更是利用播客本身参与度高的特点而达成公关目的的,所以征集平台直接影响着公关传播的效果和最终公关目标的达成。在搭建征集平台时,形式可以是多种多样的,如专门设立网站,开辟网络征集主页;借助官方微博、重要门户网站等平台发布;通过知名论坛、SNS网站;通过链接形式征集平台;网络广告投放;搜索引擎关键词链接等。平台的选择可以是单一的,也可以是多种同时进行。

（5）征集活动内容规范

播客由于传播内容的丰富性和参与主体的广泛性，往往会出现不同层次、不同特点的微视频，所以在征集活动内容上，需要对参与者征集内容的作出规范要求，包括紧贴主题、符合活动原则、充满创意、符合主流正确价值观、与时代特点结合紧密、突出形象等，同时需要设定相应的奖励，并对可操作性进行全面分析，以符合公关主体的形象。

（6）征集活动的开展

由于征集活动的持续性，所以对于播客征集开展之后的成果展示就显得尤为重要。在征集活动的开展过程中，要注意以下几点。

① 宣传要从开始持续到结束，并借助合适渠道，在受众群体中尽可能地做到满足最大的覆盖面。形式可以多种多样，包括门户网站、微博、SNS社交网络、聊天群内部分享、播客分享网站等；有时也可以结合实体的宣传媒体，包括电视、海报、现场活动、广播等。

② 要保证活动的公平性。由于受参与群体广泛、奖品（金）等因素影响，在评比时，一般采取公众欣赏并投票评比的方式，要在坚持透明原则的同时树立积极正面的形象。

③ 由于参与群体范围广，人数较多，所以在选择合适的播客平台后，要注意对平台的维护，无论是搭建相关的新网站还是开辟相应窗口，网站的维护工作很多时候会直接影响参与群体的用户体验。

④ 对于成果的发布和后期成果的宣传要到位。征集活动参与群体大都希望自己的成果能够得到更多人的关注，所以应及时发布参与成果；征集活动结束之后的宣传活动也是必不可少的。活动中的亮点、特色是吸引其他传播媒介的重要因素，同时，公关主体也应该利用多方位、多形式的媒介对优秀的、有特色的征集成果做好宣传，以达到再次宣传的效果，从而实现预期公关目的。

3. 相关案例展示

“我眼中的最美浙江”有奖征集活动

“我眼中的最美浙江”活动是腾讯拍客联盟组织的一个播客征集活动。活动开始于2012年12月，活动通过中国影响力较大的门户网站——腾讯网，以腾讯微博、腾讯拍客联盟和微信作为主要宣传平台，通过线上征集、线下宣讲会等方式开展征集活动，反响强烈。浙江丰富的旅游资源，独特的人文关怀氛围与腾讯网、腾讯QQ、腾讯微博、微信等普及较广的媒介相结合，不仅提高了浙江旅游的知名度和关注度，而且通过民众的广泛参与，很好地促进了和谐浙江乃至和谐社会形象的建立。发现身边的感动和美好、提升生活的幸福感，也是这个活动所附带的意外效果。

新的无线互联时代的到来是播客成熟和发展的重要背景和条件，而微博和微信的普及又促进了播客的繁荣。“我眼中的最美浙江”活动，参与者只需要在微博中发送“＃我眼中的最美浙江＃”并配以相应的文字说明和微视频，就符合相应的参与条件。活动可以在腾讯播客和微博中发布，通过关键词被搜索到，并有机会获得相应奖金。而微信用户也只需要在关注相应的公关用户之后，发送参与作品就能参与到活动中去，并有机会获得奖金。活动开展以来，参与内容涵盖了浙江的著名旅游景点，少数民族聚集地，人文、自然风光等多个方面，网民参与度极高。

有奖征集活动还在进行之中，优秀作品在腾讯拍客主页可以被浏览并分享到各大主要

SNS社交网络、视频分享平台、博客等。在很好实现公关目的的同时，也为建立不久的播客平台——腾讯拍客联盟形象的树立和宣传助一臂之力，起到了一箭双雕的效果，也为以后的活动进行起了持续的宣传效果。

二、公益宣传

1. 概述及注意事项

公益活动的繁荣是社会发展和经济发展的产物。在人们对公益事业需求日益高涨的同时，通过播客微视频的公关方式不仅能达到公益宣传目的，而且也很好地满足了公关需求。但要注意的是，公关活动不同于营销活动，尤其是在公益宣传活动中，由于形式特殊，人们往往希望企业或政府相关部门的参与不带盈利目的，因此在使用播客公关的内容时做了明确限制。因为如果公关或营销成分过于明显，可能会引起受众群体的反感，从而导致对公关主体的排斥，而这是有悖于公关目的的。

公益活动在播客技术和内容不断丰富和发展的今天，不仅要通过不同内容的微视频、微电影，满足公益宣传的需要，而且要建立公关主体的人文关怀形象，以相对较低的公关成本，满足公益目的，以更加有效地实现公关目的。

公益宣传由于形式的特殊性，操作时需要注意到以下几点：

① 公关主体或公关主体产品需要找到与公益宣传的结合点。公关主体需要明确自身或产品的特点，公益活动内容并非单一，内容形式可以从疾病治疗到家庭关怀，从关爱弱势群体到关注特殊环保事业等，与公益单纯生硬地相连接以达到公关目的的很可能会事倍功半，甚至是适得其反。所以，如果要通过公益宣传的方式达到公关目的，必须找到主体或产品与公益活动内容的结合点。只有找到合适的结合点，才能事半功倍，达到一箭双雕的目的。

② 公关目的与公益事业需要找到平衡点。如果只是出于单纯公关目的的考虑，难免会造成公益事业功利性太强而影响到原本出发点的实现；而只单纯考虑公益事业，也难以达到原本的公关目的（除单纯只做公益事业外）。所以，两者的平衡点是公益宣传作为公关活动形式的重要注意事项。

③ 宣传平台的选择需要考虑公益事业本身的性质。宣传平台的选择是受众群体对于公益宣传本身判断的重要来源。过度商业化的背景往往会使公关目的和公益目的都不能很好地实现。公益宣传活动本身受众群体多为非特定群体，所以一般使用较为大众化的宣传平台，这样一来可以满足受众群体的广泛性的特点，二来传播平台门槛相对较低，有效地避免公益目的被打上盈利的烙印。

2. 公益宣传基本流程

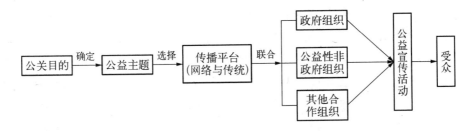

　　根据流程图,我们可以清楚地看到,公益宣传首先需要明确公关目的,然后根据公关主体或其产品找到相关特点,确定公益主题。公益主题要在公关受众中具有广泛的共鸣性和适应性。公益宣传要能达到唤起人们对特定群体或事件的关注,引起人们的共鸣,达到使受众群体有出一份力的欲望的效果。此外,传播平台的选择也尤为重要,在网络宣传的同时,一般也伴随有传统媒体的辅助宣传。因为公益宣传性质的特殊,联合政府、公益性非政府组织和其他合作组织会让公益宣传的影响力更大,同时成本降低。最终通过公益宣传活动,把信息传达到受众群体,完成公关和公益的目的。

　　3. 公益宣传基本形式

　　(1)公益短片征集

　　公关主体通过互联网发布以公益事业为主题的短片征集活动,如发生在身边的关爱事例、以非歧视对待残疾人的宣传短片、无偿献血的公益片、正视艾滋患者平等就业等。在互动中和活动后对于优秀作品的宣传不但能够达到公益目的的效果,还是公关主体人文关怀和公益心的体现,有助于其树立公关主体良好形象,达到改善组织内外环境的目的。

　　(2)名人宣传

　　名人凭借其公众人物的身份和影响力,通过公益组织或由名人建立公益慈善组织等形式,容易引起社会公众的注意,公益目的更容易达到,同时这也是名人或公益组织公关形象树立的良好契机。如濮存昕在网络上通过无偿献血的短片,改变了之前一段时间在网络上盛传的"无偿献血危害健康论",也是我国医疗卫生事业公关目的达成和公益事业两者兼顾的成功例子。

　　(3)网络公共媒介宣传

　　公益事业往往需要表达一种关怀或想要人们对某个群体引起关注,而播客的形式可以通过最短的时间传达出尽量多的信息。网络公共媒介的宣传往往可以通过短片的形式更快地传达出公关主体目的。如在可口可乐公司借助Youtube和优酷发布的公关短片中,一辆印有可口可乐标志的餐车停靠在闹市区,并摆上餐桌,免费为任何人提供一起共进午餐的机会,并在午餐的最后免费供应可口可乐,以改变可口可乐一般只作为日常饮料或朋友聚会的场合饮品的形象,并呼吁大家与家人共同进餐,共享天伦之乐,同时树立起可口可乐适合家庭任何人的形象,扩大了品牌影响力。

　　4. 相关案例展示

尼康公益广告:关爱视障儿童

　　尼康作为一家专业的相机、镜头和镜片生产商,常以专业、易操作、功能强大和充满人性关怀的形象出现。短片中,一个小男孩拿着一个尼康相机对着前方拍下每天发生在身边的事、物,包括早上送报的报童、去学校的路上校车外的风景、和同学嬉戏的场景、和父亲在超市看到的商品等,但奇怪的是,儿童全都是不看取景器的盲拍。原来这个儿童是视障儿童,他看到的世界是模糊不清的,只能看到大概的轮廓。他每天用相机记录下自己本应该用眼睛看到的世界,并把他们贴在自己房间的墙上。最后儿童通过治疗治愈了双眼,看清了自己平时拍的照片,并且清楚地看到了这个世界,他的父母,他的宠物,他房间的模样。

　　短片旨在通过儿童的事例,告诉人们要关爱视障儿童,他们和我们一样有权利享受这个美好的世界。他们的生活已经失去了我们能够看到的许多美好,我们应该给予他们更多的关心和爱护。同时,短片在通过儿童每天不停拍照,在展示尼康公司充满人文关怀的同时,也展示了尼康相机易操作、品质绝佳、能够真实甚至更加清晰展示这个世界的特性。尼康在体现公益心,达到公益目的的同时,也完成了自身形象的树立和巩固,达到了公关的目标。短片通过 Youtube、酷6和尼康的官方网站等平台宣传,超高的点击率显示了其本身的巨大成功。

三、广告形式的播客公关

1. 概述

广告形式的播客,一般由公关主体官方发布,不同于普通直白的营销类广告,在对产品卖点、公司形象的树立、宣传与巩固上,它更加注重公司整体形象,而不过度追求对于产品的推广。发布的渠道一般多集中在微博、视频分享网站、SNS社交网络和官方主页,通过网友的分享,转发而取得较高点击率,在广而告之的前提下,明确体现公司的定位,树立并巩固公司的形象。在广告内容上,更多的是通过一些事例,以产品的卖点、公司的定位等为基点,结合实体案例或事件,以加强说明公关主体的公司形象、定位以及产品特色等。

2. 注意事项

广告形式的播客公关由于形式的特殊性,宣传与公关的界限在播客微视频中尤其要把握好。过多的宣传公关主体或公关主体的产品,会模糊视频本身的公关目的,而广告营销和广告公关最大的差别就是受众群体的易接受度和效果。所以,两者的界限和视频的重点就显得很重要。需要注意的是:

① 公关主体或公关产品出现的频率要低和时间尽量减少,可以较不明显的方式出现,如用产品 logo,或产品与播客中主人公的联系等方式。

② 广告公关要更清晰体现主题,如亲情、公益、年轻多元等,多为积极向上的正面事例。

③ 注意结合特定时间,如某些特定节日,产品发布会等。这有助于增加目标受众群体看到的机会,增加关注度。

④ 创意产品特色结合点要凸显。创意往往是容易引起人们关注并记住的,而目前广告的趋势就是创意化。所以,作为本身具有广告特质的广告形式的播客公关,其创意是必不可少的元素。

3. 相关案例

最高的跳伞——红牛 2012 年广告

2012 年 10 月 14 日,奥利地极限运动爱好者、跳伞运动员菲利克斯·鲍姆加特纳(Felix Baumgartner)从离地面3.9万米(12.81万英尺)的高空跳伞,成功打破了此项目保持了50年的世界纪录。此次活动,由著名运动饮料品牌红牛赞助。

视频中,鲜少正面出现红牛饮料的标志,但讲述了鲍姆加特纳在起跳前的训练和准备工作。(如图8-1所示)视频在网络上得到了超过1.7亿次的点击,红牛的投入取得了巨大的成功。这则短短3分多钟的视频也被评为2012年十大"病毒"广告的第二名,在《福布斯》杂志上,它被评为红牛最成功的公关举措,而且很可能是有史以来最成功的案例。

整个视频中,由于事件本身的高关注度、高风险性,最后的成功无一不显示了红牛饮料

"有能量，创造不可能"的理念，成功树立并巩固了红牛的品牌，以及红牛公司在世界极限运动中的巨大推动力。同时，人类渴望挑战自我、挑战极限的勇气也很好地通过播客体现了出来。

图 8-1

四、现场活动视频（片段）分享

1. 概述

现场活动视频的分享一般根据某特定或非特定的实体现场活动，通过对于现场活动全程或部分情况的录制，用相应的媒介，如微博、SNS社交网络、门户网站、视频分享平台等，从某个特定角度或几个侧面的描述，结合现场效果来宣传，以达到宣传现场活动并实现公关目标的目的。现场活动视频的分享和传播，往往是依据某些特定活动，从一个或几个角度进行正面或侧面的描述，并通过对现场情况相对真实的反映，结合现场观众的反响，配以具有导向性和吸引力的标题，更好地实现公关目的。

现场活动视频分享的主体，即现场活动，首先要有较好的反响，主题鲜明，同时也可以结合传统媒体如电视、报纸等进行宣传。对于视频，要求保留现场活动的真实性，可以做适当删减，通过部分精彩片段的展示，宣传相应主题，或通过几个与主题相关片段的集锦，来不断强调和体现宣传主题，完成公关目标；而对于现场情况完整呈现的，要尽量保证和传统媒介宣传内容相一致，减少对部分不恰当片段的删减，因为过分删减具有敏感性片段或镜头，会造成欲盖弥彰的效果，使公关目标难以达成。

2. 基本流程及注意事项

以现场活动视频的方式做公关，需要注意活动本身的成功度、影响力、亮点出彩度、群众反响性和选择角度，另外视频的拍摄也是不可忽视的部分。所以，首先需要根据需求和现场活动反响,判断是否符合网络播客公关要求;其次,如果符合条件,要选择合适方式,一般来说,以官方身份传播和以普通参与者身份传播效果会有不同。以普通参与者身份的播客和官方播客,在内容相同的情况下,前者会更容易被大众所接受。但是,以官方身份发布的视频会有较为全面的概述和介绍,所以两种身份发布者的播客可以结合起来使用,以满足不同的群体,实现较好的效果。之后,要选择合适的平台发布,一般需要结合微博和SNS社交网络。如果选择发布的身份较为大众化,那么选择平台也需要相对大众化,官方视频可以在官方主页,或在视频分享平台、微博和SNS社交网络,或论坛以官方认证的身份发布。

需要注意的是:第一,现场活动的选择需要有代表性,将现场效果或网络传播评估效果较好的现场活动作为发布内容;第二,需要考虑材料选择角度、拍摄手法、内容选择性或完整性,尽量选取有代表性的,具有说服力的,并且现场反响较好的片段;第三,发布时,标题醒目且具有引导性和概括性;第四,力求播客(微视频)内容的真实性,尽量真实反映现场情况。

3. 相关案例

浙江工商局长郑宇民"智斗"央视女主持董倩

2011年1月3日,由新浪网友在微博上发布的一段标题为"浙江工商局长郑宇民'智斗'央视主持人董倩"的播客视频走红网络。在视频中,对于主持人的尖锐问题,郑宇民都能幽默作答,现场掌声不断。该视频拍摄于2010年11月27日在杭州举行的"第八届中国民营企业峰会",并有浙江某地方网站全程直播。据悉,该峰会邀请了央视名嘴董倩作为现场主持人,期间董倩与郑宇民对话的这部分内容也一同直播。局长的妙语回答赢得了网友的一片称赞。

图 8-2　第八届民营企业峰会现场

视频为政府和浙江民营企业良好形象的树立起到了积极的作用,同时反驳了社会对政府官员能力与官职不符的论调。现场活动和政府形象其实并没有直接联系,但是由于郑宇民现场的出色表现和身份的特殊性,直接为浙江工商局、政府乃至整个浙商群体形象的塑造都起到了至关重要的作用。视频发布媒介前期主要是微博,之后由于内容精彩,各大SNS社交网络、论坛和视频分享网站都出现此视频，并引起超高点击率。其公关效果远超一般宣传方式。图 8-2 为"第八届民营企业峰会"现场。

第三节　播客公关案例分析

优酷网　筷子兄弟的《父亲》

筷子兄弟是一个产生于网络，由导演、演员肖央和音乐人、演员王太利组成集编剧、导演、演员等多重身份为一体的极具创新能力和艺术才华的复合型组合。2007 年 5 月底，他们自导自演的《男艺妓回忆录》在互联网上引起爆炸式传播，由于其草根、幽默、贴近生活，短片让人过目难忘，横扫当年互联网视频短片领域的各项大奖；2010 年，他们联合优酷网，推出"11 度青春系列电影"之《老男孩》，过亿的点击量和同名主题曲《老男孩》在相当长的时间里出现在各大音乐榜单的前十位，轰动大江南北，被观众评为"祭奠逝去青春时代的最强音"，开启了全新的"微电影"行业。筷子兄弟因此被称作"青春"、"梦想"等词语的代言人，获得了从 60 后到 90 后几代人的喜爱与尊重。

《父亲》是筷子兄弟于 2011 年 12 月 21 日在优酷上映的新的微电影播客。（如图 8-3 所示）

图 8-3　《父亲》海报

由肖央编剧并执导，以阐述父爱为主题。在视频中，展现了儿子对父亲以及女儿对父爱的切身感受，短片结合演员自身成长的视角，用极其细腻的手法，描绘父爱看似卑微的伟大。同时，也通过微电影播客展现了北漂一族的思乡情和远离家乡的无奈，并深刻阐释了"子欲养而亲不待"的道理。

《父亲》分为"父子篇"和"父女篇"两个系列短片。在"父女篇"中，影片从主人公"小燕燕"童年对王太利饰演的父亲的崇拜开始，描述了一个普通少女在成长过程中，与父亲之间感情关系的变化。父女间有崇拜与被崇拜、保护与被保护，也有因过度保护而引发的青春逆反，直到小女初长成、开启独立生活时的离别之伤，短片最后落脚在女儿嫁人、婚礼上老父亲的真情流露。王太利在剧中演小燕燕的爸爸，他有着男人身上的劣根性，但又对自己的女儿无限疼爱，是一个又可气又可怜的角色。视频累计播放次数已超过 57 709 337 次，引起巨大轰动。

优酷网作为中国最大视频分享网站，以"快速"、"贴近百姓生活"等口号，通过之前的"11度青春系列电影"之《老男孩》在网民当中树立了深刻的并且极具特点的形象，开创了全新的领域——微电影。通过微电影《父亲》，更是通过"父爱"这个主题，把优酷网的人文关怀和贴近平常人的生活的特点展现得恰到好处，同时也展现出现代草根、北漂等群体的无奈、思念家人、远离故土、渴望亲情等社会现状。同时，由于拍摄手法老到、演员群众化，画面展现力和优酷网本身的巨大影响力、传播力，使得这部成本极低的微电影播客做到了其他需要大量人力、财力、广告投入才能达到的效果。市场反响强烈,短片一度成为热点,并在各大 SNS 社交网站、微博、论坛等备受好评,被大量分享和转发。

　　优酷的微电影通过之前的"11 度青春系列电影"等活动,已经建立起其品牌,而《父亲》的上映,其中一方面也正是为了维护这种品牌的需要。所以,对于微电影本身的质量和主题的把握就显得尤为重要。同时,发布的渠道和力度,也影响着视频本身的影响力和传播范围。对此,优酷网在视频发布之前,就通过官方主页做了大量的宣传。通过在优酷网首页的滚动播放宣传和链接、一般视频开播前 15 秒广告、公共主页的建立等多条渠道,进行宣传。同时,凭借作为导演、编剧和主演的筷子兄弟本身在网络的影响力,和之前其微电影的成功,也为《父亲》的成功奠定了不可或缺的基础。

　　视频中的主人公通过不同的角度,描述了父亲的一生,而父亲的角色在电影中几乎没有出声,全部通过面部表情、动作、场景、服饰、配角的语言等各方面进行描述。在父亲卑微的形象下,短片通过一系列小事的集合,从每件事的积累,以及最后儿子(女儿)的醒悟,塑造了伟大的父爱,体现了亲情的无私和重要,也达成了优酷网的公关目的。(如图 8-4 所示)

图 8-4　微电影《父亲》截图

思考题

　　1. 选择使用播客公关时,应该注意哪些方面?

　　2. 播客公关有几种形式?

　　3. 请草拟一份播客公关策划。

第九章
IM 公关

当下,各式各样的 IM 通讯工具充斥于我们的日常生活。从早期只能够传递文字信息开始,发展为现在可以进行档案、语音与视频交流,IM 通讯工具的功能越来越多,为我们的生活带来了许多便捷。QQ、MSN、YY 语音、百度 hi、叮当旺业通、新浪 UC、IS、网易泡泡、网易 CC、盛大 ET、飞信(PC 版)等都是大家熟悉的应用形式。IM 公关已是 web 2.0 时代网络公关的重要组成部分。

第一节　IM 公关概述

一、IM 概述[①]

IM 的创始人是三个以色列青年,他们在 1996 年开发出来并取名 ICQ。1998 年,当 ICQ 注册用户数达到 1 200 万时,被 AOL(American Online ——美国在线公司)看中,以 2.87 亿美元的天价买走。目前 ICQ 有 1 亿多用户,主要市场在美洲和欧洲,已成为世界上最大的即时通信系统。

即时通讯(Instant messaging,简称 IM)是一个终端服务,允许两人或多人使用网络即时的传递文字信息、档案、语音与视频进行交流。一般我们将其分为手机即时通讯和网站即时通讯,手机即时通讯的代表是短信,网站即时通讯内容丰富,有 YY 语音、QQ、MSN、百度 hi、叮当旺业通、新浪 UC、IS、网易泡泡、网易 CC、盛大 ET、飞信(PC 版)等应用形式。根据其属性,可以把 IM 分为以下几个类别。

1. 个人 IM

个人 IM 主要是以个人使用为主,以非营利为目的,并填写用户个人的开放式会员资料,就可聊天、交友、娱乐。如 QQ、MSN、雅虎通、网易泡泡、新浪 UC、百度 hi、飞信(PC 版)等。此类 IM,通常以软件为主、网站为辅,以增值收费为主、免费使用为辅。

2. 商务 IM

此处的商务泛指买卖关系。商务 IM 通常以 QQ 贸易通、QQ 淘宝版、慧聪 TM 为代表。其主要功用是为了实现寻找客户资源或便于商务联系,从而以低成本实现商务交流或工作交流。此类 IM 用户以中小企业、个人实现买卖为目的,外企也可以方便地实现跨地域工作交流(Trade manager)。

3. 企业 IM

企业 IM 有两种:一种是以企业内部办公为主,谋求建立员工交流平台;另一种是以即时通讯为基础,系统整合各种实用功能,如企业通。

4. 行业 IM

行业 IM 主要局限于某些行业或领域使用的 IM 软件,而不被大众所知,如盛大 ET,它

主要在游戏圈内使用。也包括行业网站所推出的 IM 软件。行业 IM 软件,主要依赖于单位购买或定制。

5. 其他 IM

(1)移动 IM

移动 IM,主要是供移动手机用户使用。一般以手机客户端为主,如手机 QQ、手机 MSN,飞信(手机版)等。移动 IM 是对以往互联网 IM 的扩展,移动 IM 的优势在于可以随时随地使用,无需再坐在电脑前,这大大增加了使用 IM 的便利。随着手机终端的不断发展,移动 IM 将会成为未来 IM 领域的"潜力股"。

(2)泛 IM

一些软件带有 IM 软件的基本功能,但以其他使用为主,如视频会议。泛 IM 软件,对专一的 IM 软件是一大竞争与挑战。

(3)社区 IM

在百纷新型电子商务社区中,内嵌"IM 聊天系统"功能类似于 QQ、MSN 的在线即时沟通工具,用户可通过 IM 聊天系统与百纷的其他用户、商户进行及时可靠的沟通,以达到电子商务和社区互动的需求,是国内电子商务新形态的一种积极尝试。

二、IM 公关

IM 公关,又叫即时通讯公关,是企业通过即时通讯工具 IM 帮助企业推广产品和品牌的一种手段,常用的形式有两种:

第一种,网络在线交流。中小企业在建立网店或者企业网站时一般会有即时通讯在线,这样潜在的客户如果对产品或者服务感兴趣,自然会主动和在线的商家联系。

第二种,广告。中小企业可以通过 IM 通讯工具,发布一些产品信息、促销信息,或者可以通过图片发布一些网友喜闻乐见的表情,并加上企业要宣传的标志。而其中大家最一目了然的应该说是硬广告,在各种可见的位置,IM 工具都可以插入广告位。按照位置的不同,我们可以分为聊天窗口嵌入、IM 界面嵌入、IM 弹出对话框等。本章节主要介绍的是非付费的公关方式,在此我们就不一一介绍它了。

IM 公关不仅具有传统公关的作用,而且还可以使企业和消费者之间通过 IM 通讯的平台及时进行信息的传达与反馈,让消费者可以将用户体验有效地传递给企业,企业也可及时了解消费者的需求变化。另一方面,企业也可以通过这样的即时通讯平台将企业的各种产品活动以及品牌社群的线下交流体验活动等相关信息发布出来,并针对不同的消费者进行有效的宣传。而对于消费者而言,通过平台上的反馈信息,可以很便捷地了解到某些产品的真实使用状况,便于消费者选择。

据调查,在 2.53 亿的中国网民中有 90% 使用过即时通讯工具。面对如此大的市场,公关人早就开始行动了,与这些即时通讯商合作也成了众多品牌的焦点。合作方式有很多种,但是怎样才能做出创意和效果,可口可乐给我们提供了一个经典范例。在北京奥运会奥运圣火传递期间,可口可乐和腾讯合作展开网上火炬传递活动,使网民以能够点亮 QQ 的火炬图标而疯狂,在短短 40 天的时间里有超过 4 000 万的网民参加了此次活动,其威力不可谓不强大,出招不得不说是巧妙。

三、IM的优势和作用

IM作为互联网的一大应用,其重要性日益凸显。有数据表明,IM工具的使用已经超过了电子邮件的使用,成为仅次于网站浏览器的第二大互联网应用工具。

早期的IM只是用户个体之间信息传递的工具,而现在随着它在商务领域内的普及,IM公关也日益成为不容忽视的应用工具。最新调查显示,IM已经成为人们工作上沟通业务的主要方式,有50%的受调查者认为每天使用IM工具的目的是方便工作交流,49%的受调查者在业务往来中经常使用,包括更便捷地交换文件和沟通信息。

虽然IM已经成为互联网广告的重要发布媒体,但是中小企业在IM公关上却还是刚刚起步。针对有明确目标需求的网站访客,企业需要一套网站在线客户服务系统,随时接待每一个访客,回答访客的任何问题,然后产生交易;而针对没有明确需求的访客,企业则需要针对其行为特征的分析进行主动出击,沟通对方来访目的、购买意向,最终促其达成交易意向。这就是典型的中小企业IM公关。

在日常办公过程中,为了工作交流方便,一半以上的用户上班时会通过IM来进行业务往来。作为即时通信工具,IM最基本的特征就是即时信息传递,具有高效、快速的特点,换言之,就是具有"无所不在、实时监控"的特性。无论是品牌推广还是常规广告活动,通过IM都可以取得巨大的公关效果。正如有的学者说,即时通信平台有着与生俱来成为公关平台的可能。相对于其他的平台而言,即时通讯平台具有如下优势:

1. 在线咨询能及时解决问题,增强彼此间的互动。企业与消费者、与大众媒体、与政府等的公共关系是需要及时进行维护和经营的。当消费者及企业人员遇到问题或有所意见时,通过在线客服或企业的相关人员及时有效地回应以增强消费者情感上的共鸣。

2. 充当最有接触点和最综合公关平台的角色。面向中国市场,IM公关是一种低成本、高效率的公关形式,借助网络的力量可以使得公关事件得以迅速传播。

3. 即病毒公关的强力助推器。借助便捷的IM工具,病毒公关的效果可以成指数倍地扩大。

而IM公关的优势具体表现在以下几方面。

1. 互动性强

无论哪种IM,都会有各自庞大的用户群,即时的在线交流方式可以让企业掌握主动权,摆脱以往等待关注的、被动的局面,将品牌信息主动地展示给消费者。当然这种主动不是让人厌烦的广告式轰炸,而是巧妙利用IM的各种互动应用,可以借用IM的虚拟形象服务秀,也可以尝试IM聊天表情,将品牌不露痕迹地融入进去,这样的隐形广告很少会遭到抗拒,用户也乐于参与这样的互动,并在好友间广为传播,在愉快的氛围下自然加深对品牌的印象,促成日后的购买意愿。

2. 公关效率高

一方面,通过分析用户的注册信息,如年龄、职业、性别、地区、爱好等,以及兴趣相似的人组成的各类群组,针对特定人群专门发送用户感兴趣的品牌信息,能够诱导用户在日常沟通时主动参与信息的传播,使公关效果达到最佳。另一方面,IM 传播不受空间、地域的限制,类似促销活动这种消费者会感兴趣的实用信息,通过 IM 能在第一时间告诉消费者,有效传播率非常高。

3. 传播范围大

大部分人在上班时的第一件事是打开自己的 IM 工具,随时与外界保持联络。任何一款 IM 工具都聚集着大量的人气,并且以高品质和高消费能力的白领阶层为主。IM 有无数庞大的关系网,它们的好友之间有着很强的信任关系,企业的任何有价值的信息,都能在 IM 开展精准式的扩散传播,所产生的口碑影响力远非传统媒体可比。未来的公关战场,有强大的用户规模作后盾,IM 公关则必不可少。

第二节　IM 公关的基本方式

一、中小企业与 IM 公关

而今年轻的消费者在日常生活中少不了使用鬼灵精怪的 IM 软件,那么公关人员如何负责而有效地使用它呢? 如何利用 IM 来进行一对一的交互直复型公关呢? 在这个问题上,在线和离线的直复公关是一个试验—投资的矩阵方法论,核心点在于变革——如何激发你的客户来接受类似 IM 或聊天的新技术和直复公关工具。不论企业文化是前卫的还是保守的,它总是一个走向新路线的小范围的公关变革战役,甚至可能是通向成功之路。

虽然 IM 已经成为互联网广告的重要发布媒体,但中小企业在 IM 公关上,却还是刚刚起步。针对有明确目标需求的网站访客,企业需要一套网站在线客户服务系统,随时接待每一个访客,回答访客的任何问题,然后产生交易;而针对没有明确需求的网站访客,企业则需要针对其行为特征分析主动出击,沟通对方来访目的、购买意向,最终产生交易意向。这就是典型的中小企业 IM 公关。

中小企业 IM 公关是中小企业通过 IM 作为信息交互载体,以实现目标客户挖掘和转化的网络公关方式,然而中小企业 IM 公关不等于 IM 广告。当前的 IM 公关,主要还是指以 IM 为载体,进行广告发布或事件公关等活动。而对于中小企业而言,由于受资源所限,花费不菲的 IM 广告并非首选。中小企业 IM 公关需要符合中小企业的需求特征,那就是注重效果公关,讲究投资回报率。

IM 公关不是简单的即时通讯公关。对于被动展示信息模式的网站公关而言,IM 公关能够弥补其不足,同潜在访客可以进行即时互动,并能够主动发起沟通,有效扩大公关的途径,使流量利用最大化。由此可见,IM 公关是以 IM 为载体,以获取商机的高级公关活动。

中小企业 IM 公关的核心需求主要包括商机挖掘、商机转化、服务导航三个方面。

1. 商机挖掘

商机挖掘是中小企业 IM 公关的一大特色。通过 IM 工具,网站管理员能够及时了解网站实时访问情况,了解意向客户的访问轨迹及停留状态,以分析其潜在的需求。在此基础上,可对判定有意向的访客主动发起交谈邀请,从而建立沟通互动,有效获取宝贵的商机。

2. 商机转化

建立对话沟通只是获取商机的第一步,而商机转化则是中小企业 IM 公关更为重要的任务。通过 IM 工具,网站方能够获取客户第一手资料,了解客户需求,及时展示企业的产品信息和促销活动,通过提供一对一的网络公关服务,甚至能分析解决客户的个性化需求,为最终使该商机获得有效转化奠定了基础。

3. 服务导航

对于购买意向并不明确或已成交客户,IM 工具也能发挥作用,主要体现在为用户提供服务导航方面。通过 IM 工具,网站方能够快速对意向客户或已成交客户进行需求分拣,并提供解决问题的服务指南,使客户能够获得满意的答案或能解决实际问题,有利于提升客户的网络公关服务满意度和用户忠诚度。

IM 公关的表现形式可分为在线客服、商机管理、集成应用三种。

1. 在线客服

在线客服是 IM 公关的核心表现形式,包括人工在线导购、人工客服咨询和自动咨询应答等形式。在线客服是联系目标客户与网站方的重要纽带,也是商机挖掘的直接载体。在技术层面,IM 在线客服服务又分为需要客户端和直接嵌入网页不需客户端两种类型。

2. 商机管理

中小企业 IM 公关往往是与商机管理分不开的。这里的商机,是指通过 IM 系统在网站分析、访客管理等方面产生的宝贵数据和资源。商机管理是 IM 公关中的重要环节,也是 IM 工具在线客服功能所产生的成果汇总,对于后续网络公关活动的开展及客户资源管理,起着非常重要的过渡作用。

3. 集成应用

IM 公关工具由于其"无所不在、实时监控"的特性,在企业投入应用的网络公关工具中其使用频率往往是最高的。因此,IM 公关工具作为企业实施网络公关管理的综合入口,还集成了相当的各类应用在内,包括快速导航、集成登录、快捷搜索等。综合来看,在成熟使用IM 公关的中小企业,其 IM 公关工具往往具备成为集成应用平台的趋势。

二、IM 公关的基本方法

IM 公关的方法根据所使用 IM 通讯工具的不同而有差异,但都大同小异,只要了解具体的软件如何使用就可以相互借鉴。下面以 QQ 群为例进行说明。QQ 不仅仅是一种个人的通讯工具,而已成为现代交流方式的象征。正因为如此,在家创业者完全可以借助即时通讯工具来帮助自己拓展业务。我们在此仅以目前国内用户最多的 QQ 为例,来说明如何利用即时通讯工具进行在家创业。

1. 列名单及暖线

每个人都有自己的交际圈子。在网络时代,这个圈子得以无限放大,你可以利用 QQ 将自己散布在全国甚至海外的熟人圈子加入好友名单,充分利用QQ的实时互动特点跟这些好友保持联络,随时开展"暖线"工作:通过日常有意识的聊天,收集名单上的人的家庭状况、职业环境、兴趣爱好、消费投资心理等信息。这样你就可以找到这些好友的基本需求,有针对性地给他们提供他们感兴趣的资料或能启发他们观念的文章,为下一步讲计划作好铺垫。而这一切都可以在网上轻松完成,无需额外开支。

2.开发陌生人群

由于QQ可通过限制条件添加好友,网民们可以根据自己的喜好和乐趣认识新的聊天对象,在QQ上形成自己的小圈子。因此,你可以根据网上搜索到的网民的基本信息,决定是否将其加为好友。如果你所在的城镇有优秀的领导人和团队,你可以重点搜寻同一座城市的网民,将其中你认为合适的加为好友,经过暖线后就可以约对方面谈,这样既可以解决害怕被熟人拒绝有失面子的问题,又能避免和陌生朋友只是单纯在网上交流,缺乏面对面沟通的机会。

3.直接讲解业务

QQ有多人语音聊天功能,如果你在QQ好友中发现了对你项目感兴趣,愿意进一步了解的朋友,你可以利用QQ的音/视频功能在网上直接为其讲解业务。你甚至可以利用QQ的多人语音聊天系统,邀请多人来共同讨论业务,以提高工作效率和成功率。

4.开展业务培训

群是为QQ用户中拥有共性的小群体建立的一个即时通讯平台。比如可创建"我的大学同学","我的同事"等群,每个群内的成员都有着密切的关系,如同一个大家庭中的兄弟姐妹一样相互沟通。

同样的道理,你可以在团队内部创建"我的团队"群,利用QQ群的平台将创业团队成员聚集起来,共同讨论工作安排、汇报工作进程、定期或不定期开展业务交流或知识技巧培训。有关群的注册方法和详细功能可以在腾讯的官方网站查到,非常方便。

三、案例展示

中国农业银行：e时代，赢精彩[①]

大学生热爱新事物,喜欢表达自我,在互联网上尤其活跃,他们已成为最有消费潜力的群体。越来越多的品牌将他们视作黄金受众,作为国有银行品牌之一的中国农业银行也不例外。然而,在这群"新人类"眼中,农行引发的品牌联想往往是"传统"、"古典"甚至"刻板"。所以由IM 2.0广告代理的这次公关活动,联手扰聚了中国98%的大学生的真实社交网络人人网,在人人网上开设品牌主页"e时代,赢精彩",建立农行电子银行金e顺与大学生沟通的品牌触点。入学时赢得学业、在校时赢得认可、毕业时赢得工作……大学生关注的话题往往离不开一个"赢"字。金e顺品牌主页结合大学生生活大事件,建立"赢"阵地,宣扬"赢"心态,并肩"赢"未来。

在执行过程中,通过人人小站,发动许多贴近大学生生活的网上活动,引起大学生的共

① 案例引自艾瑞广告先锋网,http://case.iresearchad.com/html/201203/2301021813.shtml。

鸣,并在活动过程推广理财的理念,从而加深推广效果。

1. 许愿墙

"拜"考神,不挂科。金 e 顺顺应风靡校园的"拜"文化,在品牌主页树起"2011 许愿墙"。逢考试、毕业高峰期,金 e 顺还联动"四级"、"六级"、"考研"、"卧佛寺(offers)"等人人网高人气百科类公共主页,并提供"必赢"礼物,供大学生许愿还愿。

2. 测形象

进入品牌主页的虚拟"e 校园",测试个人未来卡通形象。获得 Sad 形象不必气馁,使用金 e 顺产品道具,Sad 形象即刻变 Nice。卡通形象还可同步到人人网个人相册。

3. 赢基金

大学生以社团为单位,将活动方案上传到金 e 顺在人人网上的品牌主页。优秀方案将赢得基金,实现梦想。

通过这次为期 138 天的活动,生成形象超过 500 万张,上传案例超过 1 万个,品牌曝光次数超过 25 亿,品牌好友超过 10 万人,并且获得了很高的客户评价。中国农业银行电子银行部副总经理翟翼对这次活动的评价是:"人人网庞大的用户基数、优质的内容、丰富的功能模块及活动,为品牌营销建立了多个与用户对话的触点,为我们全面展示品牌和介绍业务提供了较好的平台。"

第三节　IM 公关案例分析

一、QQ 群发器的使用方法

如果你只是守株待兔般等待客户上门来咨询是不行的,我们要采取双管齐下的方法,主动去找更多的客户,到各种群里去推广我们自己的网站和产品,增加曝光率,这样才能提高我们产品的转化率。找到这些客户以后,在跟进客户时又会有着不同的讲究,发送方式和内容的不同带来的效果也不一样。最后,在客户达到一定数量以后,如何有效管理客户,让我们不仅提高了效率,而且留住了老客户。接下来,本小节就从找客户、跟客户和管客户三方面详细为大家介绍各自的公关技巧和方法。

1. 找客户

在 IM 工具中,不管用什么公关方式,都需要先确定对象。而找客户的方式,我们首先推荐的就是通过群去定位人。具体方法如下。

(1) 找到群

下面我们以股票行业为例,介绍找群的三种主要方式。

第一种,百度关键词搜索法。比如股票群大全、各地(杭州)股票交流群、散户股票等。

第二种,在 IM 上查找。在 IM 上输入股票类字样,同时会出现很多股票交流群,可直接查找和添加,如图 9-1 所示。

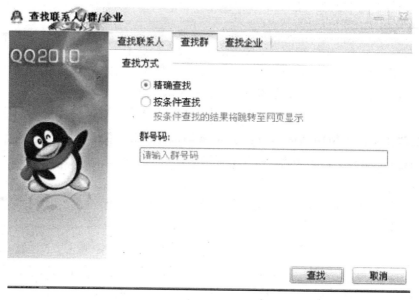

图 9-1　QQ 群查找

第三种,自己建立股票群,放在论坛、博客或其他百度贴吧里,让别人来查找加入。

加入群的时候需要注意以下七点:

① 在加群和个人股票账户时,如需验证信息最好写"股票交流"或"谢谢群主给我跟大家学习的机会",这样通过率会比较大;

② 在本人的 IM 上加股票群,个人头像及介绍里面不要有该业务名称或销售的字样,否则很难验证通过;

③ 在股票交流群找想咨询股票的客户,或在群里发脾气,感觉赔钱的客户,最容易加入;

④ 建议异性聊天,遇到男士用女号,遇到女士用男号;

⑤ 利用同行、老乡、爱好等共同话题聊天来进行潜移默化的推销;

⑥ 通过加群,和群主搞好关系,申请群管理,帮群主管理群,然后拉人;

⑦ 每个 IM 工具加群都会有人数限制,所以每个人可以申请多个账号,循环加入,效率可以提高。

找到群以后,问题也会接踵而来,如何在群里进行广告推销呢? 接下来我们将介绍几种常见的推广方式:

① 擒贼先擒王

加入一个群后,最好先和群主搞好关系,这一点很重要,让群主把你设置为管理员,让更多的人加入,大家一起讨论、交流。搞定了群主,在群里面的活动就能更好地开展。

② 狂轰滥炸

如果群比较多,可以选择一到两个群进行狂轰滥炸,可以考虑每天在群里发些相关信息。当然这不能是纯广告,否则会引起群内人的反感甚至被退群,而是需要你将"广告"写得吸引人或者看不出是广告,这样的宣传带来的效果可能是客户。这种广告文字也叫"软文",要做到"润物细无声"。

③ 有问必答

在专业的技术群中,总有人会提出相关的问题,你可以把自己知道的知识说出来,这样赢得别人的信任,然后把他们介绍到相关站点上。你也可以留下答案的链接,让别人上站点去找。但前提是你所做的必须能赢得别人的信任,不要随便一个问题就把别人引入你的站点,弄得问不对答,这样就不行了!

④ 一对一行动

可以找在群中聊得不错的单独出来聊,聊的过程中就可以插入一些与你站点相关的东西,还可以试问"你知道××吗?这个论坛不错哦,上面的资料蛮全面的!"对方如果感兴趣问:"真的吗?地址是什么?"你就可以发链接过去了。

⑤ 马甲广告

公司团队成员每个人建立自己的股票群,进入后潜伏在里面。在适当的时候,其他马甲可询问,"请问各位大侠,哪里的股票网站比较好啊?各位推荐一下你们喜欢的股票网站"等。在群里面制造能够引导强烈关注的话题,得到热烈的响应,在群友参与度较高的情况下再发布消息,如"我刚才找到一个很好的网站哦,页面风格很好,我很喜欢,吐血推荐给大家看看"等。这就是一个变向式非纯粹的广告类公关方法。但要提醒,此马甲的所有资料信息要与推销产品无直接关联,要做到真正的马甲身份。否则被揭穿是公关广告,将影响马甲在群里的后期影响。

(2)定位群

如果是自己创建群,等别人来加入的话,就要学会如何定位自己的群。

第一步:定位行业,根据自己公司的产品进行定位。在群名称和群简介中体现行业特点,才能吸引行业的客户。

第二步:定位群的类型,是交流群还是推广群,抑或是老客户管理群。这些也可以体现在群公告中,突出你建群的重点。交流群和推广群中可适当有些马甲来推销自己公司的产品。老客户管理群的性质就不一样了,主要作为后期产品调研以及新产品推广等功用,这里我们就不详细介绍。

第三步:定位自己群的规则风格。例如推广群,就需要时不时搞下气氛,制造话题等。可以从网站上搜集大量搞笑的图片,如 QQ 表情,相信大家都知道群聊时候发的图片特别多,一张经典的图片会被用户从一个群转到另一个群,大量地传播。如果我们把这些图片搜集起来,或者自己制作一些搞笑的图片,加上自己的网站,再发出去。相信这样的信息要比你纯粹的文字和网址更容易吸引人眼球,也让人不舍得删除。

(3)锁定人

阿里巴巴公司的某位商户老板王总,是个喜欢张罗的热心人。他组织了当地阿里巴巴商户的 IM 群,希望能够和更多的朋友联系交流。但是他遇到了个小麻烦:每次大家在群里畅谈时,就会有一个令人讨厌的家伙蹦出来,发布信息:"大量出售猪毛!"王总终于忍无可忍,将那个发送垃圾 IM 信息的家伙踢出了群。

这个案例告诉我们,新加入的群,应坚守先建立感情、后推广产品的原则,和大家群主建立好感情后才去推广产品或发送软文。而和谁建立感情才是最有效率的呢?我们将主要提到三种:

① 群主、管理员

群主和管理员掌握着群成员的生杀大权，在刚加入群的时候就要了解群里的规则。是否需要统一群名片，是否有规定不能发广告还是说有统一广告时间，这些规则我们可以在群公告中查看。另外如果能和群主打好关系，将你变成管理员，那你在群里的地位将会不同，也同时掌握着可以拉其他人入群的权限。

② 活跃分子

每个群里都会有活跃分子和潜水人员，为了更好推广你的产品，也需要和活跃分子搞好关系，因为这些人回复率高，可以更好地与你产生互动。

③ 培养粉丝

自己成为活跃分子，并且在之前有问必答的推广方式下，让自己成为权威且值得信赖的人。这样你就会慢慢培养出一批忠实的粉丝。

2. 跟客户

找到客户以后，我们在跟进客户的时候，最主要有以下两方面。

（1）内容

给客户主动发送的内容，其实有很多种形式。我们在这里列举了四种：

① 节假日的祝福、问候的信息

② 新品上市、产品促销信息

③ 有价值的资讯

④ 耐人寻味的小故事

通过这些不同形式内容的信息，我们可以与客户一直保持联系，而不会让客户淡忘我们公司的产品品牌。

（2）发送

在发送方面，我们又分为发送时间和发送方式。发送时间尽量选择客户在线的时候，这样才可以得到客户的及时响应与回复。如客户急需知道信息，我们在保障信息质量的前提下可以留言给对方，但不可源源不断地、多次多段地回复给对方。当对方上线看到一堆的信息时，也很容易发生看不全最先发送的信息的情况。

目前 IM 发送方式主要分为三种：一对一、一对多、群里发。而其中的一对多，主要是说可以对多个好友进行群发消息。具体操作可以利用 QQ 本身自带的向组内人员送消息的功能，打开后可以选择自由筛选，它不再局限以组为单位。

具体操作过程以豪迪 QQ 群发器为例：

第一步：展开好友分组。如图 9-2 所示。

第二步：选中好友头像。如图 9-3 所示。

第三步：输入发送的内容，点"发送"按钮。如图 9-4 所示。

第四步：选择发送的 QQ（如果登录了多个 QQ，需要选择）。如图 9-5 所示。

3. 管客户

为了更好地对客户进行分类，进行不同阶段的跟进，我们将在下面介绍如何进行群的管理。

为了便于群管理，一般将群设为几个等级。以 QQ 的好友组为例，可以进行不同好友组的分级设置。如图 9-9 所示。

图 9-2

图 9-3

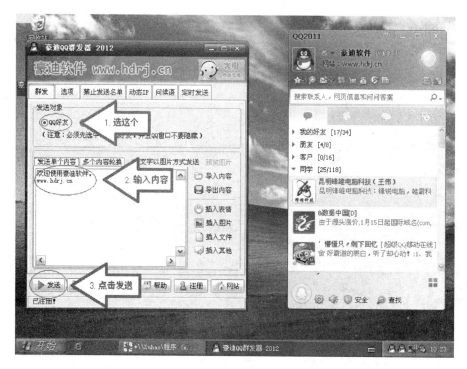

图 9 - 3

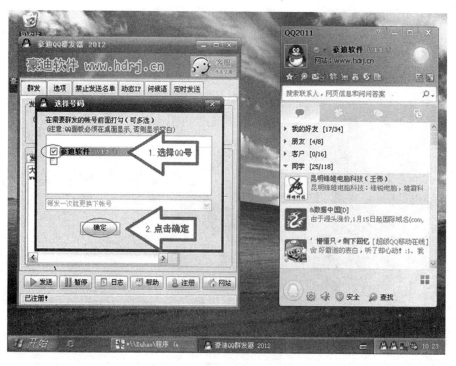

图 9 - 5

图 9 - 6　QQ 群组分级范例

二、案例展示

案例 1：耐克巧用悲情事件　化挫折为动力赢民心

耐克在 8 月 19 日,向全国各大报纸推出了其连夜赶制的"爱运动,即使它伤了你的心"公关广告。广告依然使用了刘翔的大幅照片,却不再选用其过往奔跑的形象,而是选用刘翔的平静面孔及这样一句广告语"爱比赛,爱拼上所有的尊严,爱把它再赢回来,爱付出一切。爱荣耀,爱挫折,爱运动,即使它伤了你的心",以求淡化刘翔退赛所带来的风险和公众压力。耐克的举措向世人表明,原来体育公关也可以走人文关怀的温情路线。然后借助了腾讯强大的 QQ 受众人群,通过即时通讯工具,一个星期之内,仅直接参与"QQ 爱墙祝福刘翔"的人数就达到了两万人,页面浏览量超过 37 万次。耐克的快速反应和悲情式广告,没有强烈的商业味道,符合人们对体育精神的追求和渴望,通过网络参与者的口口传播和直接表达,达到了"病毒"公关和二次传播的效果,超越了刘翔简单代言的价值,是一个比较成功的整合 IM 公关案例。

分析：

（1）巧妙地运用网络的互动性。互联网的互动性就像是一把双刃剑:当品牌意气风发时,运用网络的互动性可以使品牌的对外形象锦上添花;然而,当品牌困境重重时,互联网的舆论往往无法被企业控制,从而使企业望而却步。但是,这次耐克却成功地先发制人,不仅掌握着舆论的方向,并借助互联网的互动性,极致地渲染了网民的悲情,打了一场漂亮的翻身仗。可以说,在这次的公关反击中,耐克突破了传统形式的平面及电视广告形式,借助腾讯互动、参与、即时的特点,使其成为变被动为主动、起到关键作用的推动要素。

（2）绝妙的悲情公关。事实上,悲情比快乐往往更具感染力。耐克运用反向思维给刘翔的形象加了分,取得了比他获得金牌还要大的品牌影响效应。此举不仅救了刘翔,更救了耐克自己。

思考题

1. 什么是 IM 公关?

2. 从分类的角度说,IM 公关有哪些类别?

3. IM 公关的优势有哪些?

4. 加 QQ 群的技巧有哪些?

5. 案例分析:

可口可乐曾携手腾讯 QQ,在北京奥运圣火点燃的同一天,举办了一场"可口可乐奥运火炬在线传递"的活动。对于绝大多数普通民众而言,传递圣火往往是"可望而不可即"的。而在线传递火炬的方式,成为他们表达心中奥运情结的一个极佳平台。可口可乐借着圣火传递活动,适时推出这一在线传递活动,不仅成就了普通网民传递火炬的梦想,也实现了其品牌自身的梦想。成为火炬手的 QQ 用户可以向其 QQ 好友发出邀请,这样就能将火炬一直传递下去,完成火炬传递即可获得一个点亮的火炬图标作为标示。和现实中的奥运圣火一样,网络火炬接力所到之处引来无数尖叫和沸腾,短短 130 天内,就有超过 6 200 万人在网络上传递了圣火,而发起这场活动的可口可乐在短时间内也极大地提升了自己的品牌的知名度和美誉度。

试用 IM 公关的相关知识分析这一案例。

第十章
SNS 公关

第一节 SNS 公关概述

读者也许对大卫·芬奇所导演的《社交网络》电影记忆犹新,影片讲述的是全球第一大 SNS 社交网站 Facebook 创始人兼首席执行官马克·扎克伯格的创业史,影片的点点滴滴都在思考着 SNS:它绝不是一个简单的社交网站,而是一个容纳数亿人的数字化帝国,并且仍在不断扩大。它提供了用户聊天、交友、互动和活动的强大系统化平台,又极其微妙地展示和影响着人们的真实生活。

一、SNS 公关概念

SNS(全称 Social Networking Services),即社会性网络服务,指旨在帮助人们建立社会性网络的互联网应用服务;也指社会现有已成熟普及的信息载体,如短信 SNS 服务。SNS 的另一种常用解释:全称 Social Network Site,即"社交网站"或"社交网"。社会性网络(Social Networking)是指个人之间的关系网络,这种基于社会网络关系系统思想的网站就是社会性网络网站(SNS 网站)。SNS 也指 Social Network Software,即社会性网络软件,是一个采用分布式技术,通俗地说是采用 P2P 技术,构建的下一代基于个人的网络基础软件。

SNS 公关就是各组织在 SNS 平台上所进行的公共关系活动的总和,主要是使用 SNS 的媒介平台,评估社会公众的态度,确认与公众利益相符合的个人或组织的政策与程序,拟定并执行各种行动方案,以达到提高主体的知名度和美誉度,改善主体形象,争取相关公众的理解与接受的效果。

二、SNS 公关的特点

1. SNS 平台特点

SNS 作为社会化媒体的一个分支,具有社会化媒体的普遍特征,一些学者将社会化媒体特点总结为六点:参与性、公开性、交流性、对话性、社区化、连通性。此外,SNS 还具有独特的个性。

(1)聚合性。SNS 用户基数庞大,自然聚合,SNS 网站海量用户散布极其广泛,笼罩各个地区及各个行业。在这些海量用户中,他们又依照必定的规矩聚合在一起,形成多种群体,这些群体即为营销不可或缺的精准群体。

(2)真实性。由于 SNS 网站采取实名制,为生疏冰冷的网络人际关系增加了更多信任,同时主动过滤掉了大批的虚伪信息,自然拉近了网络用户之间的关系。真实的人脉关系,体现了社区真实世界的回归,这为公关的开展提供很大的方便,解决了信任问题。

(3)黏粘性。牢固的现实交际圈和 SNS 网站社交圈能够将绝大多数的用户牢牢留在 SNS 网站上,并且坚持着黏粘性的沟通往来,这种用户之间的黏粘性远高于其他非社会性网站。同时,用户的这种黏粘性会大大提高网络公关的效力。

（4）互动与分享性。日志、照片、视频等分享是 SNS 网站的新型沟通方法，而分享式的沟通方法让营销推广信息的存活时光和活跃时光远远高于传统的非社会性网站，其信息不再像以往冰冷的机械，而是通过固定的社交范畴来实现公关价值。

（5）时效与实效性。SNS 作为一种整合性更强、应用更人性化的新型互联网构建形态，其特征对用户的使用有重要的指导意义。

2. SNS 公关亮点

（1）SNS 平台下的目标群体集中，群体关系真实，彼此信任度高。

（2）SNS 平台的互动特性，易于受众之间的充分交流。

（3）SNS 平台的传播即时性，便于最快捷地传播产品信息。

（4）SNS 平台的自主传播特性，加速了品牌传播的速度。

第二节　SNS 公关基本内容

一、选择需要执行公关的 SNS 平台

SNS 的平台种类繁多，不同的 SNS 平台有其各自的个性特点，只有选对了与公关活动相适应的 SNS 平台，才能迈出卓越公关的第一步。以中国国内 SNS 网站社区来说，大致有如下几类：

（1）校园类

人人网：成立于 2005 年 12 月，是中国最早的校园 SNS 社区。人人网是一个真实的社交网络。在人人网校内你可以联络朋友，了解他们的最新动态；和朋友分享相片、音乐和电影；找到老同学，结识新朋友；用照片和日志记录生活，展示自我。如图 10 - 1 所示。

图 10 - 1

QQ 校友：2009 年 1 月 6 日基于庞大的即时通讯 QQ 和广大的校友 QQ 群推出的，时间虽然晚很多，可后劲十足，其及时的弹出通知、动态显示和基础的数据群都为 QQ 校友后来居上打下了坚实的基础。

占座网：创办于 2006 年 4 月，也举行面向全国大学生的征集作品、工作实践、公益行为等活动，有占同桌、抢座位等休闲游戏，可以记录日志，分享照片和群组。

（2）娱乐类

海内网：2007 年 11 月创建，提供迷你博客、相册、群组、电台以及电影评论等服务，有固定的电台节目。

51.com：凭借庞大的忠实用户群，提供个人博客、个人空间等服务，51.com 成为中国最

大博客社区。

开心网：其功能有写日志、交朋友、交互性的小游戏有奴隶买卖、争车位、同居时代等。

（3）交流类

Ucenter Home：2008年，康盛创想旗下社会化网络软件Ucenter Home的推出，让SNS成为人人可以搭建的平台，它曾让无数的站长轻松构建起了以好友关系为核心的交流网络。

同事录：站长业界知名科技资讯网站Techweb旗下的SNS品牌。这里汇聚了诸多IT科技精英，平台主要包括日志、点评、游戏和职场等应用系统。

5G：由刘韧和KESO等知名博客联袂打造的IT类SNS社区，donews的忠实用户构筑了5G的早期用户群。由于定位明确，早期用户群的人脉资源丰富，5G在短时间内就拥有了众多IT行业从业注册人员，会员活跃度极高。

（4）学习类

读书、学习类SNS网站以豆瓣网为代表。

豆瓣网：在豆瓣上，你可以自由发表有关书籍、电影、音乐的评论，可以搜索别人的推荐，所有的内容、分类、筛选、排序都由用户产生和决定，甚至包括在豆瓣主页出现的内容。该类网站鼓励用户共同学习、积极交流。目前豆瓣网提供的图书、电影、音乐唱片的推荐、评论和价格比较，以及城市独特的文化生活，吸引了一大批忠实的用户。

（5）音乐类

音乐类SNS网站是以MySpace（聚友网）为代表。

MySpace：全球最大音乐人社区及在线交友平台。MySpace国际的本地化网站，为音乐人及歌迷提供一个社交、互动及增值服务的互联网平台，功能包括免费的个人主页、空间、相册、博客、音乐、视频上传空间等。

（6）婚恋交友类

其中婚介婚嫁类SNS网站是以世纪佳缘网、红娘网、珍爱网、百合网为代表，目前它们以成熟、目的性强、寻求真实婚恋关系的用户为核心，结合线上线下的业务，满足用户的需求，因此也拥有比较明朗的收费与赢利模式。

（7）商务类

白社会：由中国最大门户网站之一的搜狐创建的一个"白领社会"，且搜狐在这个平台上开发了自己的社交游戏。

大街网：中国领先的商务社交网络平台，轻松为你打造职场形象、拓展职业人脉、挖掘商业机会、参加行业交流，以及获得更好工作机会！

若邻网：为找工作者提供最新最准确的高级人才招聘求职信息，同时找人才者也可以免费查看并发布招聘信息，找工作、找人才就上全球最大的中文商务职场社交招聘网。

天际网：作为中国最大的职业社交网站，在这里你不仅可以结交好友、维护人脉，还可以获得更好的工作和商业机会。

（8）垂直类

雅虎关系：在成功整合口碑生活后，雅虎关系具有强大的生活服务分类信息体系，有关生活的衣食住行玩医都可以在自己认识的真实的朋友的帮助下得到满意的答案。

普加邻居：成功整合普加搜索、视频名片、地图民生、聊斋交流等功能的邻居，不仅可以通过网络上的邻居认识更多的人，讨论自己感兴趣的话题，而且通过普加强大的民生信息平台的整合，可以享受到大家推荐的民生信息消费体验和信息服务。

知乎：一个真实的网络问答社区，帮助你寻找答案，分享知识。

（9）综合类

综合类 SNS 网站以 Facebook、新浪微博、腾讯微博为代表。

Facebook：已经发展成为用户提供生活、社会、文化、情感、娱乐、文学、经济、教育、科技、体育等信息的综合网站。Facebook 中文网是一个联系朋友的游戏社交工具。用户可以通过它和朋友、同事、同学以及周围的人保持互动交流，分享无限上传的图片与转帖链接，以及更多好玩的社交游戏。

新浪微博：当红的微博客服务平台，而且以其新的模式影响着中国的社交网络。当下的新浪微博从多方面已经超越了 Twitter，这些方面包括评论、图片、视频、IM 和 LBS。

腾讯微博：腾讯在很积极推广的微博。

每个 SNS 平台都有其特有的使用习惯、受众群体以及传播特点，在实施公关策划时，要因地制宜。如进行摄影读书方面的公关活动，选取豆瓣的适应性更好，选取人人网可锁定大学生群体；在世纪佳缘讨论婚恋感情等。

二、账号操作

1. 注册账号

（1）根据所在的 SNS 平台特点注册账号，名字要有个性，最好让人一眼就记住。

（2）账号最好是美女或者帅哥的头像，更有吸引力。

（3）头像需要有美感，可以青春靓丽，性感动人，但是千万不要是在网络上很容易搜到的图片。

（4）资料越详细越好，但不要被轻易识别为马甲账号。

（5）账号越多越好，形成自己的 SNS 公关群体。

2. 加好友

（1）通过"搜索"、"查找"好友来寻找。比如说要找体育发烧友，我们首先确定国内有名的体育院校，然后在 SNS 搜索好友中对这些院校进行搜索，同时在搜索中输入"篮球"、"足球"、"跑步"等关键词，这时候搜索出来的基本上都是对体育感兴趣的朋友了。

（2）通过朋友找朋友，尽量找目标人群中有知名度、有影响力的人，这样传播效果才会最大化。

（3）加好友通道再进行转帖是添加好友的快速通道，让别人主动加你。

（4）添加名人，争取与名人互动，并主动及时转发，分享其消息，获得粉丝的认可。

（5）通过好友列表添加，这样相对容易审核。SNS 有显示共同好友的功能，他们一般会通过你的申请。

（6）通过查找好友的功能，寻找你的同学。

（7）通过添加群成员列表加好友，尽量选取热门的、成员数量较大的群。

3．日常运作维护

（1）写日志

要将 SNS 公关与软文公关相结合，积极主动地创造内容，或者根据时事热点创造日志，在日志发布后和好友沟通，请他们帮忙分享，这样才有更多的读者可以看到，才能产生效果。SNS 社区有这样的功能：在发表日志后可以提醒好友关注，以便被好友最大限度地分享，前提是与好友多互动，多交流，写完日志要尽量使用好分享与通知功能，让所有好友都能看到。

案例：

欧洲杯期间，大家都会乐此不疲地熬夜看球，享受这四年一度的欧洲足球盛宴。和过去不同，随着社会化媒体的普及，现在就算深夜一个人在家里看球也不再孤独，因为你可以一边看球，一遍刷微博。而就是在这热门话题面前，在社会化媒体上，用户会对内容更敏感，更愿意去分享与互动。在德国对意大利的比赛中，巴洛特利霸气十足地一击进球，一张黄牌，还有他背后令人匪夷所思的三条杠，在凌晨 4 点，被果壳网就抓住了。它的一条微博在短短十分钟被转发了 1 500 次以上，最后被转发了 1 万次以上。如图 10 - 2 所示。

@果壳网**V**：【巴神背上的三道杠是什么？】这是肌内效贴布，它可以在不影响肌肉功能的情况下，预防运动损伤。当在受伤肌肉部位贴上肌内效贴布后，皮肤受到肌内效贴布的牵拉，使皮下组织与肌肉之间的间隙增加，从而促进组织的血液循环和淋巴回流，缓解疼痛，并加快肌肉损伤的恢复。http://t.cn/hdbDG8

2012-6-29 03:41　　来自新浪微博　　　　　　　　　　转发(11937) | 评论(2154)

图 10 - 2

（2）建立圈子、公共主页或小站

在加满好友之后，我们可以通过建立群的形式继续增加好友。建群时，需要有自己明确的主题，在前期要有一定的人数保障，并且要不断地维护好群，不断地更新资源，和好友互动。建立公共主页和小站也是同样的注意点。

案例：

美国 Destination 酒店公共主页

美国 Destination 酒店在 Facebook 拥有 1.5 万名粉丝，在 Twitter 上拥有 2 000 名粉丝。在维持粉丝数的基础上，酒店为吸引更多人关注，在公关上做了以下工作：

① 酒店在主页上发布会议指南，而且有高质量的多媒体内容。

② 每天必须发布一些内容，以此建立酒店的品牌形象。

③ 会议组织者也是人，而且他们可能是 Facebook 上的活跃分子。

④ 公开回应客户的抱怨，并让所有人看到。这表明酒店关心客户，而且积极解决各种

图 10 - 3

问题。

⑤ 与文字相比,用户更容易记住视频、图片和鲜艳的色彩,好好利用这一点来推销你自己。

⑥ 为你的粉丝提供优秀的内容,再将他们吸引到你的网站,借此提高酒店排名。

（3）相册推广

建立自己的个人相册,可以选取比较热点的新闻图片、美女图片、电影海报等能够引起共鸣和广泛传播的资料,像之前比较流行的恶搞图片就拥有较大的市场。

（4）写心情或状态

很多的 SNS 社区都有写心情或者状态的功能,也就是可以输入约 140 字的小段文字,可以每天撰写一些比较经典的语句来获得转发或者评论。

（5）视频与网址分享

网络视频是最有吸引力的传播工具,组织或个人可以分享热门的视频,甚至可以将自己组织有关的信息拍成微视频发布。

案例：骑马舞风靡全球

《江南 Style》选择在 YouTube 上进行首发,随后 YouTube 上的《江南 Style》MV（如图 10-4 所示）视频被转载于各大社交网站及其他视频网站,使这一热潮迅速被放大。如今国外的 Facebook、Twitter,国内的微博、人人网等网络社交平台,已经成为年轻人工作和生活的一部分,名人的推荐和朋友的转发,都在无形之中为《江南 Style》做起了低成本、高效率的广告,尤其是明星大腕的推荐和参与,对于《江南 Style》的走红起到不可估量的推动作用。

在《江南 style》大红之后,一部分人发现了模仿恶搞《江南 Style》的乐趣并上传网络与他人分享,其他的人也不甘落后,无论是明星还是普通人,都想通过改编《江南 Style》来一展自己的创意和个性,于是各种版本、各种风格的《江南 Style》出现于网络,迅速将这一作品捧红到极致。由于改编版的 MV 要么非常恶搞令人捧腹，要么是在观众熟悉的场地拍摄使人倍感亲切，或者是观众喜爱的明星出现让粉丝们眼前一亮，使各个版本的《江南 Style》都获得了极高的人气，一度是各大社交网站的"刷屏"主题。

图 10 - 4

（6）转帖

转帖是 SNS 网站的特色，通过一次次的转帖，点击量成几何倍数增长。然而，转帖也有一定的技巧：① 标题新颖简洁，可让人当一句话新闻用；② 内容围绕热门事件，评论趣味生动；③ 增加投票、观点甚至是争议，让用户参与互动；④ 对以往的内容相互链接、整合；⑤ 有评论需要回复。

（7）投票

对某个事件、某个人物、某个观点进行投票，让网民有发表观点的平台。

（8）使用应用

SNS 平台的开放，使得更多有意思的应用程序被大众所熟知，像开心网的偷菜，人人网的宠物买卖、抢车位等，通过应用的手段来增加好友并产生互动。

现在 SNS 的应用发展种类多，数量庞大。以人人网为例，如图 10 - 5、10 - 6、10 - 7 所示。

应用的范围涵盖了娱乐、生活、工作、学习等方面，这些应用的使用隐藏着数量庞大的潜在公关受众。

图 10 - 5

图 10 - 6

图 10 - 7

（9）发起活动

直接将线上活动与线下活动相结合，从虚拟社交到真实社交，如豆瓣的同城活动。

案例：

SNS 结合 LBS 应用：汉莎航空

"欧洲好声音"歌唱比赛是世界上最受欢迎的非体育赛事，有超过 40 个参与国，德国汉莎航空公司是这项盛事的官方航空公司合作伙伴。因此，汉莎航空公司特意为这项比赛设计了一个专属的勋章。要获得这枚勋章，参与者首先需要关注汉莎在 Foursquare 的账号，同时需要在汉莎服务的机场或者与汉莎有官方合作的地点签到。

最后,全球有1万多人获得勋章,同时汉莎页面有超过5万的粉丝数,汉莎航空公司更是高兴地为全球的旅客和粉丝提供当地语言的实时提醒事项。

SNS 结合 App 应用:耐克

耐克在 facebook 中发起了"make it count"的活动,你需要下载一个 Nike＋App,来记录你的跑步里程,并且用你在一段时间的跑步里程去抢拍耐克跑鞋。每个竞拍周期为15天。耐克的这个活动大大增强了其在热爱运动的人群中的品牌影响力,而这种影响力是建立在人人参与的活动层面,而非直接售卖层面。

在 SNS 平台进行活动也有一些小技巧:

① 借助 App;② 必须公开活动规则;③ 抽奖活动要小心;④ 让活动易于分享;⑤ 经常推广你的活动;⑥ 通过合作伙伴来扩大信息的影响;⑦ 鼓励参与;⑧ 避免完全依靠舆论(尤其是投票)。

(10) 使用插件、软件来管理社交网络账号,如皮皮时光机、志合阳光等。

第三节　SNS 公关案例分析

泰囧不囧,SNS 公关助力成就票房奇迹

2012年,徐峥首次自编、自导、自演的喜剧电影《泰囧》以4 000万的投资轻松收获12亿元票房,这部小成本的电影完成了四两拨千斤的"逆袭",导演徐峥曾说,"我们不是一匹黑马,而是一匹有备而来的白马",在电影的前期公关和营销推广中,不计其数的视频和段子在各种社会化媒体中突击埋伏,有效放大和扩散了内容。可以说,《泰囧》这一场胜仗,社会化媒体功不可没。

第一阶段:上映前的准备

在影片上映前,出品方就在网上发布了《泰囧》系列物料,色彩明快、风格鲜明、笑料十足,徐峥、王宝强、黄渤三人组成的"囧神"组合(如图10－8所示),因其接地气又特色鲜明的角色形象,成为网友竞相创作的灵感来源,连著名漫画家陈柏言都为三人创作了漫画形象。随后,社交媒体上刮起了"全民P图"风(如图10－9所示),使《泰囧》还未上映,就受到网络热捧,起到了很好的预热宣传的效果。

第二阶段:社交媒体实施阶段

经过前期预热之后,结合自身就笑料百出的特点,《泰囧》在 SNS 媒体中的宣扬更是快马加鞭。刚上映的时候,就引发全民热议,口碑传播。我们可以通过各大社交平台的数据来看:"泰囧"在 QQ 空间里提及达1 600多万条,新浪微博870多万条讨论,腾讯微博360多万条提及,豆瓣电影评价20多万条,人人网15多万条,仅仅在天涯论坛发帖量就高达7万多次……在上映阶段,社会化营销就一直贯穿始终,观影的感受、精彩视频片段、搞笑台词(如图10－10所示)、观众影评、截图恶搞、人妖爆料等充斥着各大社交媒体,几乎一时间《泰囧》电影占据所有网友的脑海,在同期密集上映的大片中说到看电影,就推荐一定要看《泰囧》。

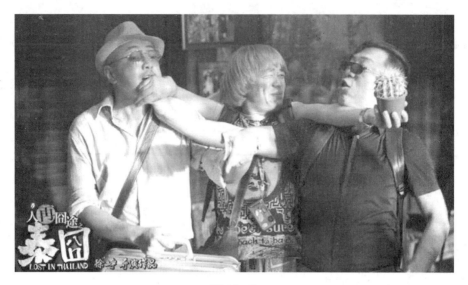

图 10 - 8

图 10 - 9

社交媒体中,每个人都是自媒体,不断地分享,其传播所产生的传播力惊人,一传十,十传百,每一个都是传播点。以 QQ 空间为例,作为国内影响力较大的 SNS 平台,其强大关系链的社交大网让《泰囧》尝到了甜头。在 QQ 空间上,关于"泰囧"的日志高达 800 万篇,粗略计算,如果每篇日志能被 10 位好友阅读,那电影就能扩散至 8 000 万人,更不要说多级传播的指数性增长了。除此之外,《泰囧》观后感、人物版纪录片、电影原声带、制作特辑,甚至恶搞电影截图的"台词生成器"应用等内容,都源源不断地在 QQ 空间中涌现,引发了大量空间用户的关注和分享,并产生了良好的互动效应,使多米诺骨牌效应和羊群效应得到更加极致的发挥。

第三阶段：网民内容制造阶段

在电影放映以及网络传播之后，越来越多的人喜欢上了《泰囧》，开始讨论电影剧情、内容、特点等，他们开始成了这部电影的 SNS 公关主体，在社交媒体平台上完成观看广告、筛选电影、购票、分享影评、推荐好友等所有流程。当然，也有一定的专家与业界人士开始研究这样的电影推广与社交媒体相结合的新型公关推广模式，这样无形之中，《泰囧》又为自己增加了传播的亮点。

图 10 - 10

结果自然是水到渠成，影片自上映以来受到观众极力热捧，被赞为"年度最好笑喜剧"，上映五天票房突破 3 亿，创造华语片首周票房纪录，上映一个月票房达到 12 亿，观影人次超过 3 900 万，成为华语片票房冠军。

《泰囧》SNS 的公关亮点是：

1. 另辟蹊径，柳暗花明。《泰囧》绕开了对传统媒体的大力宣传投放，借助微博和人人网这样的社交媒体平台，直接发布有效信息，与目标人群进行互动。在低迷的电影市场，利用社会化媒体这一便捷有效、性价比高的平台，相信会给很多发行方一些启发和借鉴。

2. 前期预热，整合资源。《泰囧》传播有一个比较成熟完整的预热期，宣传内容丰富。《泰囧》制作的宣传物料包括 30 多款海报、多款预告片，以及在网络上播出的病毒视频。以预告片为例，包括先行版、剧场版、动作版、激情版、动物世界版等，为后来的影片传播打下了良好的基础。整合了明星与网络资源，如发布漫画、恶搞的 ps 图等，内容适合 SNS 媒体特点，易于分享。

3. 善于制造话题。《泰囧》本身的优势并不明显，但其 SNS 公关善于创造吸引力，比如说三大影帝的联合、泰国人妖的经典段子、范冰冰的客串出演、泰国特色的幽默等，这些都为吸引大批观众进入影院观看增添了筹码。

4. 设置内容，把握节奏。纵观整个《泰囧》的 SNS 公关推广的成功，看似偶然，当中却有两个关键因素——内容设置和节奏把控。内容和段子能够与社交媒体传播契合，读懂消费者的需求；同时，团队在正确的时间点做正确的事情，控制营销时间点，持续地激发用户的喜好。

5. 时间节点优势。影片本身定位为贺岁片，在贺岁档期间的宣传具有一定的事件优势。

《泰囧》的成功也给予大众一些启示：在进行 SNS 公关策划之前，不能将 SNS 作为单一的媒介工具来考虑，应该渗入基于这个媒介的洞察、思维方式和内容机制之中。

思考题

1. SNS 平台有哪些特点？
2. SNS 社区中的群组和小站该如何维护？
3. SNS 公关注意点有哪些？

第十一章
微信公关

第一节　微信公关概述

微信是近年来由腾讯公司发布的手机即时通信软件之一。2013 年 1 月,微信用户已突破 3 亿,成为中国最大的即时通讯类手机软件。微信在发展的过程中,延伸出了如公众号、朋友圈等社交、服务功能,使微信同人人网、新浪微博等一系列社交网络和服务网络一样进行公关活动成为可能。

不仅如此,微信自身还有许多值得开展公关活动的方面,结合其自有特色,必然有丰富多样的公关方式,下面就具体阐述微信公关的手段和实际操作方法。

一、微信公关简介

1. 关于微信

微信是腾讯公司推出的,提供类似于 Kik 免费即时通讯服务的免费聊天软件。(如图 11-1 所示)用户可以通过手机、平板电脑、网页快速发送语音、视频、图片和文字。微信有提供公众平台、朋友圈、消息推送等功能,用户可以通过摇一摇、搜索号码、附近的人、扫二维码方式来添加好友和关注公众平台,同时,它还可以将内容分享给好友,以及用户将看到的精彩内容分享到微信朋友圈。

图 11-1

要理解微信公关,我们首先必须对微信所具备的功能有个基本认识。

(1)基本功能

聊天:支持发送语音短信、视频、图片(包括表情)和文字,是一种聊天软件,可支持多人群聊(最多 40 人,100 人和 200 人的群聊在内测中)。

添加好友:微信支持查找微信号(具体步骤:点击微信界面下方的"朋友们"→"添加朋友"→"搜号码",然后输入想搜索的"微信号码",然后点击"查找"即可)、查看 QQ 好友添加好友、查看手机通讯录和分享微信号添加好友、摇一摇添加好友、二维码查找添加好友和漂流瓶接受好友等七种方式。

实时对讲机功能:用户可以通过语音聊天室和一群人语音对讲,但与在群里发语音不同的是,这个聊天室的消息几乎是实时的,并且不会留下任何记录,在手机屏幕关闭的情况下也仍可进行实时聊天。

(2)其他功能

朋友圈:用户可以通过朋友圈发表文字和图片,同时可通过其他软件将文章或者音乐分享到朋友圈。用户可以对好友新发的文字或图片进行"评论"或"赞",用户只能看共同好友的评论或赞。

语音提醒：用户可以通过语音告诉 Ta 提醒打电话或是查看邮件。如图 11-2 所示。

图 11-2

通讯录安全助手：功能开启后，可上传手机通讯录至服务器，也可将之前上传的通讯录下载至手机。

QQ 邮箱提醒：功能开启后可接收来自 QQ 邮件箱的邮件，收到邮件后可直接回复或转发。

私信助手：功能开启后可接收来自 QQ 的私信，收到私信后可直接回复。

漂流瓶：通过扔瓶子和捞瓶子来匿名交友。

查看附近的人：微信可根据你的地理位置找到在用户附近同样开启本功能的人。（LBS 功能）

语音记事本：可以进行语音速记，还支持视频、图片、文字记事。

微信摇一摇：微信推出的一个随机交友应用，通过摇手机或点击按钮模拟摇一摇，可以匹配到同一时段触发该功能的微信用户，从而增加用户间的互动和微信黏度。

群发助手：通过群发助手把消息发给多个人。

微博阅读：可以通过微信来浏览腾讯微博内容。

流量查询：微信自身带有流量统计的功能，可在设置里随时查看微信的流量动态。

游戏中心：可以进入微信玩游戏（还可以和好友比高分）。例如"飞机大战"，如图 11-3 所示。

（3）服务

微信公众平台：主要有实时交流、消息发送和素材管理。用户可以对公众账户的粉丝分组管理、实时交流，同时也可以使用高级功能——编辑模式和开发模式对用户信息进行自动回复。当微信公众平台关注数超过 500 人次，就可以去申请认证的公众账号。用户可以通过查找公众平台账户或者扫一扫二维码关注公共平台。如图 11-4 所示。

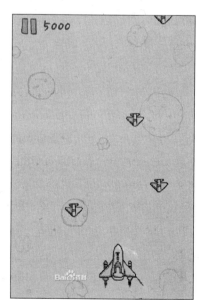

图 11-3

微信网页版：指通过手机微信（4.2 版本以上）的二维码识别功能在网页上登录微信，微信网页版能实现和好友聊天、传输文件等功能，但不支持查看附近的人以及摇一摇等功能。

2. 微信的发展

微信是由深圳的信息技术公司——腾讯控股有限公司（Tencent Holdings Ltd.）于 2010 年 10 月筹划启动，由腾讯广州研发中心产品团队打造的通信软件。该团队经理张小龙所带领的团队曾成功开发过 Foxmail、QQ 邮箱等互联网项目。腾讯公司总裁马化腾在产品策划的邮件中确定了这款产品的名称叫"微信"。2011 年 1 月 21 日，微信发布针对 iPhone 手机用

图 11 - 4

户的 1.0 测试版。该版本支持通过 QQ 号来导入现有的联系人资料,但仅有即时通讯、分享照片和更换头像等简单功能。在随后测试版中,微信逐渐增加了对手机通讯录的读取、与腾讯微博私信的互通以及多人会话功能的支持。其界面如图 11 - 5 所示。截至 2011 年 4 月底,腾讯微信获得了四五百万注册用户。

2011 年 5 月 10 日,微信新增了类似 Talkbox 的语音对讲功能,使得微信用户群第一次有了显著增长。8 月,添加了"查看附近的人"的陌生人交友功能。10 月 1 日,加入了"摇一摇"和漂流瓶功能,增加了对繁体中文语言界面的支持,并增加港、澳、台、美、日五个地区和国家的用户绑定手机号。到 2011 年底,微信用户已超过 5 000 万。

2012 年 3 月,微信用户数突破 1 亿大关。4 月 19 日,微信发布 4.0 版本。这一版本增加了类似 Path 和 Instagram 一样的相册功能,并且可以把相册分享到朋友圈。4 月,腾讯公司开始做出将微信推向国际市场的尝试,为了微信的欧美

图 11 - 5

化,将其 4.0 英文版更名为"WeChat",之后推出多种语言支持版本。7 月,4.2 版本增加了视频聊天插件,并发布网页版微信界面。9 月,4.3 版本增加了摇一摇传图功能,该功能可以方便地把图片从电脑传送到手机上,还新增了语音搜索功能,并且支持解绑手机号码和 QQ 号,进一步增强了用户对个人信息的把控。9 月 17 日,腾讯微信团队发布消息称,微信注册用户已破 2 亿。

2013 年 1 月 15 日深夜,腾讯微信团队在微博上宣布微信用户数突破 3 亿,成为全球下载量和用户量最多的手机通信软件,影响力遍及中国大陆、香港、台湾、东南亚,以及海外华

人聚集地和少数西方人士。2月,4.5版发布,支持实时对讲和多人实时语音聊天,并进一步丰富了"摇一摇"和扫二维码的功能,支持对聊天记录进行搜索、保存和迁移。同时,4.5还加入了语音提醒和根据对方发来的位置进行导航的功能。2013年8月5日,微信5.0上线,添加了表情商店和游戏中心,扫一扫功能全新升级,可以扫街景、扫条码、扫二维码、扫单词翻译、扫封面等。8月15日,微信海外版(WeChat)注册用户突破1亿,一个月内新增3 000万名用户。

二、微信公关界定

微信公关类似微博公关,是一种平台型工具,是一个基于用户关系的信息分享、传播和获取的平台,主体是政府、企业等公关主体,客体是使用微信的公众。所谓的微信公关,是社会组织或个人利用微信作为平台,进行信息传递、交流沟通、形象塑造、资源整合、利益调配,从而实现公关目的的一种行为。

微信的草根性很强,它广泛分布在桌面、浏览器和移动终端等多个平台上,有多种商业模式并存,或形成多个垂直细分领域的可能,但无论哪种商业模式,都离不开用户体验的特性和功能。

微信公关特点:

① 使用方便。用户可以用电脑发微博、手机短信/彩信发微博、手机wap发微博,以及对应的电脑/手机客户端能够发布微博。

② 使用门槛低。上手简单、发送内容方便。

③ 打破传统网络产品关系网,建立政府、企业、个人紧密的联系。

④ 信息传播快。不仅可由组织或个人对受众进行点对点推送信息,而且可以吸引受众使用其服务来达到受众自主获取信息的目的。

⑤ 获取信息多。通过各个角度、阶层、属性的人物/媒体/企业等进驻,使组织或个人在微信上也可以获取更多类型的信息。

⑥ 低成本。微信、微信公共号的申请都是免费的,维护也是免费的,而且维护的难度和门槛也非常低,不需要投入很大的资金、人力、物力等。

第二节　微信公关的手段

微信一对一的交流方式具有良好的互动性,在精准推送信息的同时更能形成一种朋友关系。基于微信的种种优势,企业或组织可借助微信这个平台开展客户服务与公关活动,它也成为继微博之后又一新兴公关渠道。

微信出现以后,许多企业或者组织也都尝试着用不同的方式来利用微信为自己的产品和品牌进行宣传推广、塑造形象。在此介绍四种公关方式,并着重强调第四种"微信公众平台"。

1. 查看"附近的人"

签名栏是腾讯产品的一大特色,用户可以随时在签名栏更新自己的状态签名。这样就有了许多人利用签名植入强制的广告,也有一定用户可以看到。但是这种单调的硬性广告,通常只有用户的联系人或者好友才能看到,那么有什么方式可以让更多陌生人看到呢?那么结合微信的另一个特色应用,利用地理位置定位的查看"附近的人"便可以做到。

在新版微信 5.0 中,有一栏叫作"发现",里面有个"附近的人"插件,用户点击后可以根据自己的地理位置查找到周围的微信用户。如图 11 - 6 所示。

图 11 - 6

在这些附近的微信用户中,也有许多用户利用这个免费的广告位为自己的产品打广告。试想雇佣一批人后台 24 小时运行微信,然后在人流最旺盛的几个地方行走;如果"附近的人"使用者足够多,这个广告效果不会比户外广告差。而这个简单的签名栏会真的变成移动的"黄金广告位"。

2. 品牌活动式

随着微信的用户逐月增加,不少大品牌也在尝试利用微信推广自己。其中,漂流瓶是商家看重的一个微信公关活动应用。

漂流瓶实际上是移植于 QQ 邮箱的一款应用,该应用在电脑上广受好评,许多用户喜欢这种和陌生人的简单互动方式。移植到微信后,漂流瓶的功能基本保留了原始简单、易操作的风格。

漂流瓶有两个简单的功能:

(1)"扔一个"。用户可以选择发布语音或者文字,然后投入大海中。如图 11 - 7 所示。

(2)"捡一个"。顾名思义,是"捞"大海中无数个用户投放的漂流瓶,但是每个用户每天只有 20 次捡漂流瓶的机会。

图 11-7

由于要保证漂流瓶被受众捡到的概率,往往要进行微信后台参数修改,这将是一笔不菲的费用。因此,它适用于有着一定基础的成熟品牌。

3. O2O(Online To Offline)折扣式

"扫描 QR Code"这个功能原本是"参考"另一款国外社交工具"LINE",用来扫描识别另一位用户的二维码身份,从而添加朋友。但是二维码发展至今,其商业用途越来越多,所以微信也就顺应潮流,结合 O2O 展开商业活动。

微信二维码,是含有特定数据内容、只能被微信软件扫描和解读的二维码。用手机的摄像头来扫描微信二维码,从而获得红人(例如电视专题采访幕后等)的名片、商户信息、折扣信息等信息。

二维码应用,仅市场培育就需要一个过程,而社交出身的微信一旦变身为交易工具,用户能否接受并且形成使用习惯,还是一个未知数。如果扒掉用户这层皮,微信剩下的产品功能就是一堆鸡肋。再者,抛开用户量不说,倘若仅实现了线上交易,微信与其他二维码软件并无差异。

O2O 下二维码无疑是未来的趋势,但是其他寄生于微信的生活服务类应用却有点本末倒置。如公交路况、旅游导航、餐馆导航、HTML5 游戏等,没有一个不是幻想着做成平台后大把金子捞的。这些所谓的微信应用未来除了面临同质 App 的竞争之外,还得思考如何推广和寻找商业模式。

传统企业的运营是极为单一,且非常机械化的运营方式。另一方面,据调查结果显示,在一线城市的一线商圈内,已有大概 44% 的手机用户装有微信终端。因此,随着移动互联网及微信的不断发展壮大,将有 90% 的用户装有微信客户端。

由此,电子会员卡的诞生为传统企业商家开创了一种新的业务模式。传统企业可通过微信二维码服务,充分将运营过程中的基础数据与日常运营相结合,从而实现对运营数据的掌控。

那么,在这一过程中最核心的要素是什么? 第一是二维码;第二是 LBS。同时,引用微信创始人张小龙的说法,"搜索框是 PC 的互联网入口,二维码是微信的互联网入口"。

二维码其实就是利用微信的消息触达能力,为商家提供了一种更好的运营方式,而这种方式正体现了信息化技术与传统运营方式在本质上的不同。此外,高质量关系链也对企业的发展起到了至关重要的作用。用户在线下扫了二维码之后,都将成为可能影响朋友购买的"星星之火"。

二维码的扫描操作也十分简单,将二维码图案置于取景框内,微信会帮你找到好友企业的二维码,然后你将获得成员折扣和商家优惠的信息。另外,随着微信 5.0 上线,"扫一扫"更加灵活,对包括条码、街景、封面等二维码存在的环境都可以适应。如图 11-8 所示。

图 11-8

4. 微信平台定制

(1) 申请微信公众平台

申请微信公众平台有两种方式:

① 企业、组织、名人明星以自身的名称注册官方微信平台,用于群发消息给已关注的用户群。

② 用户可选择"订阅号"与"服务号"。

微信公众平台服务号,顾名思义,主要是给客户提供服务的。一般银行和企业做客户服务用得比较多。其主要功能和权限有:

① 可以申请自定义菜单。

② 服务号一个月只能群发一条信息。

③ 服务号群发信息的时候,用户手机会像收到短信一样接收到信息,显示在用户的聊天列表当中。

微信公众平台订阅号主要是提供信息和资讯。一般媒体用得比较多。5.0 版本的微信公众平台订阅号主要功能和权限有：

① 微信公众平台订阅号每天都可以发一条群发信息。群发的信息直接出现在订阅号文件夹中。

② 订阅号群发信息的时候,手机微信用户将不会收到像短信那样的消息提醒。

③ 在手机微信用户的通讯录中,订阅号将被放入订阅号文件夹中。

根据以上特点,我们可以看出服务号与订阅号的主要区别：

① 服务号可以申请自定义菜单,而订阅号不能。

② 服务号每月只能群发一条信息,订阅号可以每天群发一条消息。

③ 服务号群发的消息有消息提醒,订阅号群发的消息没有提醒,并直接放入订阅号文件夹当中。微信号的分类页面,如图 11 - 9 所示。

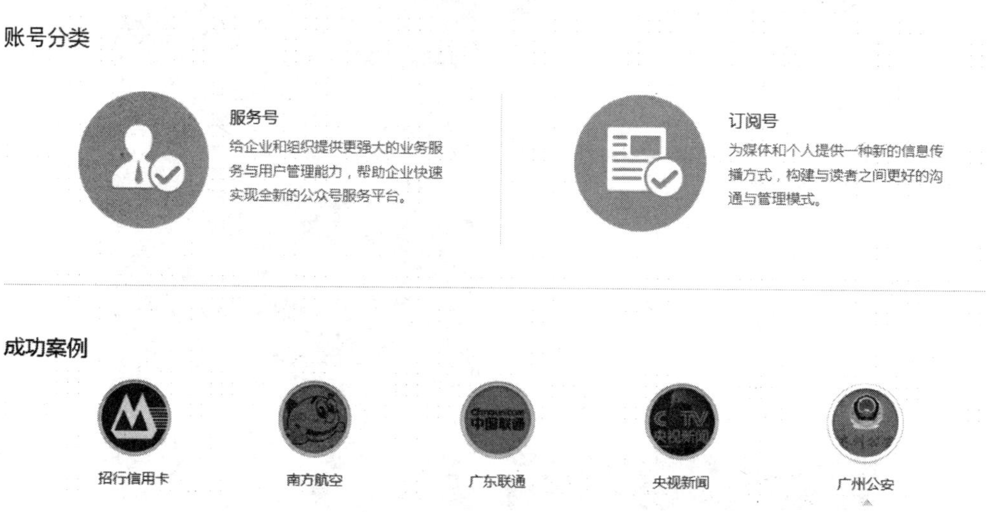

账号分类

服务号
给企业和组织提供更强大的业务服务与用户管理能力，帮助企业快速实现全新的公众号服务平台。

订阅号
为媒体和个人提供一种新的信息传播方式，构建与读者之间更好的沟通与管理模式。

成功案例

招行信用卡

南方航空

广东联通

央视新闻

广州公安

图 11 - 9

（2）官方认证加"V"

"V"是腾讯官方的认证,是其账号权威性的保证,也是粉丝对其账号信任的重要方面。但是微信公众平台的特点在于,其"V"认证与微博挂钩,申请微信公众平台"V"认证需要新浪微博或腾讯微博"V"认证。因此,在此有一层隐形的筛选步骤,避免出现名不副实的情况。

（3）微信头像设计

微信公众号的头像尽量与自我品牌紧密联系,形成具有高标识度的 Logo。

（4）设计功能介绍

微信公众平台的功能介绍是展示平台主要服务与理念的一段话,应当具有高度的概括性。如图 11 - 10 所示。

（5）用户收集与管理

由于微信的特殊性,微信公众平台的内容转发性较微博要弱,因此需要更加直接的关注人群。

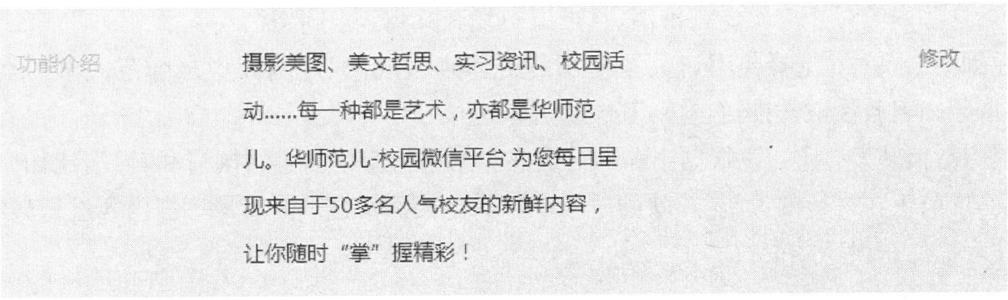

功能介绍	摄影美图、美文哲思、实习资讯、校园活动……每一种都是艺术，亦都是华师范儿。华师范儿-校园微信平台 为您每日呈现来自于50多名人气校友的新鲜内容，让你随时"掌"握精彩！	修改

图 11 - 10

收集用户有两种方式：第一是搜索微信号或微信公众平台名称，第二是扫描二维码。由此入手展开宣传活动，与其他品牌赞助捆绑，或分发名片、租用公共交通广告位等。

在拥有一定受众后，将其进行自定义分类，如按性别、地区、语言等，这样可以增加群发消息的针对性。如图 11 - 11 所示。

（6）提供客服

这里的客服是指人工服务，官方的客服通过登录微信公众平台查看实时消息，从而获得一些用户反馈，或者发现自身问题，从而形成与互动、解答和跟踪各类相关的问题。

综上所述，一个微信公众平台的建立是较为便捷的，一切消息发送以及功能开发统一由后台进行。公众平台主页面如图 11 - 12 所示。

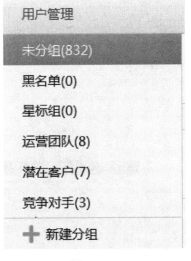

图 11 - 11

图 11 - 12

（7）微信平台日常运营

① 收集素材

微信平台的内容信息采集尽量多样化并且做好细分，选取受众喜闻乐见或者重点关注的内容;这些内容对于粉丝要有价值,且可以引发其共鸣,利于传播。

原创微信撰写:选择与用户关系密切的群体来生成内容,例如华东师范大学的官方微信,选取某知名教授散文推送,这对其关注者来说很亲切。

热门微信转发:比如说根据当前的社会热点来进行微信内容的撰写和转发,比如微信公益活动,日前正在举行的英超、热映的电影、对"暴走笑话精选"和"Zaker"等内容进行转载,在此要注意提前获得转载授权。

② 素材管理

素材管理就是将素材编辑成为一期期的推送内容,一般是以每次 2 至 5 篇为宜,重大事件可以单独一篇推送(需注意订阅号一天只能群发一次消息,服务号一个月只能群发一次消息)。每篇文字都必须带有图片、文字,同时可以选择视频类多媒体信息。如图 11-13 所示。

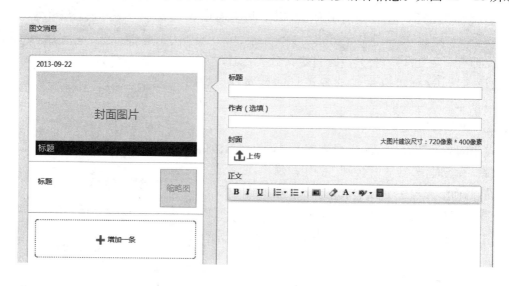

图 11-13

③ 实时消息动态跟进

用户在向公众平台发送消息时,信息会进入后台,这时需要在线维护团队进行回复。常见的信息为纠错、提问、闲聊,需有选择、有顺序地回复。

同时,可以将每期内容截图,通过辅助的微博、人人工具进行宣传。

④ 重大节日或纪念日专题

每逢重大节日,或者与平台相关、与受众相关的纪念日,可以适时推出专题活动。

⑤ 实时抓取数据,追踪分析运营走向

通过数据统计,了解实际用户情况,并且可以知道每期内容的阅读率,以便在内容方面进行改进。如图 11-14 所示。

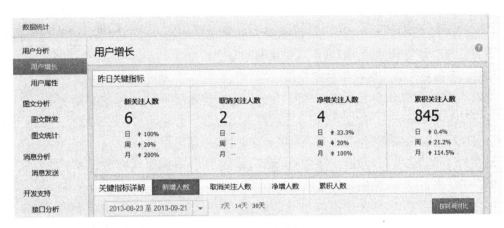

图 11-14

5. 微信活动

做活动是一种非常实用的方法,也是增加粉丝数量最有效的方法,分线上、线下两方面。

（1）线上活动:活动内容只在线上进行,形式包括晒照片、送祝福、测试等。（如图11-15所示)微信活动的执行只是冰山一角,因为每次活动都需要有系统的策划步骤:

① 前期主题活动方案策划。

② 后期活动信息发布收集。

③ 活动亮点转发、评论。

④ 草根领袖微信转发。

⑤ 明星红人微信转发。

⑥ 活动信息关键词监控。

⑦ 客户释疑、澄清、声明等（微信内容,回复@及私信)。

图 11-15

总体来说,微信活动应有结构性、系统化的执行策划,才能更大限度地保证活动的公关效果。

（2）线下活动：与实体店家相结合的活动。

① 电子优惠券：想要参与商家的打折活动必须有优惠凭证，商家可以在微信中利用回复链接和网页设计做电子优惠券，用户只有看到电子优惠券才能享受优惠。

② 电子会员卡：利用微信开发模式，制作电子会员卡。顾客使用时进行简单注册，顾客信息存入数据库，还可以根据需求进行电子积分，和店家实体活动相结合开展营销和公关活动。

③ Crm 系统：利用 Crm 系统记录顾客的使用和消费情况，对顾客的消费情况和需求、意见等信息进行科学合理的搜集和汇总，为营销和公关活动提供参考。

6. 微信事件运作

制造一定的微信事件也是有必要的，事件话题可以与社会关注热点有关，乃至于是具有争议的，引发别人的关注与转发，也可以达到大量曝光与增加粉丝的效果，借助事件将自身的品牌特征与形象"润物细无声"地渗入受众的印象中。

事件：全国首个公益医疗平台在浙江运作

专家不再"一号难求"，还会成为您的"私人医生"，想象过吗？如今，它有望实现。

今天是 3 月 5 日，"中国志愿者日"，在浙江省志愿者协会和浙江省医师协会的支持下，时报联合省医师协会专家志愿者队，启动全国首个"微信公益医疗平台"。

只要关注微信公共账号"浙江健康俱乐部"，首批 11 位省级医院副高级以上的专家医生就会成为关注者的"私人医生"，实时解答各种健康问题。

医疗资源日益紧缺，而医疗需求却不断膨胀，导致医患关系紧张。在此局面下，除了去医院看病外，患者开始寻求新途径来"寻医问药"。此时，网络和各种社交媒体的出现，为解决医患关系难题提供了较好的硬件基础。

而作为大受欢迎的社交工具，越来越多的年轻人正使用微信。他们通过微信实时沟通、语音聊天，寻找朋友，当然也少不了医疗救助。去年 11 月份，宁波市第一人民医院的一位年轻医生就利用微信的视频传送功能，救回一个患肺栓塞的病人。

为进一步缓解医患沟通难题，"微信公益医生"应运而生。

只要微信关注"浙江健康俱乐部"，有任何健康上的疑问，可以实时地向"微信公益医生"咨询。咨询内容可以是文字、图片，甚至视频，此"微信公益医生"将在第一时间给予回复和帮助。遇到重大疾病求助或突发医疗事件，"微信公益医生"们将联合会诊，在有条件的情况下，进行线下实地救助。

7. 微信应用

微信本身作为一个 App 软件发展到现在，已经不仅仅是聊天工具了，它成了一个生活助手和平台，更是一个微型 App 的小平台。利用微信本身的开发功能，用户可以实现自定义菜单的定制，实际上使得有这一功能的微信公众平台成为一个微型应用。利用这一功能，公众账号可以自由定制事件推送。

另外，微信平台可以回复一个自定义链接，链接到自己设计的网页。由于 HTML5 的普及和其强大的功能，运作者们可以自由开发网页版应用，并通过微信这一渠道服务到目标客户。

微信微应用的功能主要有以下几方面：

（1）微信墙：该功能用于线下活动现场互动（例如宣讲会）。制作一个网页（墙）并被投影到活动现场的大屏幕上，微信公众账号关注者根据提示将所希望被公众看到的内容发送给公众账号，该内容就会实时更新到网页上。

（2）网页游戏：利用强大的 HTML5 制作的网页游戏，只需一个链接就可以进行游戏。其缺点是若网速不给力，则体验效果差。

（3）信息查询：和相应数据库链接，进行关键字回复的设置，提供特定内容的查询服务。复杂一些可以与微博、人人、QQ 等账号相关联或进行简单注册，以查询更为私人的信息，如大学生的课程表、成绩等。

（4）微信公众号加入"摇一摇"、"漂流瓶"等个人号的功能：微信公众账号本身是没有"摇一摇"、"漂流瓶"等功能的，但是这些功能对微信公关来说是非常重要的。如一家饭店想拓展外卖业务，他们申请了一个微信公众账号并开发了只有个人号才有的"向周围人发送信息"这个功能，使用后成功获取了大量外卖订单。这些功能可以利用开发者模式开发。

8. **数据分析和危机公关**

微信与微博类似，不仅可以用做信息发布，同时也可以作为信息的分析工具。

（1）数据监控：微信后台用户数量走势以及内容阅读率。

（2）数据分析：微信热点内容及分析。

（3）受众分析：受众构成要素分析。

（4）优化方案：优化微信的内容互动方式、组织与个人的社交关系。

在信息监测的基础上，企业在无形之中形成了企业微信公关的防护系统，尤其是在应对危机的过程中，信息的监测以及及时的回复，事实信息的及时发布以及与媒体、社会大众的沟通都有利于危机的化解与过渡，甚至转危为安，转危为机。

第三节　微信公关案例

上文已提及描述了，以微信为主要载体的公关形式离不开微信公众平台。本节几个案例将阐述以微信公众平台为工具进行的公关行为。

一、广州公安——警民迅捷沟通、实时联网查询

1. 案例描述

在该服务账号的官方介绍是这样描写的："广州公安微信平台为您提供最新最快警务资讯、办事指南，您可在此查询交通违法信息、业务办理进度、路况动态资讯，预约出入境和户政业务办理，还可直接办理往来港澳通行证再次签注。"如图 11－16 所示。

寥寥百语，言简意赅地讲明了该账号所独有的实时联网信息查询（如路况动态资讯）、线上办理服务（服务事项）、便民指南等。笔者有段时间前去广州游学，也有幸亲自体验了该公众平台。路况资讯的服务相当实用，从与当地朋友的交流中，得知这一公众账号在当地的知

图 11-16

名度相当高,口碑也极好。

2. 案例影响

长期以来,大陆民众对于与政府之间的沟通不畅这一情况颇有微词。而"广州公安"这一账号可以说是开了一个先例。它证明政府也正走在时代的前沿,利用如今为人们所接受、所熟悉的新媒体、新互联网工具,为民众提供服务,提高沟通的效率、打开沟通的渠道。可以说,这一微信公关案例无论在互联网界、政府内部,还是全国民众之间都引发了一次小小的地震,它的意义是革命性的,开创了微信公关的先河,同时切实地服务了每一个用户。

二、央视新闻——传统媒体巨头的转身之作

1. 案例描述

"中央电视台新闻中心官方公众账号,负责央视新闻频道、综合频道、中文国际频道的资讯及新闻性专栏节目以及英语新闻频道、西班牙语、法语等频道的采制、编播。"——"央视新闻"如是介绍自己。与上个案例的"广州公安"是"服务号"不同,"央视新闻"是一个"订阅号",本身功能的差异性决定了该账号会更倾向于作为一个媒体的角度、功能去实现自己的价值。与像是一个小网页、小窗口的"广州公安"这样的服务号相比,"央视新闻"更像是一份报纸,但它是以新媒体的方式发送到每个订阅者的手中,其呈现方式更加多样化:文字、图片、语音、视频等,同时也兼备沟通联络互动的功能。如图 11-17 所示。

图 11-17

2. 案例影响

在传统媒体时代,央视作为传统媒体巨头一直把持着整个社会舆论导向、把控意识形态、传递主流价值观。随着近几年移动互联的高速发展、新兴互联网社交平台的跃进,传统媒体如央视、各大主流报刊、平面媒体均遇上了不同程度的转型困难。而央视新闻推出微信公众平台,供人们订阅查看,以一种全新的方式与公众互动,可以说其影响意义也是跨时代的,这是一次传统媒体的转身之作。笔者可以预见,学会利用新工具行使公关之道,并配合强大的内容支持,诸如央视这样的传统媒体依然可以期许未来。利用好微信公关,就是利用好这个全新的时代。

三、招行信用卡——商户微信公关的先行者

1. 案例描述

"如果你是持卡人,可快捷查询信用卡账单、额度及积分;快速还款、申请账单分期;微信

转接人工服务；信用卡消费，微信免费笔笔提醒。如果不是持卡人，可以微信办卡！"——"招商银行信用卡"（以下简称"招行信用卡"）的自我介绍。"招行信用卡"在微信公众平台推出伊始便根据该平台特性，注册认证成为服务号，并且推出了与后台数据信息绑定的功能，提出了"轻 App"的概念，使微信公众平台被公认为可以作为无数"轻 App"的集合地。同时，该账号提供的服务也着实让消费者受益，无时限无地点限制，即实时在线查询个人账号。未来，"招行信用卡"还将考虑把网上消费与改公众账号联动，形成更大更完善的生态圈。

2. 案例影响

无利不起早，商业用途接受新兴工具往往是最快、最直接的。招商银行在微信公众平台服务推出后一个月即迈开大步，成为银行界、商业界尝试使用新互联网工具的先行者，当时被认为是冒险大胆的决定在今天看来无比的正确，之后多家银行相继推出类似功能的服务，但招商银行作为第一个吃螃蟹的人，在此次行动中收获了巨大的声誉，吸引了大量新用户。这不单单是作为一次短时间内的有影响力的公关事件，从长期来看，这也是商界利用微信作为公关利器的一次成功案例。在这个互联网蓬勃发展的时代，每个企业都可以考虑如何利用这些工具为企业、为客户创造价值。

四、华师范儿——象牙塔内的媒体平台，草根力量的全新崛起

1. 案例描述

"摄影美图、美文哲思、实习资讯、校园活动……每一种都是艺术，亦都是华师范儿。'华师范儿'校园微信平台为您每日呈现来自 50 多名人气校友的新鲜内容，让你随时'掌'握精彩！"——这是一家来自笔者学校，由一群校友、学生自发组织的微信公众平台。它每日都会推送三则内容来满足该校学生的阅读需求；同时与各大校园组织合作，利用其独有的微信墙功能为校园活动的现场造势引燃气氛；还与校园周边的商家店铺展开合作。如图 11-18 所示。

微信号通过口碑传播、活动合作、店铺地推形成粉丝积累，再通过与校园官方网站的后台技术链接，拓深服务质量。笔者为了了解这个身边的微信公众平台，专程走访结识了该校优秀毕业生，"华师范儿"微信公众平台的创始人柳向楠先生（据悉是一名共产主义的践行者，认为互联网能让世界更加平等），他说："从初时的媒体聚合平台到今天各类生活服务、咨询服务、活动服务的推出，我们范儿的目标是通过这个平台，聚合全华师人的力量，影响全华师人，服务用户，创造价值。"

图 11-18

2. 案例影响

微信公众平台的低门槛使得自媒体的兴起成为可能，越来越多的草根力量正在自我集结，通过原创内容发布、内容加工整理、接地气的各类服务形成自己的圈子，服务好自己

圈中的用户。无数的"华师范儿"正在兴起,通过自己的力量发出的声音。这个案例可能并不起眼,它只是笔者截取的身边最贴切的事例,但背后千千万万个平台账号的崛起则不可忽视。中国自春秋战国以来,因为互联网的技术革新有可能再次迎来了百花齐放的全媒体时代,微信公关的兴起,使每个人、每个组织都能获得话语权。

思考题

1. 什么是微信公关?
2. 设计一个方案,通过微信公关推广校园附近的某家蛋糕店。

第十二章
网络活动公关

第一节　网络活动公关概述

互联网作为一种有效的传播媒介，它的普及标志着传播方式的变革。互联网本身突破时空限制，其互动性、即时性、信息共享、海量资源的优势正好与公关活动信息传递及有效沟通的需求不谋而合。特别是 web 2.0 时代的到来，发帖子、写博客、刷微博等已成为人们上网的主要内容，网民实现了从仅仅浏览新闻到参与互联网互动的转变，这也给网络活动公关提供了新的契机。

一、网络活动公关的概念

网络活动公关是网络公关的主要形式之一，与线下的公关活动相对应。网络活动公关是以企业、政府、服务性组织等作为公关主体，以互联网为媒介，借助重要门户网站、论坛网站、SNS 社区等平台，在网络上开展或组织的公关活动。其旨在树立公关主体的良好形象，提高其知名度、美誉度和可信度，或是达到公关主体的某一特定公关目标。

二、网络活动公关的特点

1. 即时性、互动性强

与传统的线下公关活动相比，网络活动公关拥有更好的即时性与互动性。网络活动公关打破了地域与时间的限制，扩大了公关活动的影响范围，提高了受众参与度，并使得组织能够与目标受众、媒体即时互动，获得信息反馈，沟通信息。

2. 成本相对低廉

相较于传统广告、网络广告或是线下大型公关活动，网络活动公关的成本都相对低廉。因为从活动前期的市场调查，到活动宣传与组织活动的开展，都可借助网络技术与公关主体官方平台维持低成本运作。

3. 针对性强，凸显个性化

借助互联网技术或先进的通讯设备，公关主体能通过网络用户调查与分析，建立起目标受众的资料数据库，能够精准地定位锁定目标互联网用户。相较于线下活动公关，网络活动公关大大提高了目标受众定位的准确度。正是基于这种定位的准确度，公关主体可以为公关活动目标受众打造量身定制的线上活动，契合目标受众的个性特点，有助于凸显组织产品或者组织形象的独特性，获得更好的活动与传播效果。

三、网络活动公关策划的注意点

1. 关心目标受众的需求

相关受众是网络活动公关的目标，准确掌握目标受众的需求，满足目标受众的需要，是网络活动公关策划成功的前提。只有在这个前提下，策划者才能策划出符合受众特点与需求的活动。这就要求公关主体做好前期的市场调查、受众分析等工作,以受众为出发点开展策划活动。

2. 媒体平台的选择

选择合适的媒体平台开展、推广活动,可以使活动事半功倍。常见的媒体平台有大型门户网站、官方主页、SNS网站、知名论坛、博客、微博等。媒体平台的选择有两个基本要求:一是媒体平台具有较强的影响力;二是媒体平台的特点与活动内容相契合。

3. 活动内容的创新

网络活动的策划现在出现了同质化的特点,网络上的征集、评比活动等有千篇一律、相互雷同的现象,网络受众面对众多眼花缭乱的网络活动,难免会有"审美疲劳"之感。这就要求策划者另辟蹊径,进行创新,策划出让受众耳目一新的网络公关活动。

第二节 网络活动公关的基本内容

网络活动公关的基本内容,包括网络征集、网络调查、网络评比、网络公益、网络游戏、网络大赛(如炒股大赛)等。

一、网络征集

1. 网络征集概述

网络征集是指组织借助互联网平台,发布征集信息,吸引目标受众关注并参与,以达到组织特定公关目标的网络公关活动。网络征集的内容十分广泛,可以是组织或组织产品的Logo设计、特定照片或影像、标语、故事、生活小窍门、模范人物等,没有严格的规定。

一方面,网络征集活动可以吸引眼球,起到良好的传播效果;另一方面,在征集结束后,征集成果的发布与展示也为组织赢得了更多的"曝光"机会。所以网络征集能"一箭双雕",在公关实务操作中,网络征集常常单独或配合其他手段运用。

2. 网络征集策划流程

(1)目标受众定位

精准的受众定位是网络公关成功的前提,是策划每一个公关活动都必不可少的步骤。目标受众定位应注意以下几点:

首先,目标受众的定位应基于全面的市场调查,以及在市场调查基础上的市场分析;其次,受众的定位应该与组织的经营范围、产品特色、主要客户群的特点相契合;最后,目标受众群体对网络使用与网络传播应有较高的接受度。

(2)合作单位联系

一项具有一定规模和影响力的网络征集活动往往涉及多个组织单位,包括主办单位、协办单位、支持单位等。对于公关主体,特别是营利性公关主体(如企业)来说,找到合适的、具有权威性的合作单位,能够增强征集活动的正式性与权威性,有效地助力网络征集活动的推广。

（3）征集平台搭建

征集平台搭建有多种形式,可以单独使用,也可以配合使用。公关主体可以专门设立网站,开辟网络征集主页;也可以借助官方微博、重要门户网站等平台发布。此外,知名论坛、SNS网站通过链接等形式链接征集平台也比较常用。

（4）征集活动内容策划

征集活动内容主要涉及活动主题、活动规则、活动奖品设置等细则,没有严格的规定与模式,它是展现公关策划人员创意的地方。但万变不离其宗,征集活动内容策划应该注意以下几点:

首先,活动主题健康向上,符合正确的价值观与社会价值取向;其次,与时代发展相结合,善于抓住热点事件与特殊时机;再次,形式应当多样化,单单依靠奖品吸引受众是不现实的;复次,进行可操作性分析,考虑预算;最后,活动主题与公关主体的气质及其所想要树立的形象应当相吻合。

（5）征集活动开展与成果展示

征集活动的开展过程与征集后的成果展示都非常重要,作为公共关系主体应当做到以下几点:

首先,实现网络征集活动透明化。网络征集活动会涉及评选、抽奖、奖品派送等环节,参与者有一些疑问,或是组织者有所纰漏是难免的。但一定要坚持透明的原则,树立诚信负责的组织形象。

其次,配合宣传不能少。进行媒体公关,利用活动亮点,吸引其他媒体的报道;公关主体利用微博、论坛、门户网站,实体店海报等媒介助推宣传网络征集活动。

最后,善始善终,重视征集成果发布与后期宣传。征集活动结束并不意味着活动结束了,而应借助征集成果发布、活动回顾等方式再次吸引媒体关注,扩大影响力。后期宣传的形式多种多样,比如优秀征集作品展示、回顾宣传片投放、线下颁奖活动等。

3. 案例展示

"我爱中国的 N 个理由"有奖征集活动

"我爱中国的 N 个理由"为 2013 年 CCTV 网络春晚主题活动的总主题。"我爱中国的 N 个理由"有奖征集活动于 2013 年初开始,是主题活动中的线上征集、线下活动和主题晚会的一部分。征集活动面向全球华人,征集"爱的理由"。活动取得了不错的反响,不仅借此提升了网络春晚的知名度、关注度和参与度,并且唤起了普通民众心中的爱国之情与认同感,增进中华民族的团结和提高凝聚力。

"我爱中国的 N 个理由"有奖征集活动以新浪微博为官方平台,并且发起同名的微话题,鼓励网民参加。网民只需要编辑"#我爱中国的 N 个理由# +微博内容",就能轻松进行参与。活动每天将会抽取若干名符合参与条件的幸运网友,送出年意浓浓的奖品,包括网络春晚的吉祥物。暖人心的征集话题,恰当的具有互动性的媒体平台,网络春晚官方网站的活动宣传,加上契合节日气氛的奖品,使有奖征集活动取得了不错的反响。截至活动结束,微博平台上已有 84 383 条相关讨论,网民参与踊跃。

有奖征集于 2013 年 1 月 18 日结束,但网络春晚主办方成功地将征集成果与主题晚会及其线下活动结合起来。征集结束后,央视网络春晚导演组通过网友投票、专家评审、决策组终评评选出"我爱中国的十大理由",在 2013 网络春晚晚会上对征集活动进行盘点,并发布"我爱中国的 N 个理由"主副榜单,讲述身边平凡而感人的故事,受众反应良好。

二、网络调查

1. 网络调查概述

网络调查是指公关主体在互联网上发布调查小问题或者调查问卷,往往是配合特定公关活动的推进,或是为实现公关主体某一特殊目的而开展的活动。网络调查可以是有奖的,也可以不设置奖项,具体视活动情况而定。在这里,网络调查可大致分为两类:与公关活动有关的网络调查和与公关主体自身有关的网络调查。

与公关活动有关的网络调查,是指为配合某一公关活动而举行的网络调查活动。如欧莱雅的"有奖在线调查:我眼中的女科学家"活动,就是欧莱雅一年一度的女科学家奖评选活动的子活动之一。与公关主体自身有关的网络调查[①]是指网络调查内容或目的关乎公关主体的自身发展或改进。如中国电信 2013 年开展的"有奖找茬赢话费"活动,要求网友回答两道关于中国电信服务质量与改进措施的题目,并要求参与者留下联系信息,就有机会获得奖品。

2. 网络调查问题编写

作为网络活动公关的网络调查活动,其编写应满足以下几个要求:

首先,趣味性与严谨性相结合。作为公关的策略手段之一,网络调查应与一般的学术研究调查相区别。题目、语言设置都应该更加灵活与生动,也可以采取图文结合的方式。但是作为调查,网络调查也要注意措辞准确、避免歧义、选项完整等一般性要求。其次,突出核心,力求简洁。大多数网友没有耐心回答需要耗时 10 分钟以上的调查问卷,所以一般选择题最好控制在 30 题以内,除特殊情况需要,问答题不应超过 3 道。否则,很多网络受众不愿意参与。所以,这要求策划者在题目设置上精雕细琢,将活动主题集中在有限的篇幅中。

3. 网络调查发布平台

随着互联网的不断发展,网络调查的发布也越来越方便,甚至我们每一个普通人都能在网络上轻松发布网络调查。网络调查活动的发布平台,大致有官方网站、主流媒体网站、社交媒体平台、专业在线调查平台等。

公关主体可以建立活动专门的官方网站,在官方网站上发布调查信息。公关主体亦可选择具有影响力的门户网站,如新浪网、搜狐网等。这些门户网站都会定期开展不同规模的线上调查活动,公关主体可以与门户网站合作,共同发起一个网络调查,以达到一定的公关目标。随着社交媒体的流行,选择具有一定人气的论坛、社交网站、微博等媒体平台,发布调查信息,吸引网络受众的转发和推广,也是不错的选择。公关主体也可以选择一些专门的调

---

① 何莉在《网络公关——企业不可忽视的公关形式》一文中提到,网络使得一个企业市场调查变得更广泛、深入而快捷,而且成本低廉。运用网络公关进行社会调查和信息传播,往往是企业成功策划与竞争制胜的法宝。

查信息发布平台来进行调查信息的发布,比如问卷星、中智库玛等网站。使用这一平台的网络调查多属于与公关主体自身相关的网络调查,即主要目的是获取与目标受众相关的第一手资料,以开展进一步数据分析,提出改进办法。

三、网络评比

1. 网络评比概述

经济学家梁小民曾撰文写道:"评比是一种社会激励机制,如果评比搞得好,社会声誉高,这无疑是一种无形资产。"[①]可见,作为评比的主办方,如果能平衡好社会利益与自身近期利益,举办好一项长期的具有良好声誉的评比活动,势必给主办方带来长期的、无形的利益。

评比结果能否服众,很大程度上取决于评委的专业性、普通民众的参与性,以及整个评比过程的透明度。传统的评选能够满足评委的专业性这一要求,但要吸引广大受众参与,一方面操作起来比较繁琐,成本高;另一方面,对于参与者来说,成本也较高。而互联网的发展恰恰弥补了这一缺陷,使受众的广泛参与成为可能,也为公关主体的形象推广提供了便捷的传播渠道。

网络评比活动作为网络活动公关的一部分,它旨在树立公关主体的良好形象与美誉度,具有长期性目的,以区别于短期的促销活动。所以,网络评比的举办应该具有连贯性,通过若干年的打造,可以使评比活动成为一个品牌。

2. 网络评比策划策略

(1) 捕捉社会热点问题

网络评比的内容必须与时代密切结合,最好是社会的热点问题,这样的评比内容能够引起受众的关注,并且更容易获得权威机构的支持和权威媒体的转载与报道。公关主体应把社会热点问题,如民生问题、环境问题、反腐问题等与企业社会责任相结合,进行发挥创新。

(2) 提高评比权威性与透明度

如果评比失去了客观性与权威性,评比过程缺乏透明性,那么评比显然是不可能成功的。权威性主要体现在权威的合作方与权威的评委。一个营利性企业单独举办的评比可能难以服众,但与权威第三方的合作可以大大提高评比的影响力。评比的透明度很大程度上取决于公众的参与度。对于专业性较低的评比,可以让公众直接参与投票;对于专业性较强的评比,应该开设专门平台让公众参与互动。

(3) 网络评比平台的选择

网络评比平台的选择注意将网络平台的权威性与目标受众特点相结合。可以选择具有较强影响力、受众参与广泛的门户网站、SNS网站、微博平台等;选择目标受众经常浏览的网络平台。如同样是SNS网站,在校学生更多地使用人人网,而工作白领更倾向于使用开心网。受众的特点一定要准确把握,才能有的放矢。

(4) 吸引受众参与

通过评比内容与规则的趣味性来吸引受众参与。可以通过投票加分、幸运抽奖、知识竞

---

① 梁小民:《一个经济学家的呼吁:走出评比活动的困境》,载《网际商务》2002年1月。

答、分享有奖等辅助活动来激发受众的兴趣,赢得人们对评比活动的支持。

3. 案例展示

易班高校"优秀辅导员"网络评选活动

易班2012年开展了高校"优秀辅导员"网络评选活动,易班是广大学生的实名互动平台,其主要目标受众是高校师生。"优秀辅导员"的评选立足于高校生活的土壤,以高校为单位,以网络投票的方式评选出优秀辅导员,这十分契合高校师生的生活,学生的参与度和互动性都较高。

此外,由于易班作为师生实名互动平台,学生一人一票保证了评选活动的公正性与公开性。辅导员与大学生关系密切,所以学生对于评选活动参与积极性与关注度都很高。而且此次网络评选活动的主题也有利于弘扬正气,在表彰优秀辅导员的同时,也为其他辅导员树立了优秀的榜样,所以评选活动也得到了各大高校的积极配合与支持。总的来说,评选活动一方面提升了易班在师生中的影响力,同时也增加了师生对于易班这个平台的认同,是一次非常成功的网络公关活动。

四、网络公益

1. 网络公益概述

随着经济的进步,非政府组织(NGO)的发展,人们的公益意识也日益强烈。在公众的期望中,企业不仅是追求利润的社会组织,而且承担着一定的社会责任,应该参与公益事业,回馈社会。

传统主流网络媒体的不断壮大和新兴网络媒体的蓬勃发展,为公益方式的多样化提供了条件。网络媒体的运作方式逐渐成熟,公益活动的策划手段也日趋多元化,公益的覆盖面也越来越广,网络公益在此背景下应运而生并不断发展。腾讯陈一丹曾坦言:"互联网时代公益更具交互性和影响力。"[①]

所谓网络公益,就是公共关系主体以网络媒体为活动平台,联合政府组织、非政府组织(慈善组织)和其他合作单位,发起公益活动,吸引相关受众参与该活动,以达到树立公关主体良好形象、提高美誉度的线上公关活动。

网络公益活动由于受众参与成本较低,在网络评选、网络捐赠、网络公益片宣传等活动中,受众只需点击鼠标即可,操作方便,所以一般公众参与度高。同时,由于公益活动的普遍性,目标受众的确定也不再狭小,目标受众更为广泛,不仅是公益帮助者,被帮助者也能够参与进来。所以对于公共关系主体来说,网络公益活动能够充分发挥"集群效应",效率较高,对于公关主体形象的建立起到积极作用。

2. 网络公益基本流程

如图12-1所示,公关主体借助网络媒体,并配合以传统媒体的宣传造势,联合具有权威性的组织团体,如政府、慈善团体等,共同发起网络公益活动,鼓励公众参与。受众通过参与

---

① 陈一丹,腾讯公司创始人之一、首席行政官。腾讯近年推出的一些公益产品和服务,均是将网络SNS、社区等技术用于公益慈善事业,以推广公益慈善理念,这是传播公益慈善文化的新尝试。

网络公益活动,为公益事业奉献力量,并对活动进行反馈与分享传播。在这一过程中,公众对于公关主体的认识将会发生一定的改变。公关主体需进行媒体舆情监测,来掌握这种认识的变化趋势,并根据舆情的变化采取相应的行动。

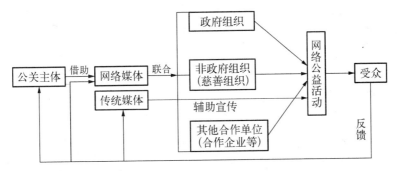

图 12 - 1 网络公益的基本流程

3. 网络公益基本活动形式

(1)投票评比

公关主体在活动官方网站发布各种公益慈善候选人、慈善候选机构和企业,或者感人公益事迹,然后通过媒体宣传鼓励受众参与在线投票和评选,并结合线下公关活动,举办颁奖典礼。网上各种形式的"年度公益慈善事迹"、"年度公益慈善人物"评选就是具有代表性的例子。

(2)创意征集

公关主体在互联网上举办以公益为主题的创意征集活动,如公益海报设计征集、公益主题征文、公益广告策划征集、感人公益事迹征集等。在创意征集结束后,对优秀作品进行宣传和展播。公关主体旨在通过这一系列活动在潜移默化中向公众宣传公益理念,并且达到树立公关主体良好形象,改善组织内外环境的目的。

(3)名人宣传

与名人设立的基金会合作,借助名人的影响力,达到网络公益和树立组织良好形象的目的。比如李连杰的壹基金,王菲与李亚鹏夫妇建立的嫣然天使基金,姚明慈善基金等。

(4)志愿者行动

志愿者行动是指公关主体号召广大受众,与公关主体内部人员一起,亲身参与到公益事业中。一般来说,这种形式具有长期性,且更能赢得媒体的持续关注报道,有利于公关主体形象的提升。志愿者行动的形式有很多,比如为贫困山区小朋友捐书活动、贫困地区移动图书馆活动、为空巢老人送温暖活动等。

4. 案例展示

"网聚爱心 微传幸福"——2013网络公益年主题创意征集活动

该活动由南京市委社建工委、市委宣传部联合都市圈圈网、南报网、中国江苏网、中国新闻网、龙虎网、西祠胡同等知名网络媒体共同主办,从2013年1月25日启动,2月28日截止。活动依托于网络媒体,征集的领域包括扶贫济困、教育医疗、公益宣传等十个方面,向网友征集公益项目的好点子。

值得一提的是,微博在公益征集活动中发挥了重要的作用,南京发布、幸福都市——南京作为官方活动平台进行微博宣传,同时,活动也得到了江苏环保、中国公益在线网官方微博的支持。此类由政府部分牵头,其他相关组织共同合作的活动模式与传统政府"单打独斗"式的活动组织相比,趣味性更强,活动信息传播更佳。此次活动通过网络这一平台,成本较低,提高了南京市民的凝聚力,增进了公民对政府工作的理解,同时又为政府公益工作献言献策,可谓收获颇丰。

五、网络游戏

1. 网络游戏概述

网络游戏是指公关主体利用网络游戏的形式,在游戏中注入主体的形象特点和品牌理念,吸引受众,以达到一定的公关目的。网络游戏的形式非常多样,有大型网游、网页休闲类游戏、社区游戏等。

在过去,利用网络游戏作为网络活动公关手段的公关主体,大多为网络企业、游戏开发商、网络游戏相关行业企业,如作为终端的智能手机、电脑、平板电脑生产企业等。而近年来,可口可乐、盼盼食品等企业也与网游商合作涉足网络游戏,可见网络游戏的影响力之大。

2. 受众特点分析

以网络游戏为公关活动吸引点的活动受众分为两类。第一类是游戏爱好者,其多样化特征表现突出,对于网络游戏具有浓厚的兴趣,一般以年轻人为主,消费能力也比较高。他们愿意在游戏及其周边产品上投入注意力,并愿意购买相关产品,是忠诚度相对较高的群体。第二类是普通网民,每个人有游戏休闲、缓解压力的需求,就如开心网"偷菜"、"抢车位"等游戏正是在社交网络中火起来的。① 在这一群体中,不一定每个人都"正儿八经"地打过游戏,但是作为一种休闲的"轻"游戏,能够得到广大上班族的青睐。

3. 网络游戏活动策略

（1）媒体推广平台

网络游戏活动的推广必然要有效地向目标公众传播公关信息,推广的平台有专业的游戏类网站、SNS平台、博客、微博、主流门户网站等。专业的游戏网站拥有大批忠实的游戏受众;SNS平台如开心网、人人网等社交网站,以及一些知名论坛等口碑传播、病毒式传播效果好;可利用博客、微博的评论与转发功能,吸引受众互动和参与,实现信息的传播;选择在主流门户网站的游戏频道传播信息,或是通过迷你首页、对话框广告栏等方式实现精准化推广,传播效果也不错。

（2）与公关主体的结合

如果公关主体就是网络游戏行业相关企业,那么其结合度是很高的。但其他公关主体,如食品企业、汽车企业等,若想利用网络游戏作为网络公关活动,就必须注意自身与网络游戏的有机结合。运用一定的公关技巧,使两者的品牌形象在互相融合中相得益彰,以便公关

---

① 《时代》杂志评论文章称,心理学研究的一个重要启示就是,人们的动机不只来自物质回报。在许多情况下,动机纯粹来自挑战中的乐趣,而不是游戏结束时的奖品。

主体的形象得到凸显和强调。

4. 案例展示

开心网"开心农场"的成功

开心网的"开心农场"是基于农场这一模拟背景,玩家扮演农场的主人,只需轻击鼠标,便可实现种植花卉、农作物,饲养牲畜等"农活儿",而且玩家还可以与开心网上的好友进行互动,为好友的农田除草施肥,或是偷菜等。开心农场一经推出便风靡起来,开心网作为SNS网站也借此聚集了大量的用户与超高的人气,增加了知名度与首选度。

不难看出,开心农场的成功不是偶然的。首先,游戏的设置不同于传统的网络小游戏,而加入了许多互动性的元素,玩起来也十分轻松,正契合了白领放松心情的需要,使人耳目一新;其次,在SNS平台上可以与真实的朋友一起玩游戏,"偷菜"调侃朋友,自然玩得更开心,而且口碑传播的力量也不容忽视;最后,游戏操作简单易上手,就算是不熟悉电脑的朋友也可以玩,实现了"全民娱乐小游戏"。

六、网络大赛

1. 网络大赛概述

网络大赛是指公关主体组织或赞助某项网络赛事,旨在以比赛为亮点,吸引受众的注意力,从而达到预期的公关目标。从公关主体的角度看,网络大赛有直接与间接两种。

直接的网络大赛是指公关主体借助自己的官方平台,独立策划与组织的网络大赛。公关主体独立策划并不是排斥其他主流网站,它也依赖于知名门户网站的配合与宣传。

间接的网络大赛是指立足于其他组织举办的网络赛事,公关主体通过赞助等方式,获得大赛的冠名权,比如"××杯网络摄影大赛"。在间接的网络大赛中,网站也作为大赛利益相关方,欲通过大赛吸引点击量与赞助费。在这种形式下,公关主体可以收益于门户网站的影响力或是网络赛事的成熟度,但是公关主体的主动性受到影响,在大赛赞助日益繁多的今天,不一定能达到预期的公关目标。

从大赛的内容上看,网络大赛主要有网络征文大赛、网络摄影大赛、网络炒股大赛等。以网络炒股大赛的运作为例,网络炒股大赛具有免费参与、无需承担风险、在实战中提高水平、寓教于学等优点,在广大股民、高校经管类师生中大受欢迎。举办网络炒股大赛也成为众多券商与财经网站进行网络公关的一大法宝。

2. 网络大赛策划策略

以网络炒股大赛为例。

(1) 受众细分与合作方选择

网络炒股大赛参赛因受众的具体情况不同而有所不同。一般分为无过多操作经验的大学生、普通股民、券商专业人员三大类。所以,在具体赛程设置上,也应该将这三大类受众分开,以保证赛事的公平。在合作方的选择上,网络炒股大赛的合作方应与赛事主题相关,合作方的作用涉及技术支持、顾问支持、吸引受众等多个方面。

(2) 宣传策略

首先,大赛主办方应该建立专门的赛事主页。

其次,搭建受众互动交流平台。通过官方活动微博、互动板块、风采展示、高手微博等媒介和板块的设立,鼓励受众在线进行互动与学习。还可以设立有奖问答的板块,提高网民参与的积极性。

再次,绝对不能忽视利用新闻的形式,播报大赛实时动态。通过新闻的方式来及时播报"战报",持续"刺激"受众,以保持赛事在受众脑海中的新鲜度。

最后,在比较正式的赛事中,可以引入权威专家。聘请权威的专家进行实时的点评,一方面可以提高赛事的权威性,通过专家的影响力来推进赛事的宣传;另一方面也为参赛选手提供学习和信息获取的平台。

（3）承担社会责任

"股市有风险,入市须谨慎",做好对投资者的教育,是公关主体的社会责任,也有利于公关主体良好形象的树立。公关主体可以专门设立投资者教育专栏,以视频的方式宣传理性操作和自我保护的知识,在网民心目中树立较好的形象。公关主体应重视在任何一项赛事中所应承担的社会责任。

3. 案例展示

"我的幸福春节"网络文化大赛

由石家庄市互联网信息办公室主办的"我的幸福春节"网络文化大赛于2013年1月31日(农历腊月二十)至2月25日(农历正月十六)期间举行。征集作品以"我的幸福春节"为主题,分文字、图片、视频三个大类,网友可以通过微博、博客文章、图片、影像、微电影、视频MV等多种形式参与投稿。

从大赛平台上看,主办方、承办方与合作方都在其官方主页、博客、微博等平台开辟专门的大赛征集页面,多渠道宣传、多渠道接受投稿,方便了网民的参与,同时也起到了良好的宣传效果。值得一提的是,这项"官方"赛事也充分利用微博等新媒体,通过"石家庄发布"官方微博进行大赛宣传与维护,并设置"我的幸福春节"微话题,吸引受众参与讨论。

从大赛主题的立意看,与春节这一传统佳节做到了良好的契合,并通过这一节日,旨在通过网民对于春节民俗、春节文化、春节经历的回忆与感悟,宣传、弘扬春节传统民俗文化。大赛的内容摆脱了一些赛事表面化、肤浅化的弊病,内容平实、贴近生活又不乏"正能量",给人耳目一新之感。

第三节　网络活动公关案例分析

康王"头头是道"网络公关活动

洗发水品牌康王与豆瓣联合发起的"头头是道,关关有礼"网络闯关抽奖活动于2012年12月28日开始,2013年1月20日结束。据官方数据显示,此次活动的用户参与次数总计超十万次,其中更有多达近两万人通过闯关抽取到由康王提供的惊喜奖品。

康王长期以来秉承"关爱大众"、"关爱社会"的品牌理念,"亲民"是其一大特点,其产品的高质量也受到了不少消费者的青睐。但是，康王在消费者心目中的形象是偏向于中老年人用的洗发水，许多年轻人对康王的首选度并不高，甚至从未听说过。此次康王首次试水SNS网络平台的品牌推广，也旨在提高品牌的知名度与首选度，并改变消费者的刻板印象。这次网络公关活动抓住新年临近这一时点，实现了对广大顾客的回馈。同时，此次互动性很强的活动，畅通了消费者与品牌的沟通渠道，大大提升了康王的品牌形象。此活动也受到了媒体的广泛报道，品牌知名度与美誉度有较高的提升。

此次网络活动的基本内容是在活动期间，凡是参与者在规定时间内答对相应的问题，即可参加抽奖，具体的活动规则如下：

活动期间，通过闯关完成每个环节必答的问答题，获取抽奖机会。每人仅限兑换奖品一次。

选择豆瓣账号登录或者匿名登录。（豆瓣用户有更多机会获得奖品。如：参与活动的豆瓣用户将有机会得到2个豆瓣小豆。）

任务一：在规定时间内回答第一关随机出现的3道题→全答对即能参与抽奖（没有答对也不要灰心，还有一次机会再次答题参与抽奖）；

任务二：在规定时间内全部回答第二关随机出现的3道题→完成仅有3道题的问卷→立即抽奖；

任务三：在规定时间内全部回答第三关随机出现的3道题→完成仅有3道题的问卷→立即抽奖；

顺利闯过前三关的用户将进入第四关激动人心的夺苹果MacBook Pro笔记本大奖的环节。

用户需在规定时间内全部回答第四关随机出现的3道题→完成仅有3道题的问卷→进入大奖抽取候选名单。

在奖品设置上，康王在每一关分别设置了不同的奖品，具体奖品设置如下：

第一关：豆瓣FM明信片、豆瓣环保袋、康王环保袋、康王试用装。

第二关：谢娜作品《娜么快乐》、康王子毛绒玩具、康王卡包。

第三关：LOMO相机、康王定制高档工艺筷。

最后一关：MacBook Pro笔记本。

康王这次活动取得成功的两大要素是闯关题目的趣味性和赠送奖品的慷慨性，这都体现着"人性味"，与康王的品牌理念契合。一方面，闯关题目十分有趣（如图12-2所示），设置很有新意，不仅涉及范围广，并且在玩游戏的过程中，参与者也能轻松了解到不少有关头皮健康的知识。因为康王只将少部分与品牌信息相关的提问设置在闯关题中，所以并不会对消费者体验产生影响，消费者不会产生抵触情绪。同时，康王的品牌信息在潜移默化中传递给了活动参

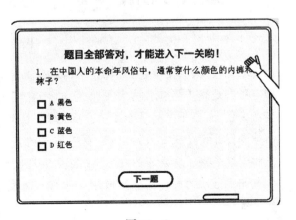

图12-2

与者,可谓一箭双雕。康王能够将问题的专业性和幽默性巧妙结合,给大家带来新鲜感,使网民真正觉得好玩和想玩,同一账号的用户大多都会进行多次闯关体验,使得活动受到大家的热捧。

另一方面,在奖品设置上,随着闯关关数层层递进,奖品的数量也十分"慷慨",从结果看,20%的参与者都获得了奖品,确实为"回馈消费者"之举。据中国网报道,康王品牌推广经理戴女士介绍,活动中康王共投入了数万袋产品试用装作为奖品激励。康王这样做的原因有两点:一是唤起消费者对头皮健康的关注,体现康王切实关注消费者利益的一面;二是通过派发试用装这一契机,搭建品牌产品与消费者之间的桥梁,让更多的活动参与者能够接触到康王产品,由潜在顾客转化为品牌产品消费者,并提高消费者对于品牌的忠诚度。另外据介绍,康王在活动过程中添加了部分调研类信息,希望能从消费者中获得第一手资料,为之后康王品牌更好地关怀消费者奠定基础。

从活动的平台看,康王选择了 SNS 网络社区平台,豆瓣网的受众互动强,兴趣的聚集度高,为活动的推进提供了很好的平台。康王通过在豆瓣网建立康王官方小站(如图 12-3 所示),通过小站公告栏与小站广播的方式,前期为活动的推广进行宣传。在活动举行期间,小站也作为重要平台进行重要信息发布,如豆瓣豆友中奖信息的及时发布。由于康王成熟的媒介策略手段与活动策划,活动吸引了许多网友参加,并通过豆瓣这一良好 SNS 平台,成功实现了口碑传播与病毒式传播,使活动大获成功。与此同时,活动的奖品有豆瓣的环保袋,豆瓣 FM 明信片等,也体现着康王实现了公关主体与媒介平台之间相得益彰的关系,活动在提升康王品牌形象的同时,也提高了豆瓣网的影响力,这次网络公关活动无论对于公关主体康王,还是媒介平台豆瓣,都是双赢的。

图 12-3

在此次"头头是道,关关有礼"活动中,康王的代言人谢娜与张杰的作用也不容小觑。谢娜与张杰是娱乐界有名的明星模范夫妻,在广大年轻网友中有着较高的人气与号召力。在奖品设置上,康王安排了谢娜的作品《娜么快乐》作为吸引点;在活动宣传上,康王在其豆瓣小站专门开设了代言人活动,主要以图片的方式进行宣传。有不少网友原本根本不知道张杰和谢娜是康王洗发水的代言人,但是借这次活动,康王有效地与消费者进行了沟通,凡是参与此次活动的网友都会知道康王的代言人是何许人也,代言人的明星效应也得到了进一步发挥。

在活动的媒体推广上,康王充分利用了媒体的力量,可见公关主体进行了良好的媒体沟通与媒体公关。在活动期间,利用论坛、SNS 平台等形式对活动进行推广宣传,在活动结束后也吸引了众多媒体进行报道。中国网对活动进行了重点的关注和报道,如 1 月 23 日的《康王"头头是道"活动落幕,重重惊喜惠及万人》,1 月 30 日发表的《康王"头头是道",掀起寒冬网络热浪》等。这些文章亦受到了其他媒体,如东南网、千龙网、四川在线、南方网等的引用与转载,媒体报道的火爆也为品牌的推广与宣传助力。同时,康王的官方网站与官方微博也参与进来,对活动进行实时的关注与报道。值得一提的是,康王官方微博会对网友关于头发头皮的疑问——进行解答,无不体现着康王人性化关怀的品牌理念。

总体分析:

本次康王"头头是道,关关有礼"活动的成功是多方面成功运作的结果。从活动内容策划上看,融合了网络比赛、网络游戏、网络调查的多种形式,活动形式新颖,吸引了众多网友的关注。从活动理念推广上看,将整个活动与康王企业本身的品牌理念与内涵紧密相连。从题目设置、奖品设置、官方互动、媒体推广方面都能体现出来。从媒体平台选择来看,选择豆瓣作为活动平台十分精准,体现了康王之前缜密的市场调查、受众定位分析与媒介分析。从活动的宣传推广上看,官方平台与其他媒体合力并进,康王不仅良好地运作了官方的活动平台(豆瓣康王小站、康王官网、康王官方微博等),同时也运用良好的媒体关系,发挥活动本身出众、有趣的特点,吸引了多家媒体对活动的报道,增加了此次网络公关活动的媒体"曝光率"。

思考题

1. 策划网络活动公关应该遵循哪些共同的要求?
2. 网络活动公关的常用网络媒体推广平台有哪些? 分别有什么特点?

第十三章
网络危机公关

三鹿奶粉事件发生后,三鹿公司联系百度,愿意出 300 万换取百度删除关于三鹿的负面新闻,这一做法把网络危机公关话题推到了一个顶峰。那什么是网络危机公关? 我们该如何防范网络危机的出现? 事件发生后该采取怎样的应对策略? 本章我们将和大家一起走进网络危机公关的世界。

第一节　网络危机公关概述

随着互联网的发展,网络为网民提供了越来越多的"自媒体"平台,如博客、微博、个人主页等,因此在 web 2.0 时代,网络已经成为企业危机公关的触发器与放大器。看到感兴趣的内容,只要点击"转发"、"分享",就可以自己的个人媒介为中心向外传播。所以在互联网时代,人人都是"记者",都是一个"媒体",人人都可以批评任何一个组织和公众人物,这大大增加了网络危机出现的可能,也使得危机事件不断被扩大。

一、网络危机公关的概念

网络危机公关是指在发生舆情危机,尤其是网络舆情危机时,企业等组织利用互联网的表达手段树立组织的正面形象,并尽可能地避免负面影响扩大化的行为。网络危机公关是新时代对危机公关提出的新要求,其重点往往是利用网络公关的方法,帮助企业摆脱负面信息的损害,重新树立企业良好形象。

二、网络危机的特点

1. 意外性

在网络环境下,时间和空间范围得到了极大程度的延伸和扩展。危机的源头无处不在,危机爆发的具体时间、实际规模、具体态势和影响深度,都是始料未及的。

2. 形式多样化

互联网模式下的危机公关呈现出"多姿多彩"的特点,传播内容难以控制,且形式多样:如资讯公关危机、博客与社区、即时通讯公关危机(微博、腾讯 QQ、微软 MSN),还有最大限度的危机曝光方式——搜索引擎公关危机。

3. 传播速度快

由于复制的成本极低,网络平台数量之多也给信息的传播速度做了贡献,一则信息可能在很短的时间内迅速被全球多个不同网络传播平台发布,一分钟前被新浪刊出,一分钟后就可能被搜狐、网易等转载,再过一分钟可能在诸如天涯、猫扑等网络社区引发讨论,再过几分钟就可能在网上传得铺天盖地,甚至几分钟之后传遍了世界,这个时候企业的股价不知已经跌落了几丈。网络危机颇有星星之火即可燎原的能耐,绝对不容小觑!

4. 破坏性强

惊人的传播速度为这个特点奠定了基础,容易造就庞大的规模,网络危机必然不同程度地给企业造成破坏,导致混乱和恐慌,同时给公众留下不好的印象,引起公众的抵触心理,给品牌带来大的杀伤力,而且由于决策的时间以及信息有限,往往会导致决策失误,从而带来无可估量的损失。

三、网络危机公关的作用

在了解了网络危机公关的概念和特点之后,网络危机公关的作用就很明确了。简言之,就是为了解决企业危机,树立企业形象,重振企业声誉。

1. 快速找到信息源,及时控制负面影响

网络危机公关的第一作用,就是能在第一时间找到是哪个网站、哪个论坛传出的消息,控制这个源头或者消灭这个源头,将已经产生的负面影响控制住,不要再蔓延。

2. 帮助企业利用网络资源,建立危机预警系统

危机公关是事后补救,无论处理得如何,都是对错误的一种弥补。如果提前做好网络危机的防范工作,即可减少或者快速发现危机的发生。网络危机公关重在帮助企业建立危机预警系统,以便更好地掌握网络,让网络资源为我所用,变被动为主动,防患于未然。

四、网络危机公关应遵循的原则

资深危机管理专家、公共关系专家游昌乔先生独创危机公关的"5S"原则,此原则在网络危机中同样适用。

1. 承担责任

危机发生后,公众会关心两方面问题。一是利益问题,利益是公众关注的焦点,因此无论谁是谁非,企业都应该承担责任。即使受害者在事故发生中有一定责任,企业也不应首先追究其责任,否则会各执己见,加深矛盾,引起公众的反感,不利于问题的解决。一是感情问题,公众很在意企业是否关心自己的感受,因此企业应该站在受害者的立场上表示同情,及时安慰,并通过新闻媒介向公众致歉,解决深层次的心理、情感问题,从而赢得公众的理解和信任。

2011年9月27日,英语培训界名人罗永浩在微博上称自家使用了3年的西门子冰箱存在门关不严的情况,其微博先后被2 000多网友转发。罗永浩称,通过微博统计,有近500人遭遇了类似的问题,涉及五六种型号。冰箱门关不严导致冷冻室结霜、耗电量增加。由于西门子的冷淡回应,随后几个月事件不断升级,甚至演变成了一场"砸冰箱"秀,对西门子的品牌造成了严重伤害。

西门子冰箱这次危机公关失败的根源不在于其产品质量,而在于其处理危机的态度。其实消费者就是希望西门子承认产品质量问题,承担应有的责任,召回问题产品。但是,成立130多年的西门子,却不承认其受到众多消费者投诉的"冰箱门"存在质量问题,在三地举行的媒体沟通会上,西门子相关负责人居然冒出雷人之语:"冰箱门关不紧不是一个问题,而是'想不想把门关紧'的问题。"

2. 真诚沟通

处于危机漩涡中的企业是公众和媒介的焦点,此时企业应该主动与新闻媒介联系,尽快与公众沟通,说明事实真相,促使双方相互理解,消除疑虑与不安。

3. 速度第一

好事不出门,坏事行千里。在危机出现的最初 24 小时内,消息会像病毒一样,以裂变方式迅速传播。而这时候可靠的消息往往不多,社会上大多充斥着谣言和猜测。危机发生后,能否首先控制住事态,使其不扩大、不升级、不蔓延,是处理危机的关键。

2012 年的央视"3·15 晚会"报道了北京三里屯麦当劳餐厅违规操作的情况,当晚 9 点 50 分,麦当劳即在微博上发布声明,"麦当劳中国对此非常重视。我们将就这一个别事件立即进行调查,坚决严肃处理,以实际行动向消费者表示歉意。我们将由此事深化管理,确保营运标准切实执行,为消费者提供安全、卫生的美食。欢迎和感谢政府相关部门、媒体及消费者对我们的监督。"麦当劳的这种态度和反应速度是值得称赞的。

4. 系统运行

在逃避一种危险时,不要忽视另一种危险的存在。在进行危机管理时必须系统运作,要建立危机公关体系,从危机的预防、处理到从危机中恢复,都应有体系、流程和制度的保证,绝不可顾此失彼。只有这样才能透过现象看本质,创造性地解决问题,化害为利。

5. 权威证实

当危机发生以后,除了自身的澄清,还要适时地邀请重量级权威部门或人士到台前说话,使消费者解除对企业的警戒心理,重获他们的信任。

2011 年 3 月 15 日,央视《每周质量报告》节目播出了一期《"健美猪"真相》的 3·15 特别节目,济源双汇食品有限公司收购"瘦肉精"猪肉被曝光。事件发生后,双汇采取了各种积极的应对措施。双汇集团与中国检验认证集团签订长期战略合作协议,中检集团是独立的第三方质量检验机构,此次与双汇合作,将全方位监督双汇质量安全。截至 2011 年 4 月 18 日 8 点,全国各地执法部门对双汇产品进行普查和抽检,100 多个地区的执法部门相继公布普查和抽检结果,双汇产品全部合格,均未检出"瘦肉精"。双汇集团和重量级的权威检验机构合作,对消除消费者的警戒心理,重获他们的信任有重要作用。

第二节　网络危机公关的基本内容

网络环境下的危机公关与传统领域中的一样,也包括事前预防、事中应对以及事后管理三个步骤。

一、网络危机的预防

危机的出现,大多都是有预兆的。企业往往是等到危机无法收拾的时候才出面调停,但此时往往大势已去,尤其在信息高速传播的互联网中更是难以扭转乾坤,那么该如何避免危机?在企业日常运营中,应加入防范网络危机的工作,使得防范网络危机日常化、制度化,力求从机制上减少或者快速发现危机的发生。为此,企业应该从以下几个方面入手:

1. 建立网络危机监测体系

化解网络危机最好的办法就是早发现,这就需要企业建立完善的网络危机监测体系,把网络危机监测纳入正常的经营活动中去,防微杜渐,在危机尚未扩散的时候就尽最大努力消灭它。具体的监测工作包括:定期浏览三大门户网站(网易、新浪、搜狐),各大传统媒体的网络版(《人民日报》网络版、新华网等)和主流的、有较大影响的网络论坛和社区(天涯、猫扑等),查找和企业相关的信息,识别和分辨出可能的网络危机苗头;定期利用主要搜索引擎(Google、百度和雅虎等),以企业名以及企业的主要产品和服务名为关键字进行搜索,查看相关的新闻和评论,发现问题及时上报解决,杜绝不良信息上升为网络危机的可能。

监测时可用的工具有很多,如 Google Alerts。用户在 Google Alerts 设定感兴趣的关键词,一旦关键词出现在网络上,Google 就会通知该用户。注册这个服务时,输入用户想监测的关键词,通常是公司名、品牌名、老板名字或者自己的名字。用户可以选择 e-mail 通知还是 RSS 订阅,还可以选择是监测博客、视频、新闻、普通网页,还是所有这些都同时监测。Google 一旦发现包含指定关键词的内容,将以电子邮件或 RSS 的方式通知用户。也就是说,一旦网上有针对企业或个人的正面、负面评论,用户都会马上知道。雅虎和微软也有类似服务,名字也都叫 Alerts。

2. 建立一支专业的危机处理队伍

应提前建立一支专业的危机处理队伍,一旦危机爆发,会提高面对危机处理的效率,提高应急速度。网络危机处理小组应由企业高层领导为组长,网络安全专员牵头网络技术部门、生产部门、公关部门、客服部门和法律部门等。由于网络危机形式的多样性和复杂性,危机处理小组必须由各个相关部门的同事组成,这样可以确保危机处理时需要的各项资源和专门知识能及时获得,危机处理小组必须由企业高层挂帅,才能确保处理小组的工作畅通无阻。他们在平时可以各司其职,但一旦危机发生,这个小组要迅速地进入状态。

3. 建立、健全网络危机应急预案

危机处理小组成立后,必须在专门人员的指导下,于危机来临前建立和健全网络危机处理应急预案,充分考虑网络危机发生时可能出现的状况,提前制定危机发生时企业将要采取的措施、步骤和人员安排。当危机发生时,相关人员知道自己的具体任务。这样可以规范网络危机发生时的应急管理和应急响应程序,明确各部门的职责,有效提高企业抵御网络危机的能力。

4. 建立危机案例库

在网络环境中,公关危机发生、进展的速度大大加快,企业对此往往措手不及,若建立危机案例库,则能够有效地提高企业应急反应速度,使企业能在危机发生之初,在有参照的前提下采取有针对性的措施,以便较快地控制事态的发展,将危机的影响降到最低。

具体做法如下:企业要在了解自身的行业特点和所处的外在环境的基础上,列出可能发生的危机事故,如生产性意外、产品质量问题、环境污染问题、财务丑闻、客户纠纷、同行间恶性竞争等,对可能发生的危机进行分类,搜集历史上发生过的各种案例,然后制定出相应的应急措施。此外,企业还应在每年年底总结一年来发生的危机类型,及时补充、更新案例库,使案例库具有更高的参考价值。

二、网络危机处理的对策

网络危机发生后,有两种对策需要同时进行,以快速遏制危机的演进:一是迅速掌握舆论主动权;二是积极应对网络负面信息。

1. 迅速掌握舆论主动权

(1)危机爆发后,要立刻对外释放处理问题的信号

在危机爆发的第一时间,很多企业不太了解情况,往往会采取一种不了解情况之前不做任何表态的态度,而这种姿态往往会错过最佳处理时机。事实上,企业应该向大众释放"我们正在调查,如果是真,我们会负责"的态度。

(2)在调查事实后,第一时间召开新闻发布会

危机发生后,如果各方得不到来自相关组织的官方消息,公众就会猜测,媒体就会展开"想象"。此时组织应尽快做出反应,成立危机管理小组,制定出危机应对方案,然后将危机发生的状况、危害、人员伤亡以及组织所做出的努力告知公众。

(3)有效实施网络媒体公关

尽量将组织的相关声明、相关官员或负责人的公开表态、危机新闻稿、组织处理危机所做的努力以及媒体的相关报道等,发布在重要网络媒体的显著位置上。然而,要占据这些显要位置,就必须积极有效地进行网络媒体公关。

在具体操作上要注意以下两点:① 要尊重网络媒体的编辑和记者,并支持他们的日常工作;② 要意识到网络媒体对其原创新闻极为重视的事实。所以,企业要特别支持网络媒体的新闻原创工作,在危机发生时主动要求参与总裁在线、专题、直播、独家访谈等网络媒体原创栏目,以获得最大、最正面的曝光机会。

对于危机事件,网络通常会搭建专题。对于专题,网络的一个重要措施是进行网络调查,比如在新浪科技"戴尔邮件门"事件专题中,短短几天内,参与的网友数量超过了10万人次——每个IP地址只能投一次票,这个声音非常响亮。而传统媒体也多会采信这些数据,并予以报道。可见,专题的搭建和网络调查会引起公众的关注,带来很大的影响。因此,企业应与网络媒体积极沟通,争取他们的支持和理解,不搭建专题、不开设网络调查,在报道中采用更平和的标题、低调的处理方式,或采取更积极主动的姿态,如网络聊天、对话等,这些都是值得去争取的帮助。

当网络媒体已经搭建了专题,开设了网络调查时,又该如何处理?企业同样可以借势而为:网络的特性在于海量,可以快速征集来自各方的意见和建议。这时,企业也可以与网络媒体积极沟通,获得来自它们在其他方面的支持。如开设新的调查选项,让网友一起来指出他们认为的公司现今所面临的问题,并出谋划策。企业依据这些来作出下一步的反应。

2. 积极应对网络负面信息

网络危机的爆发大多是由于网络负面信息的传播,负面信息就是定时炸弹,因此处理时一定要科学谨慎,以下是具体的操作步骤。

(1)找到源头,及时控制

每一条信息的背后,一定是有人在操纵,所以处理负面信息最根本的方法是从源头入

手,先找到信息发布者,把信息源头堵住,再考虑善后的问题。否则做再多的公关工作,都可能是徒劳的。因为删除一条信息很麻烦,成本也较高,而制造一条信息却很容易,所以要在源头堵住信息。

举一个真实的案例。某软件外包公司由于没有履行合同义务,且不接受客户的合理善后要求,结果被客户曝光到了网上,负面信息满天飞。该公司在发现这些信息后,到处找人帮忙删帖,结果花了很多的时间和精力,也付出了不少金钱,负面消息还是没有彻底灭绝,甚至数量还是稳中又涨。后来公司应用此种方法,主动联系到了曝光客户,诚恳地与客户进行交流沟通,并拿出令客户满意的解决方案后,问题和矛盾迎刃而解,客户也主动将发布过的信息进行了删除处理。

还有一个笔者的亲身经历。2013年1月份,笔者乘坐春秋航空公司的航班,飞机延误很久,乘客已坐在飞机上,飞机仍是迟迟不开,还目睹了机场工作人员在飞机上与乘客发生矛盾,外加各种不顺心。于是在微博上抱怨了一句,第二天早上立刻收到了春秋航空公司官方微博的回复,说对带来的不便进行道歉(如图13-1所示)。很明显,春秋航班有专人在实时地监控主流社会化网站是否出现自己的名称和负面新闻。春秋是否知道笔者属于在网上有兴风作浪能力的那类人,并不清楚。但无论如何,春秋确实是把一个可能的隐患消灭在了摇篮中。

 春航小叮铛 Ⅴ:感谢亲乘坐春秋航班~给亲带来不便和不开心的地方~小叮铛向您致以最诚挚的歉意~希望亲能海涵哦~ (1月9日 10:13)

删除　｜　回复

图13-1

(2) 进行正面澄清

并不是所有的负面信息都能从根源解决,比如对于一些没事找事、无中生有,或者与事实有出入的信息,我们完全可以勇敢面对、正面澄清。对于网络谣言,企业可以说明事实真相,必要时可以提供权威部门的质量检测报告等,指出谣言的不实之处及谬误,揭露谣言的险恶用心,这样可以赢得公众的信任和同情。表示欢迎消费者和舆论监督,可以邀请消费者和媒体代表参观企业及其供货商的生产过程,让公众眼见为实。

在对外澄清和说明时注意,一定要本着"诚实、诚恳、诚意"的原则。对外的一切言行要诚实,要勇于承担责任,公正还原事件真相;态度要诚恳,不要太公式化或打官腔;在对事件进行解释或提出解决方案时,要有诚意。对于大众来说,谁对谁错不一定很重要,大家关注更多的是企业的态度。

(3) 删除负面信息

对于一些无法化解的矛盾和信息只能删除,比如竞争对手恶意攻击,故意编造虚假内容,此类信息通过前两个步骤无法处理,只能删除。不过这是下策,能不用则不用。删除负面信息主要有两种方式:一是企业自行联系负面信息所在平台删除;二是委托第三方机构帮忙删除。

① 对于企业自行联系负面信息所在平台,应该注意以下事项。

现在负面信息主要发布在各大门户网站、百度知道、百度贴吧、搜搜问问、各大社区论坛、门户博客、微博等平台。如果信息所在平台是非著名网站,特别是论坛、社区等 web 2.0 的平台时,是很容易通过协商删除的。只要找到相关管理人员,然后很客气、很礼貌地说明情况和缘由,并将相关资质发给对方(如营业执照等),对方一般都会帮忙删除。在此需要注意的就是与工作人员沟通的语气一定要客气、礼貌,这是在联系删除信息时的成功秘诀。可能我们觉得这个道理谁不知道啊,求人办事当然要客气了。但事实恰恰相反,很多人在联系相关网站工作人员时,态度很强硬,指责和训斥对方,要求其删除信息,甚至威胁说要起诉对方。这种方式对于解决问题完全无效,甚至会背道而驰使问题恶化。若真的走一遍法律程序,这期间负面消息早已路人皆知。

现在公关公司的删帖业务之所以如此火爆,与相关企业人员不懂得如何去正确处理负面信息有很大的关系。当然,不是所有负面信息都是企业可以自行解决的,有些只能找第三方机构帮忙处理了。

② 若寻求第三方机构帮忙,要注意以下问题。

千万不要"拿着信息到处询价",因为不管找多少家公关公司,最后的询价信息肯定都是要反馈到负面信息所在的平台。例如,你要想删除 B 网站的一条信息,那不管向哪家公司打听报价,这些公司一定都是要再找 B 网站的人询价,而一旦一条信息询价的人多了,删除费用肯定就会水涨船高。

还要注意的是,有一些不良的公关公司,当你询完价却不与它们合作时,还有可能帮助你传播这些负面信息。因此在没有确定最终合作时,不要把信息的链接发给它们,大概地问一下这个行业或者这个栏目处理信息的费用就可以了。

(4)压制负面信息

当前面三步都无法处理掉负面信息,且负面信息太多、影响过大时,只能采用最后一步:对负面信息进行压制。简单说,就是通过一些网络技术手段,当别人在搜索引擎中搜索相关关键词时,使搜索结果页面中不出现负面信息(通常就是前三页不出现即可)。虽然这个方法不能彻底消除负面信息,但至少可以将负面影响降到最低。

这主要就是应用 SEO,即搜索引擎优化(Search Engine Optimization),它是一种利用搜索引擎的搜索规则来提高目的网站在有关搜索引擎内的排名的方式。其核心策略是通过在一些权重高的第三方网站上发布大量包含关键词的正面信息来实现对负面信息的压制。不过怎样利用 SEO 进行网络危机公关,大部分文章都没说到点子上,一般只是笼统地说,把负面新闻挤出前两页或前三页,把自己网站的页面通过 SEO 做到前面。具体如何操作才会达到想要的效果呢,下面是给大家的一些建议。

要想有效压制负面新闻,公关主体通常需要占领前两页到前三页的搜索引擎结果。这20 到 30 个网页,是靠自己的网站吗?恐怕很难实现。当网络危机和负面新闻出现时,建设30 个网站进行 SEO 优化推广,等这些域名有了权威度,排名上去时,新闻事件早已成昨日黄花。利用企业官方网站也很难。同一个网站上的不同网页通常不会多次出现在搜索结果前面,能出现两次就算不错。Google 甚至对同一个主域名下的二级域名也这样处理。对百度来说,一个域名下建多个二级域名,目前还可以实现多个排名,但是往往有作弊之嫌,很可能得不偿失。所以靠自己的网站做网络危机公关不是一个好的方法。

仔细观察一下搜索引擎返回的负面信息就会发现,大部分这类新闻或评论来自已经有权威度的论坛、新闻门户、书签网站、博客等地方。这也就是为什么运用 SEO 进行网络危机公关与社会化网站有紧密联系,因为排在前面的有很多都是社会化网络上的负面消息。要把这些负面新闻挤出前两页,最好的方法——就是在这些已经排到前面的论坛、博客、新闻门户、书签、视频等网站上,发表包含关键词的正面帖子或正面新闻。比如你看到一篇负面新闻是来自某书签网站,你就在这同一个书签网站上提交一个包含关键词的正面消息网页。排在前面的其他论坛、博客、新闻门户信息等也做同样处理。你所提交或发表的内容,与那些已经有好的排名的负面新闻,具有同样的域名权重(来自同一个域名),排名能力不会输给那些负面新闻,你的正面信息已经有 50% 左右的机会超过负面消息。唯一的区别只是你发表的内容可能时间要晚一点。这时可以再进一步,给你提交或发表的这些正面内容造几个外部链接。不需要很多,几个链接就足以使这些正面新闻页面权重超过那些负面新闻,因为很少有发表负面评论的人还给自己的评论造外部链接。你的正面信息具有同样的域名权重,同样的相关性以及更多的外部链接,就足以把负面信息挤出前两页或前三页。由于这个方法有一定技术含量,所以在企业无法自行操作时,可找第三方机构帮忙来完成。

3. 网络危机后期的处理

(1)转危为机,完善自我

如果企业能将网络危机处理得恰到好处,往往这种企业"危机"会变成"生机"。在进行危机处理后,企业可以借势做好善后事宜,如恢复消费者、社会、政府对企业的信任。借着前期社会关注较高的危机机会,企业完全可以加大在当地主流媒体进行品牌形象和企业形象的宣传,让更多的人知道并了解它是一家非常有实力、非常有社会责任感的企业。让公众进一步感受企业的认真、负责和对消费者的关心,从而形成延续性的良好口碑效应。此种宣传不但可以对已经造成的影响做观念扭转,同时这种公关报道也对扭转传媒方向和稀释前期不利报道起到很好的作用,更能体现企业公关部门的老到。如举行网络公关活动,拉近企业与公众的距离,具体见网络活动公关章节。

(2)持续优化网络档案

"网络档案"在网络时代具有十分重要的意义,企业应该把你做的好事,通过网络记录下来,让其他人可以查到——就像过去记录"人事档案"一样。

一方面,企业应当进行必要的网络媒体新闻发布。针对企业的相关事件,在行业、财经等网络媒体上发布相关新闻,丰富网络信息内容。另一方面,当出现危机时,企业需要正面的新闻报道来压制大量的负面信息,以免出现没有正面信息可以利用的局面。

第三节　网络危机公关案例分析

从"速成鸡"事件看肯德基的网络危机公关

2012 年 11 月 23 日一则关于"粟海集团供 KFC 原料鸡 45 天速成"的消息是一石激起千层浪,该消息显示,给肯德基、麦当劳等知名快餐品牌供货的山西粟海集团在饲料中添加药物喂养肉鸡,45天让肉鸡速成供货,肯德基在中国陷入了舆论声讨的旋涡。对于肯德基在"速成鸡事件"上的回应,消费者和国内各大媒体都纷纷表示不满。但同时还有一个奇怪的现象,闹得沸沸扬扬的肯德基门店里却还是人头攒动。这到底怎么回事,下面让我们看一下肯德基是如何运作网络危机公关的,哪些是败笔,哪些措施让它再次赢得了消费者。

11月23日,山西粟海集团在饲料中添加药物喂养白羽鸡45天速成的黑幕遭到曝光,"45日速成鸡"事件拉开序幕。

12月18日,央视继续揭露山东六和集团养殖白羽鸡滥用抗生素黑幕,"速成鸡"事件迎来第二波高潮。"巧合"的是,无论是山西粟海集团还是山东六和集团,它们的客户都指向了同一个洋快餐巨头——肯德基。

在原料鸡45天速成新闻爆出的当日下午6点,肯德基在官方微博首次发布声明称,"山西粟海集团在肯德基鸡肉原料供应体系中属于较小的区域性供应商,仅占鸡肉采购量的1%左右"。但马上遭到了微博网友的质问:"1%不是也用了吗?""健康饮食?45天养出来健康不?"

此后肯德基官方微博又对此事件陆续发出五次声明,具体内容如下:

"目前没有任何证据显示山西粟海集团在白羽鸡的养殖过程中有违规操作现象。"

"白羽鸡45天成长周期属正常现象。"

"肯德基相信消费者会以科学发展观的态度,事实就是,理性判断,不会被个别耸人听闻的言论所影响;根据肯德基相关产品的风味及烹调要求,会选用部分较小鸡只,出栏时间略有提前,属正常现象。"

"肯德基会将风险管控到最低,请消费者放心食用。"

肯德基上海物流中心正在积极配合相关政府部门检查,不存在封存3万吨鸡肉之说,但同时也承认个别供应商可能存在把关环节缺失的情况。

要对不合格原料"发现一个处理一个,严格处罚供应商",还称将检讨先行食品安全检测要求,加强对供应商的管理。

至此,对于"速成鸡"事件肯德基先后没有提及任何一句道歉,且对消费者普遍关心的原料供应商分布情况以及"瞒报"抗生素残留不合格等事宜,到目前为止尚未作出回应。

直到2013年1月10日,百胜餐饮集团中国事业部主席兼首席执行官苏敬轼发布道歉信。这封迟到了一个多月的道歉信,被很多网友认为没有诚意。对于肯德基在"速成鸡"事件上的回应,消费者和国内各大媒体都纷纷表示不满,肯德基在广告宣传中不遗余力地说明自己的产品是健康的、营养的,但在食品质量机构疑似检出金刚烷胺后仍然没有表示歉意,这是对消费者和社会没有责任心的表现。肯德基的六份声明不但没有及时拨开迷雾,反而使形象又一次受到创伤。

肯德基的此次公关应对不足在于:

首先,虽然在速成鸡内幕曝光后,肯德基立即作出回应,符合危机公关速度第一原则,但没有言之凿凿地否认问题原料,而是给出了暧昧的数字,含糊其辞,引起网友的不满和质问。

其次,肯德基六次回应速成鸡,却只字不提道歉,违背真诚沟通原则与承担责任原则。速成鸡的问题之大人人皆有共识,而肯德基一再劝说消费者可放心食用,当然引起民愤,而且百胜送检问题被隐瞒,确实有违一个国际品牌诚信形象。

再次,推诿塞责,极力撇清,其结果却是"越洗越黑"。速生鸡发展成"药鸡门",肯德基方面似乎仍不打算承认自己的疏失和错误,而是开始推诿责任,撇清关系。先是把责任推到供应商头上:肯德基12月18日的声明开头就是"肯德基充分了解中国肉鸡养殖行业的产业发展模式和现状,并高度重视可能存在的食品安全隐患。因此肯德基要求供应商对养殖、屠宰环节实施严格的管理和自检措施,积极配合当地政府的检验检疫,并且肯德基还设置了多道关卡以确保食品安全。根据今天央视新闻频道的报道,国内个别肉鸡企业的把关环节可能有所缺失……"肯德基哪有什么错?有错都是供应商的!接下来12月19日,百胜集团有关负责人接受央视记者采访明确表示,尽管六和速成鸡被曝光滥用了抗生素及激素等违禁药物,但是百胜根据今年来自上海食品药品监督管理局的检测报告认为,今年以来六和集团以及其他供货商的产品质量都没有问题。该负责人表示,百胜集团从2005年苏丹红事件开始,每年投入数百万经费,委托上海食品药品监督管理局对所有进货原材料进行了把关检测,相关部门为何没有检测出这些问题速成鸡呢?你看,肯德基哪有什么错?有错也得算检验部门的!

最后,最可怕的错误,那就是"掩盖事实真相"。俗话说得好,要想人不知,除非己莫为。12月21日,有媒体曝出百胜集团和肯德基在过去几年中数次隐瞒了送检产品抗生素残留不达标的检测结果。《21世纪经济论坛》的报道说:"2010年及2011年间,百胜送检的19批次六和集团鸡肉原料样本中,有8批产品抗生素残留不合格,而检测结果当时就已经在第一时间送达百胜。但据本报记者查阅,无论是百胜还是肯德基,对于上述不合格检测结果,至今从未在任何公开场合进行公布。"该报援引上海食安办主任阎祖强的话说,"我们认为,百胜集团应该基于事实,负责任地发表有关信息……现在可以明确的是,我们已经掌握了上述8份不合格检测报告的正本,所有不合格的检测报告也在第一时间由检测所送达至百胜集团,对于这些事实,百胜应该承认。"那些干了坏事的养鸡场,山东有关部门已经在调查处理,并已经采取了处罚措施;对于上海食药监局下属检测机构既当运动员,又当裁判员,没有将有关产品不合格的报告及时上报主管部门的问题,自会有负责部门去调查处理,这也不是本文要讨论的重点;问题是百胜集团和肯德基方面对隐瞒不合格检测报告一事,又该如何对公众解释呢?

另外,笔者发现在腾讯、搜狐等门户网站上出现速成鸡的成长史的漫画宣传,漫画主要内容是告诉国人,在外国大家都吃速成鸡,但是对速成鸡注射抗生素等药物是有严格的控制。在中国,速成鸡也是行业内公知的事实,但由于监管不严出现个别滥用抗生素等违禁药物的供应商,使健康的速成鸡变成"问题速成鸡"。

这样一来,问题就不在肯德基身上了,更无损肯德基做健康食品的企业理念,问题全在咱自己的不法速成鸡供应商身上了。如此看来,真不愧是一桩巧妙的隐形网络危机公关,也不难理解,闹得沸沸扬扬的肯德基门店里依旧人头攒动。

思考题

1. 在处理危机事件时,网络危机公关应遵循哪些原则?

2. 对于网络危机预防工作,企业应从哪几个方面入手?

3. 网络危机爆发后,面对互联网上大量的负面信息,企业应如何合理应对?有哪些注意事项?

第十四章
网络公关效果评估

第一节　网络公关效果评估概述

互联网的高速发展为信息的传播开辟了一条快捷、广泛、高效的路径，以此为基础，公关主体的眼光也随之投注于网络公关。鉴于网络公关短时间的巨大影响力，各公关主体（企业、媒体等）纷纷放弃传统公关方式，改用网络公关手段。而纷繁复杂的网络公关的出现和使用使得公关世界呈现出一片鱼龙混杂的景象。

网络公关效果如何？应该怎样评价每一次的网络公关所产生的影响？这都是值得当前做网络公关的相关工作人员考虑的。

一、网络公关效果评估的概念

网络公关效果评估就是指对网络公共关系计划方案的执行、实施情况进行检查、分析和总结，以便找出成功和失败的经验教训，作为今后进一步开展网络公共关系实务活动的参考。它是网络公关工作的最后一个阶段，是一个不可缺少的环节，它具有重要的意义。这个阶段使公关主体进行网络公共关系活动呈现出一个有始有终的完整过程。

二、网络公关效果评估的意义

对于公关行业来说，一套行之有效的公关传播效果评估体系，将帮助公关主体（如企业）更有效地挖掘出光芒背后的发热原理，从而为公关主体的传播推广发掘出最有效的公关传播方式，进而最大限度地实现公关主体传播推广的边际效益。

1. 完整网络公关的活动过程。网络公关效果评估是进行网络公关的一个收尾程序。通过对网络公关活动效果的调查、研究与分析，形成一份效果汇报书，反馈给公关主体，这才算一个完整的网络公关的完成。

2. 总结网络公关的经验教训。效果汇报书当中对于网络公关之后产生的效果进行调查、研究与分析，总结本次网络公关活动的得失，亮点在哪，缺点在哪，值得借鉴的是什么，必须摒弃的有哪些，这些都是需要关注的问题。

3. 有助于下一次网络公关活动的进行。对于已开展的网络公关活动进行效果的评估和分析，找出值得借鉴的地方和应该注意的问题，为开展下一次的网络公关活动提供经验的参考和教训的借鉴。

4. 加强公关工作人员的责任意识、自律意识，肯定积极的工作态度，否定消极的工作态度，强化公关工作人员对自我的约束，提高其对自我的要求，增强公关团队的战斗力。

第二节　网络公关效果评估的基本内容

网络公关效果评估的基本内容,主要包括评估的指标、评估的步骤、评估的模式、评估的方法。

一、网络公关效果评估的指标

1. 网络公关效果评估的指标概述

网络公关效果评估的指标主要是指评估主体在进行网络公关效果评估的过程中参考的变量,即评估主体是根据什么来判断公关主体的效果是成功的还是失败的。例如在跳水比赛当中考量一个跳水运动员的水平的指标参数较多,有助跑(即走板、跑台)、起跳、空中动作和入水动作等。同样,在进行网络公关效果评估的时候,也需要类似的指标参数以便对公关主体的网络公关进行考察。

2. 网络公关效果评估指标的内容

（1）网民初次参与度

网民初次参与度是指公关主体进行公关活动后不久,网民对于该公关活动的最初关注度和参与率。一般包括以下内容。

第一,点击率。点击率是指网站页面上某一信息内容的被点击次数与被显示次数之比,即:

$$点击率＝被点击数/被显示数$$

点击率反映的是该信息内容(文章、新闻、图片等)受网民关注的程度。点击率越大,表明该信息内容受网民的关注度越高,在网民中的影响力也越大。

第二,评论数。评论数是指网民在点击查看某一信息内容之后,经过思考对于该内容的反馈的数量。评论数较点击率更能显示网民的参与度和积极性,表明网民对于该网络公关活动具有较为深刻的印象并且与自身发生了较为深切的联系。评论数越大,表明网民对于该信息内容的关注度和参与度越高。

第三,转载量。转载量是指网民在浏览了某一信息内容之后发生思维活动并引起一定的共鸣或者产生不赞同的倾向而采取的一项网络行为的数量。网民转载该信息内容是为了让更多的网民看到并引起注意,转载可以扩大信息的覆盖率和影响力。转载量是评判网民初次参与度的一个重要参量。

如图 14-1、图 14-2 所示,"我要啦"是一个统计网站流量、访问量等的网站。访问量的排名、来源也都可以呈现。

（2）网络传阅率

网络传阅率是指信息内容由于转载而引起的二次、三次阅读次数和刚发布时的一次阅读次数的比例。公式可以表示为:

$$网络传阅率＝再次阅读数/一次阅读数$$

阿江守候的我要啦排名
网站编号：1
IP 排名
PV 排名
6000
10000
20000
4月
5月
6月
访问量排名（独立IP排名）
	2007-6-14	最近七天	最近三个月
IP 量	1112 IP	6986 IP	93889 IP
访问量排名	第 8310 名	第 9143 名	第 9314 名
[一周流量排行榜] [昨日流量排行榜]
浏览量排名（PV排名）
	2007-6-14	最近七天	最近三个月
PV 量	2862 PV	17078 PV	234501 PV
浏览量排名	第 10199 名	第 11320 名	第 11632 名

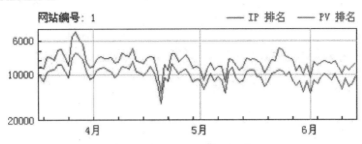

图 14－1

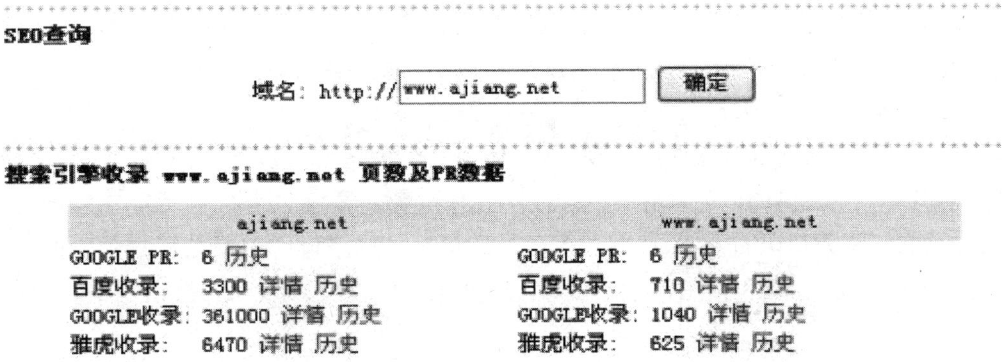

SEO查询
域名：http://www.ajiang.net
确定
搜索引擎收录 www.ajiang.net 页数及PR数据
ajiang.net	www.ajiang.net
GOOGLE PR: 6 历史	GOOGLE PR: 6 历史
百度收录: 3300 详情 历史	百度收录: 710 详情 历史
GOOGLE收录: 361000 详情 历史	GOOGLE收录: 1040 详情 历史
雅虎收录: 6470 详情 历史	雅虎收录: 625 详情 历史

图 14－2

网络传阅率越大，表明该信息内容的扩散程度越大，可能引起的影响力也越大。

发生传阅的情况有以下几种：

第一，购物类信息的传阅。一些选购、测评、体验类的文章会对消费者购买起到决定性的作用，而这些文章往往都是网民通过搜索之后获得的。特别是当网民想在网上购买较为贵重的商品（如汽车、手机等）时，以一个消费者的角色参阅已购者对该商品的评价，作为自己购买前的参考是常见的例子。

第二，搜索引擎。搜索引擎是当前查找网上不同种类的信息时，使用最广泛、最快捷的一种方式。根据搜索引擎的搜索结果排名，也可以作为评估网络公关是否成功的指标之一。

搜索结果的排名可以用来分析搜索该内容的数量、搜索该内容的年龄段、相关的词汇等。如图14-3所示。

图14-3 来自百度

(3)主流媒体发布的位置及媒体跟踪报道的情况

主流媒体对于网民的影响较大。在媒体上的不同位置对关注度也会产生不小的影响。公关主体虽然可以花费成本,将重要信息发布在主流媒体的主页上,但是如此做法并不一定能引起网民的好感。只有本身具有吸引力、能够打动网民的信息或者新闻才真正具有说服力和影响力。所以这个主流媒体发布的位置不能以公关主体花钱买的位置为标准,而要以各大媒体判断之后,再根据网民的反响做出的位置设置才能真正体现该信息的价值,才能用来评判该公关活动成功与否。

媒体跟踪报道的数量和深度可以体现网民或者社会对于该公关活动的关注度。媒体后期的跟踪报道数量之多,深入挖掘的程度之深,说明公关主体所作的公关是极具影响力的。

(4)网络口碑

网络口碑是指随着互联网的出现,网民作为一个消费者可以通过浏览网站信息,来分享其他消费者所提供的产品资讯与主题讨论,并赋予顾客能力来针对特定主题进行自身经验、意见与相关知识的分享,形成对该产品的口碑。网络口碑主要是针对企业的产品来说的。从广义上说,还包括主体(企业、政府、民间团体等)形象、社会价值观、政府服务质量等。

例如,淘宝上关于产品的评价形成的一个网络口碑,对于其他消费者的消费行为有着巨大的影响力。图14-4为淘宝中某一产品的网络口碑。

(5)是否产生网络领袖

网络领袖,顾名思义,就是在网络领域具有相当知名度,且对大众具有一定影响力和号召力,能够引领整个网络舆论导向的网络人物。这个人物并不一定是实体,也不一定是真实存在的。网络领袖在很大程度上是公关主体为了网络公关的需要,自行编造的一个人物。但作为一个虚拟的存在,其在受众(网民)心目中是确实存在的。这里的网络领袖要区别于现实世界中的网络领袖。现实世界中的网络领袖一般是指在网络领域中具有较高知名度和影响力的互联网企业家。这些企业家是实体的存在,与网络公关中的网络领袖存在很大不同。

图 14-4　来自淘宝截图

在评估网络公关效果时,要考虑该网络公关是否产生出了一个新的网络领袖,并且这个网络领袖是挂靠于该公关主体的目标意志的。网络领袖的出现标志着网络公关的一大成功。当然,不是所有成功的网络公关活动都一定会产生网络领袖的。

例如,在 2009 年,"贾君鹏,妈妈喊你回家吃饭"这句话红遍网络的大江南北。在发出帖子后短短五六个小时内被 390 617 名网友浏览,引来超过 1.7 万条回复,被网友称为"网络奇迹"。"贾君鹏"一时间成了网络领袖,在网民群体中间引起了巨大反响,陆续出现了《我不是贾君鹏》的歌曲,以及《史记·贾君鹏列传》的恶搞创作。在其轰动全国的背后,其实是北京华意睿智互动传媒为网易策划的一起公关事件。其公关目标是为 500 万魔兽玩家搜集足够的信息来解决当时网易面临的企业困境。这是网络公关成功的案例,塑造了"贾君鹏"这个网络领袖,挽救了网易危机。如图 14-5 所示。

图 14-5　来自百度

3. 网络公关效果评估的指标要求

在进行网络公关效果评估的过程中,必须严格比照上述指标进行综合考量,不能片面化。同时,在针对不同的网络公关活动进行评估的时候要有所取舍,有所侧重。比如在上海黄浦江死猪事件进行对政府的网络公关效果评估过程中,要侧重考量的是主流媒体发布消息的位置及媒体跟踪报道的情况,另外政府在该次网络公关行为中形成的网络口碑亦是一项重点。

另外,以上指标是一般情况下较为常用的评估指标,在遇到较为特别、较为复杂的网络公关案例时,还可以根据其他指标进行评估,例如新闻本身的流量、质量,公关主体与网民互动情况等。

二、网络公关效果评估的步骤

1. 网络公关效果评估的步骤概述

网络公关本身应是一个具有内在次序和机理的行为过程。相应地,网络公关效果的评估过程也是一个有序的过程。网络公关效果评估应遵循一定的顺序,采取一系列有步骤有计划的行动。在进行评估时,要按照步骤有条不紊地进行,以免出现重复评估、评估效率低下等情况。

2. 网络公关效果评估的步骤内容

(1) 回顾公共关系目标

公共关系目标是指公关主体在进行网络公关实际操作之前进行的对网络公关效果的预期。公关主体往往会根据自身的发展阶段、行业特点等确定不同的目标范围,网络公关的目标通常包括对销售的支持、对企业声誉的帮助、对品牌形象的管理、跟关键利益关系群体关系的维护、对企业新闻发言人的培训、对危机传播的管理等内容。对于综合型的、大型的、具有一定实力的公关主体,以上职责都是需要的,而对于某些成长期的公关主体,可能只用到其中一个或者几个。支持销售是企业当中最常见、最普遍的目标设定,企业往往会把公关手段视为成本较低的营销手段。但无论如何,对公共关系效果的评估,首先需要界定的是公关的目标是什么。

对网络公关的目标进行评估,主要是比较活动前的目标设定与活动后的效果呈现是否具有契合性。公共关系目标是评估公共关系效果的标尺。根据这把尺子,来检查公共关系目标是否实现。在评估时既不要抬高标准,也不要降低标准。

而公关主体的目标设定和效果呈现主要从两个维度进行考量:公关传播发端的目标达成和公关传播受端的效果实现。不论是出于何种公共关系目标,只有从发端和受端两个维度进行评估才能够完整、全面地透析网络公关的效果,进而挖掘其对于公关主体真正的价值及意义。

从目标设定与效果呈现的契合度来说,一般存在三种情况。

第一,公关活动后的效果呈现远远高于目标设定。不论是从发端(媒介传播)还是从受端(接收者)来看,都完美达成目标,这说明网络公关效果明显,公关活动成功到位。

第二,目标设定与效果呈现吻合度较高。此种情况说明网络公关主体对自身的认识度较高,对于活动的预期把握到位,公关活动较为成功。

第三,公关活动后的效果呈现不理想。此时必须同时反思目标设定和公关活动本身的践行程度。同时从发端和受端来考量,网络公关活动过程中出现的意外情况和解决方法。

(2) 确定评估标准

在进行网络公关效果评估之前,要根据公关项目的实际情况确定评估指标。一般情况下,可以依据上述网络公关效果评估指标进行制定。在制定过程中,要考虑公关主体的目标设定、效果预期、受众群体的类型等因素;也可以将客户目标转化为具体的量化指标,并与客户沟通协商制定统一的效果评估指标。而网络公关最终的效果如何并不是由网络公关本身决定的,它还受到很多其他外部因素的影响,如产品本身的适用性、对消费者的吸引力等。

评估标准作为一个考核指标,在评估过程中具有指导性的意义,必须慎重考虑、严谨选择、认真制定。

（3）搜索和分析公关材料

网络公关活动结束之后,公众对产品的知晓度、熟悉度、信任度、好感度等指标方面的印象和评价,是衡量工作成效的关键所在。公共关系人员可以运用各种调查研究的方法,收集关于公众的各项资料（如知名度、美誉度、态度和行为等）,然后进行分析比较,得出达到目标的、未达到目标的,及其原因。

进行网络公关效果调查有两种方法：线上调查和线下调查。线上调查就是通过网络媒体针对参与的网民进行问卷、在线访谈、网络个案研究等调查活动,从而了解网民对于该网络公关活动的反馈。它具有速度快、回收率高的优点。线下调查就是指传统的调查方式,进行纸质问卷调查、面对面访谈、口述录音等调查活动,考察参与者的反应。但线下调查缺点较多,在网络公关活动的调查研究中,很少用到线下调查的方式。

对于收集资料的要求有两点：一是内容要丰富,二是范围要广。资料内容必须客观、公正、真实,不但要保证正面反馈信息,还要收集负面反馈信息。范围是指反馈的主体,最重要的是受端,即信息接收的那一方,包括网民、再次收讯者。受端的反馈是针对公关主体的公关活动的直接评价,较为客观真实,但略显粗糙。发端的反馈亦不可忽视。公关主体对于自己进行的网络公关活动反馈和回应虽然较为主观,但却是从另一个角度来考量公关主体网络公关活动效果的有效途径。另外,对于网络公关具体采取的手段或方式进行评价和估计也非常重要。网络公关活动也会呈现很多不同的方式,比如网络新闻公关、BBS论坛公关、博客公关、微博公关等。在每一次的网络公关结束之后,要收集针对网络公关的对象联系具体采用的手段方面的资料,判断是否采取了有效合理的手段,是否存在更加高效便捷低成本的其他网络公关方法或形式。

（4）形成网络公共关系效果评估报告

负责评估工作的人员必须如实地将分析结果以正式报告的形式报告公共关系主体的相关部门及最高决策层。在完整地收集资料并进行了严谨地分析之后,要形成正式的评估报告。关于评估报告的撰写,包括以下几个方面：

① 对于评估对象的简介,即对公关主体和其进行的公关活动进行简单介绍。这个内容不必太多,但必须要点全面,抓住重点。

② 对公共关系前期策划进行简要介绍并分析。公关主体制定的前期策划是开展公共关系活动的重要依据。公关策划是否符合主体,是否具有操作性,本次网络公关活动是否能够引起巨大关注等,都是在策划当中应该体现的。在实际效果评估当中,要针对公关主体的策划内容进行严谨详细的分析。

③ 对策划的实施情况进行描述并分析。策划与实施是相互联系、相辅相成的,二者要兼顾。一份公关策划写得再好,如果没有很好地贯彻落实,就是废纸一张。所以,在撰写评估报告书时,要将策划和实施情况联系起来考量。实施情况要根据上述指标进行有效评估,一方面评估报告尽量全面,另一方面也需要突出重点。

④ 在分析的基础上进行经验教训的总结。要遵循"取其精华,去其糟粕"的原则,继承并分析在实施过程中做得比较到位的地方并总结经验方法,为之后的活动提供参考。对于做

得不成功、不到位的地方，必须进行反思，找到症结所在，找出解决之道，以供之后的活动借鉴，警惕类似错误的再犯。

报告的撰写并不是一蹴而就的，需要反复检查和修改，一定要做到精益求精、一丝不苟，千万不能抱着侥幸的心理。效果评估报告是网络公关效果评估的最终成果，为今后网络公关的发展提供经验、借鉴和积累，是一种宝贵财富。

（5）运用评估成果

这是公关主体进行网络公共关系工作评估的最后一个步骤，也是最终目的。分析的结果，一方面用于将要制定的公共关系项目，为以后的公关工作提供借鉴和参考；一方面用于组织的总目标、总任务的调整，组织的总体目标可以根据公关效果评估得出的结论重新制定，根据受端回馈重新定位组织的架构和走向。效果评估成果是需要公关主体具有慧眼识珠的眼力，运用到位就可以做出有效指导，为今后的公关活动添光溢彩，提高胜算的把握和成功的机会。

第三节　网络公关效果评估的模式

一、网络公关效果评估模式的概述

网络公关效果评估模式是指在实际效果评估操作过程中，具体采取什么样的方式来进行效果的评估。模式是一种方法论的概念，网络公关效果评估模式就是很明确地指导公关主体如何进行效果评估的方法论。

二、网络公关效果评估模式的内容

网络公关效果评估模式按照不同分类标准，有不同的类型。按照评估主体来分，可分为客户评估模式、主体评估模式、中间评估模式和综合评估模式四种。

1. 客户评估模式

客户评估模式是指评估主体是客户，他们对公关主体进行评估，并且将这个评估结果作为参考值的一种模式。客户作为支付费用的雇主，对效果评估掌握主动权，客户根据自己的公关目标要求进行效果评估。

不过，这种模式存在的缺陷较大，它往往存在客户苛刻评估的情况。客户搜集的资料往往偏向于负面，做出的评估报告经常含有指责性的诊断结果。一些客户会提出无理要求，拒绝全额支付费用。例如：某公关公司为一家网上服务公司做网络公关，签订的合约规定一个月的费用为50万，其中40万是固定成本，10万是根据评估结果支付的。该服务公司可能会为了少支付其余部分的费用，在进行效果评估时作假或者刻意放大负面数据。

2. 主体评估模式

主体评估模式是指评估主体是公关主体，即网络公共关系活动的主体进行自我评估，并且将这个评估结果作为参考值的一种模式。主体评估模式的决定权在于公关主体,公关主体在对自己进行的网络公关活动做出评估之后,以此评估结果为依据,向客户收取相应费用。一般情况下,在进行网络公关活动之前,双方会签订一个合约,规定网络公关效果必须达到某些指标,否则客户可以拒绝支付费用。

主体评估模式可以避免客户不遵守承诺,而导致公关主体丧失生存机会的不良现象。但它也存在许多缺陷。当客户是较为强势的一方时,公关主体往往对自己的效果评估起不到多大的作用,公关主体的声音被强势客户淹没。公关主体在进行自我评估的过程中也可能存在虚假的成果,例如虚假点击率、伪数据等,导致效果评估的真实性不够可靠。

3. 中间评估模式

中间评估模式是指找除公关主体、客户之外的第三方作为评估主体进行效果评估,并将该结果作为最终参考值的模式。中间机构或者公司通过收集相关资料来进行分析,而后反馈给公关主体和客户。该模式避免了主体评估模式和客户评估模式的弊端,能够通过无直接利益的第三方进行对公关主体的效果评估,相对而言,较公平公正。其存在的问题是成本较高。第三方也有可能被公关主体或者客户贿赂而导致评估结果不客观、不真实。

目前,中间模式存在情况较少,且这个领域的公司几乎没有。

4. 综合评估模式

综合评估模式其实也是一种混合评估模式。既不单纯根据客户评估,也不单纯根据主体评估,而是综合客户评估结果和主体评估结果,这样的评估模式较为客观公正,兼顾两方面利益,更加真实。但也存在操作复杂、沟通不顺等问题。

网络公关效果评估模式还可分为线上评估和线下评估,区分的依据是否利用网络。评估模式的选择需要根据不同的主体需要来进行,也要考虑评估成本、效果的真实性等因素。因此,在选取评估模式时,要考虑各方利益,利弊权衡,选择最合适的模式。

三、网络公关效果评估的方法

1. 网络公关效果评估方法概述

网络公关效果评估方法主要是针对收集分析资料而言的。在收集资料的过程中,评估主体可以使用某些方法,使获得资料的类型多样、内容丰富、范围广泛,更加贴近实际情况。在对收集资料进行数据内容分析的时候,也可以采取一定的方式方法使得分析客观公正、不偏不倚,具有较高的可信度。

2. 网络公关效果评估方法的内容

(1) 定性与定量相结合

定性评估是不采用数学的方法,而是根据评估者对评估对象平时的表现、现实和状态或文献资料的观察和分析,直接对评估对象做出定性结论的价值判断。

定量评估是采用数学的方法,收集和处理数据资料,对评估对象做出定量结果的价值判断。定量评估强调数量计算,以数据测量为基础。它具有客观化、标准化、精确化、量化、简便化等鲜明的特征。

定性评估存在一定的主观性,而定量评估容易忽略难以量化的重要品质与行为,忽视个性发展与多元标准。因此,既不能单纯进行定性评估,也不能单纯依靠定量评估,必须结合两者,定性与定量综合评估。

进行网络公关效果评估既有量的要求,也有性的判定。写了多少篇公关文章、发到了多少个媒体、举行了多少次活动、受众群大概有多少、事后有多少反馈电话……这些都是可以计算出数字的;对于关键信息提炼得是否准确、表达得是否到位和新颖、是否有效覆盖目标受众、参加活动的人是否匹配传播的目的、活动策划的创意性有多高……则只能通过定性的方式来评估。

(2) 横向、纵向汇成网状评估

横向评估,一方面主要是指公关主体将公关活动与同行业的、相似的公关活动进行比较。投入与产出的比例是否缩小,市场影响力是否扩大,受众是否增加,这些都是评估主体在对公共关系进行评估时需要考虑在内的。另一方面,要比对其他不同的公关方式,例如平面、电视、网络、户外等不同媒介的传播效果和网络公关的传播效果产生的不同。

纵向评估,即公关主体对于自身在时间轴上的自我评估。与之前的网络公关活动相比,本次公关活动是否具有值得推崇的东西,这是最值得考虑的。新的元素、新的概念出现在新的公关活动中,并且这些元素或概念对应新时代、适合当代大众的心理需求即是在纵向上的一大进步。

从纵向评估中获得的经验教训,可以提高自身的素质和水平,让自己做得更好;而从横向评估中获得信息反馈,可以让自身掌握在怎么样的程度上做到更好,好到多高的程度。纵向评估和横向评估都是不可缺少的。横纵交织成网,使得评估网络完整、覆盖全面,也让评估结果更加客观、公正、全面,为其他公关项目提供更多有意义的借鉴。

(3) 宏观整体,微观局部

网络公关效果的评估要从整体和局部两方面进行。整体是一个有机的、完整的单位。在评估过程中,首先要从宏观的角度来把握公关过程的整体。缺少了整体的贯通、完整、连续,某些个别细节或者某几个局部做得再好也是于事无补的。再者,局部作为整体的构成部分,当然也是不可忽视的。整体是因每一个局部的存在而存在的,所以从微观的角度来进行局部的评估也是必要的。网络公关中的每一项工作,如策划的质量和创意、事件发布量和评论数、信息表达、执行力度等,都是非常重要的。只有当局部的工作出色完成之后才可能保证整体结果的完美呈现。

另外,在考察局部工作时,不能割裂它们之间的联系,要评估项目之间连贯性、关联性和配合度。对公关活动的局部评估,可以规避外在的不良因素对效果的影响。

第四节　网络公关效果评估案例分析

甲公司委托乙公司进行网络公关传播工作,首先双方会根据各自情况签订一份合同书。合同书包括网络公关目标的设定、网络公关效果评估的暂定指标、甲乙双方的责任等内容。以下是一份网络公关合同书的样板。

网络公关合同书

甲　方：　　　　　　　　　　　　　　　　　　　（以下简称甲方）

地　址：

电　话：

乙　方：　　　　　　　　　　　　　　　　　　　（以下简称乙方）

地　址：

电　话：

甲乙双方根据《中华人民共和国合同法》、《中华人民共和国广告法》的相关规定，本着平等互利、诚实守信的原则，就甲方委托乙方进行网络公关工作签订本合同，并共同遵守。

一、乙方提供网络公关服务内容

1. 乙方为甲方在确认的网络媒体范围内进行新闻稿件的发布与宣传。

2. 传播工作结束后提供电子版剪报。

二、乙方义务

1. 委派具有丰富公关经验和专业知识的工作人员组成项目工作组；依据本合同服务条款，向甲方提供网络公关传播服务。

2. 项目工作组成员仅接受该合同的相关业务领域的服务，并只对甲方该领域指定的工作人员负责。

3. 设立客户代表作为与甲方的日常沟通接口，对所提供的网络公关服务的质量和合法性负责。

4. 在未经甲方授权许可的情况下，乙方不得将与甲方有关的任何资料提供给任何第三方。

5. 经甲方签字后，由乙方传播出去的任何文字、图像及影视资料，乙方不具有版权和其他任何权利。

6. 提供合同期内为甲方发布的所有网站简报1份。

7. 乙方须利用遍布各地的媒体资源，随时关注各大新闻媒体，密切关注行业动态，充分利用媒体、政府等各方力量，帮助甲方进行网络公关。

三、甲方义务

1. 提供确认所要发布的传播稿件。

2. 定期沟通，审核乙方前一阶段的工作，确认下一阶段的工作计划。

3. 根据乙方对公关工作的有关要求和建议，及时提供市场策略、产品及技术信息、行业概况等有关资料。保证提供的资料准确、完整，并对其真实性和有效性承担责任。

4. 根据有关项目合同之规定，按时向乙方支付公关服务费用。因甲方额外的需求而产生的费用，需由甲方负担，以实际发生费用的发票为准。

四、项目费用及付款

1. 甲方委托乙方于××××年××月××日起，担任其在网络媒体上发布传播稿件的网络媒体（网络媒体列表、发布数量及确认稿件见附件）。

2. 付款标准：媒体发布量统计以实际网络发布字数为准，根据点击率、评论数、转载量等具体数字化指标来确定。

3. 项目预算：本合同公关代理费用预算总额为××元（人民币）。所含服务内容（项目收费）包括：策划撰稿费、媒体发布费、媒体维护费、剪报费、行政费，乙方按照实际完成的媒体发布量收费。

4. 付款方式：采用预付××％，项目结束后结算余款。在双方合同签订后的5个工作日内，甲方应支付乙方项目预算总额的××％，即××元（人民币）；当期稿件投放后一周内，乙方向甲方提交样报、简报报告，甲方应在收到乙方提供报样、简报报告和发票后，按实际核算并经双方确认后15个工作日内付清当期费用（按实际核算费用收取）。若甲方不按时支付上述费用，须每天支付当期费用的万分之二作为罚金。

五、保证条款

1. 乙方保证具有符合法律规定的资格签署本合同，并提供本合同项目的服务。乙方应在该服务合同规定的范围内，采取一切措施保护甲方的利益。

2. 乙方保证其在媒体上所发稿件均为甲方的正面报道，若有负面的报道，甲方可拒付所发稿件所产生的费用，并为其对甲方造成的损失负全部责任。

3. 乙方保证不向甲方认为与其利益冲突的客户提供相同服务。

4. 若乙方未能按照预算表的项目提供全部服务，甲方有权拒付乙方未履行服务项目的费用，并有权要求乙方为对甲方造成的损失进行赔偿。

5. 乙方保证由其在网络媒体发布的稿件而引起的相关突发事件，由乙方解决，与甲方无关，同时相应产生的费用由乙方全部承担。

六、保密及知识产权条款

1. 乙方同意在合同期间及之后，乙方为甲方提供服务所准备的所有资料的知识产权归甲方所有，并且乙方将为本合同提供必需的材料。

2. 乙方有保守甲方商业秘密的义务，如果未履行该义务，给甲方造成重大损失的，乙方应赔偿甲方损失；情节严重的，甲方有权追究乙方法律责任。

七、违约及合同解除

1. 任何一方违反其在本合同中的义务，另一方有权要求对方依据本合同的有关条款和中华人民共和国的相关法律进行赔偿。

2. 任何一方在合同期间提出终止本合同，需提前5日向对方发出书面通知。其中，如果乙方单方面终止合同，乙方应提前5日通知甲方，并向甲方支付合同未履行预算费用3％的违约金；违约金必须自合同终止之日起7日内付清，逾期不支付的，应按照银行规定向甲方支付滞纳金；如果甲方单方面终止合同，甲方应提前5日通知乙方，并向乙方支付合同未履行预算费用3％的违约金；违约金必须自合同终止之日起7日内付清，逾期不支付的，应按照银行规定向乙方支付滞纳金。

3. 合同终止后，乙方应将甲方提供的各种资料、信息交还给甲方，甲方应向乙方支付所完成的各项工作所产生的费用。

八、免责条款

1. 如因不可抗力致使乙方不能履行本合同中部分或全部义务时，乙方不负违约责任。但乙方应在合理的时间内向甲方报告所发生的不可抗力，并提供有关部门的证明文件。

2. 如果无法预见的不可抗力事件发生,例如战争、地震、罢工、动乱或司法、政治限制等超出各方合理控制范围的突发事件,任何一方应及时通知对方,对方可根据实际情况部分或全部免除其应承担的违约责任;如遇恶劣天气,活动或延期,或根据具体情况双方协商解决。

九、法律的适用及争议的解决

本合同的解释和执行适用中华人民共和国法律。合同发生纠纷时,双方协商解决;协商不成,向合同签约地所在地人民法院起诉。

十、其他条款

1. 本合同附件、传真件与合同正本具有同等法律效力。本合同未尽事宜及其他修改,由双方友好协商,以签署补充合同的方式予以确定。

2. 本合同自甲、乙双方授权代表签字、盖章之日起生效。本合同一式二份,甲、乙双方各执一份。

3. 本合同相关附件经甲、乙双方授权代表签字、盖章后,具有同等法律效力。

4. 本合同相关附件经甲、乙双方授权代表传真件签字、盖章后,具有同等法律效力。

甲方(签字盖章):　　　　　　　　　乙方(签字盖章):

委托代理人:　　　　　　　　　　　委托代理人:
开 户 名:　　　　　　　　　　　　开 户 名:
开户银行:　　　　　　　　　　　　开户银行:
账　 号:　　　　　　　　　　　　账　 号:
邮　 编:　　　　　　　　　　　　邮　 编:
签订时间:　　年　月　日　　　　签订时间:　　年　月　日

在签订完合同书后,甲乙双方就要按照合同书进行各自的工作,尤其是乙方更要积极完成合同书所协定的任务。合同书其实也是网络公关效果评估的一部分,作为网络公关效果评估的一个重要书面证明和评估依据,在撰写合同书的时候可以将网络公关效果评估的指标放入,写明根据何种指标进行最后的效果评估以及价格计算。

乙方在完成根据合同书所协定的工作任务之后,要进行网络公关效果评估。甲乙双方考虑到效果评估成本的问题共同协商采取综合评估模式,同时综合甲方对乙方的评估和乙方对自身的评估作为最终的评估结果。评估报告书是甲乙双方共同商定撰写而成的。甲方针对自身的问题做了一定的分析,如提供的信息不够真实全面,导致受众群对其产品的信誉度不够高;乙方对自己所出现的问题也进行了总结,如在进行网络公关时和受众群的互动度太低,这些教训的分析和经验的总结都将用在下一次的网络公关工作中。

思考题

1. 网络公关效果评估的步骤是什么?
2. 网络公关效果评估的模式有哪些?
3. 网络公关效果评估的方法有哪些?

第十五章
网络公关策划

　　网络公关策划属于网络公关活动中的最高层次,是网络公关价值的集中体现,公关主体的公关活动是连续不断的过程,网络公关策划是网络公关活动的核心和公关行业竞争的必胜法宝。

第一节　网络公关策划概述

　　本章将介绍网络公关策划的涵义、性质、作用等基本概念,使大家对网络公关策划有一个大致的了解。

一、定义

　　策划是组织通过创意,有效地配置和运用有限的资源,选定可行的管理方案,达成预定的目标或解决某一难题。策划虽然不能保证组织绝对成功,但可以保证组织少走弯路。

　　网络公关策划,即网络公共关系策划,是指公共关系人员根据企业形象的现状和目标要求,分析现有条件,并结合现代网络技术的优势,谋划并设计网络公关战略、网络专题活动和具体的网络公关活动的最佳行动方案的过程。

　　网络公关策划的基本目标是使企业或者组织通过互联网这一媒介来成功实施相应的公共关系策划,以塑造企业或组织的理想形象,提升企业或组织的知名度、美誉度和首选度;其最终目的是为了使企业或组织得到最大化的利益回报。

二、基本概念

　　网络公共关系策划是公共关系人员以互联网为手段,针对网络公众进行的。

　　网络公共关系策划的主体是企业或者专业的公共关系公司。一些大型的企业会有自己的公关部门,这些公关部门会负责企业的公关活动策划;而其他一些公司则会选择雇佣专业的公关公司来负责自己的网络公关活动的策划。当然,选用公司的内部公关部还是专业的公关公司提出的策划,需进行评估之后才能最终决定。

　　网络公关策划所要应用的传播媒介主要是互联网。从之前的学习中,我们可以知道媒介平台大致有以下几个方面:搜索引擎、网络新闻、互动问答、BBS 论坛、博客、微博、播客、IM、SNS、e-mail、签名栏和网络活动公关。我们策划的时候要综合运用这些网络传播媒介,进行多样化的公关策划。

　　网络公关策划的客体是网络公众。虽然从理论上说,策划是有具体的对象的,但事实上,由于网络是向所有公众开放的,所以策划的公关活动很有可能接触到更为广泛的公众。因此可以说,策划是给网络世界中的每一位公众看的,我们要针对公众的兴趣爱好来进行相应的策划,也就是所谓的"投其所好"。只有这样,才能取得公关活动的最佳效果。在一定程度上,策划也需要利用公众猎奇的心理,我们要尽最大可能去吸引观众的眼球,为公关活动收到良好效果打下坚实的基础。

不难看出,网络公共关系策划和传统公共关系策划大体上是相似的。在大多数情况下,其主体同为公关公司;不过在传播媒介上,有着较大的差别:传统公关主要是运用报刊、电视、广告等大众媒体开展直接式的活动参与,而网络公关则主要是运用新兴的网络媒体开展间接式的公关活动。在客体上,网络公关的对象比传统公关的对象覆盖面更广,渗透更深。

三、网络公关策划的性质

网络公关策划是一门综合性学科,也是一门"软科学"、一门实用性极强的应用学科。网络公关的策划需要综合运用各种学科知识。

首先,公关人应该学好新闻学的知识,做好一名新闻人,对有价值的新闻消息要有敏锐的感知能力,把握好其中蕴涵的转瞬即逝的机会。其次,要熟悉掌握每一种网络传播媒介的特性与操作方式,以此达到预估的策划效果。再次,要求公关人具备较硬的文字功底,能够准确无误地将自己的想法用文字的形式呈现出来,能够让实施公关策划的人员清楚地明白整个公关活动的步骤。最后,进行网络公关策划还必须具备一定的预估风险的能力和灵活的应变能力,在网络策划实施的过程中,很可能出现意外情况,在策划的时候要能够提前对这种事件进行防备,做好紧急预备的方案。

四、网络公关策划的意义

网络公关策划虽然不能直接生产产品,却确定了产品和服务的灵魂。它是一种独特的管理职能,是当代公共关系整合的核心——帮助一个企业建立并维持它与网络公众之间的相互沟通,从而帮助我们这个复杂而多元化的社会更有效地达成一致和发挥作用。网络公关策划的目的就是要加大组织的宣传力度,树立良好的组织形象,提高组织的美誉度。

1. 网络公关策划的有效性

网络公关策划可以增强公关工作的有效性。通过精心策划、科学设计,才能确保公关目标、对象的准确性。网络公关策划的核心就是解决三个问题。

(1)寻求传播沟通的内容和公众易于接受的方式。传播沟通旨在使社会组织将特定的信息准确地传达给公众,并使公众接受。也就是说,公关人员将组织的决定、意见、政策、措施等通过网络媒体及时传达给网络公众,并对上述信息做出解释,以便网络公众能更好地理解。这就是策划的公关活动所具备的基本功能。

(2)提高传播沟通的效能。运用网络媒体的传播方法,可以协调组织的社会关系,影响网络公众的舆论,塑造企业的良好形象,优化企业的运作环境。网络媒介的选择对于传播沟通的效果至关重要。恰当地利用搜索引擎、网络新闻、互动问答、BBS论坛、博客、微博、播客、IM、SNS、e-mail等网络传播媒介,是公共关系工作的一项重要内容。

(3)完备公共关系体系。网络公关策划是一个系统、科学和完备的程序,要求做到科学性和艺术性的有机结合、长期性和可调式的有机结合、完整性和创新性的有机结合,以及可操作性和效益型的有机结合。

2. 网络公关策划的目的性

网络公关策划可以增强公关工作的目的性。网络公关策划的基本出发点,就在于促进企业的公关活动从无序变为有序,从模糊变为清晰,从不确定转变为确定。网络公关策划是一个明显的、目的增强化和清晰化的过程。

无论哪一种网络公关策划,都有其目的性。无论是设想计划还是规划方案,都必须目标明确。网络公关策划的目标是公关策划人通过策划活动要最终解决的问题和达到的目的。具体而言,让公众了解企业,树立企业形象,增强网络公众对企业的好感和信任,从而乐于接受企业的产品、服务和价格,就是网络公关策划的目的。

3. 网络公关策划的计划性

经过精心策划的方案,在通常情况下是不能轻易改变的。然而,由于主客观条件和外部环境是处在不断变化中的,在进行网络公关策划时,应对策划方案留有充分的余地,针对可能发生的变化,考虑灵活的应对策略,使行动方案有一定的灵活性。

网络公关策划可以保证公关工作的计划性。网络公关策划既要立足于全局,顾及其他部门,又要与企业的整体公关活动保持协调。在网络公关策划系统中,各要素之间应当相互协调、彼此联系、环环相扣、承上启下,既有阶段性,又有连续性,实行最优化选择,寻找最能发挥企业的优势,最能适应环境气氛和公众需求的方式方法,充分体现它的计划性。所以,网络公关策划人员要对公关活动的时间,网络平台以及人、财、物等条件有一个全面考虑,对网络公关策划活动实施细节提出一些具体的安排意见,以确保网络公关工作按计划实施,步步到位,井然有序,保证工作有计划、有步骤地完成。

4. 网络公关策划的连续性

网络公关策划可以保证公关活动的连续性。要树立良好的企业形象,不是依靠一两次网络公关活动就完成的,它需要长期持久的努力。所以,网络公关策划的连续性管理及应急计划是最基本和必须面对的任务。但制定一个健全的连续性计划是一项复杂的工作,包括设计不同阶段的任务。总之,网络公关策划本身既是对以前公关工作的总结和评估,又是以后公关活动科学规划的开始,能发挥承前启后、承上启下的作用。

第二节 网络公关策划的内容

网络公关策划是为了逐步实现公关活动的目标,在网络公关活动实施之前,组织找出需要解决的具体公关问题,分析比较各种相关因素和条件,遵循科学的原则和方法,运用已有的经验和知识,充分发挥自己的想象力、创造力,确定公关活动的主题和方法策略,并制定出最优活动方案的过程。首先我们要熟悉和掌握网络公关策划的构成要素和组成部分。

一、网络公关策划构成要素

进行网络公共关系策划活动,首先要了解构成网络公关策划的基本要素。目前,对网络公共关系策划的要素主要有如下三种观点：

第一种"三要素论"，即策划者、策划对象和策划方案；

第二种"四要素论"，即策划目标、策划者、策划对象和策划方案；

第三种"五要素论"，即策划者、策划依据、策划方法、策划对象、策划效果测定和评估。

总的来说，这三种观点大同小异，分析各成功公共关系案例，我们可以发现一项优秀的网络公共关系策划应包括如下六个要素：公关调查、策划目标、策划者、策划对象、策划方案和策划效果评估。

1. 网络公关调查

网络公关调查是成功策划的基础，它为组织树立形象、制定网络公关战略的决策提供科学依据。组织制定公关战略，需要了解社会政治、经济、文化等环境因素的特点及发展趋势，需要把握组织自身的实际情况来实事求是地规划公关目标，还需要进行周密的调查研究。对于一个企业或组织来说，进行一次调查需要花费相当大的人力、物力和财力，因此，每一次调查都应尽可能获取更多的信息。一般来说，一次成功的网络公关策划，前期的网络公关调查至少应包含五方面的信息：

第一，网络公众的心理，即网民的偏好、认知、态度、情绪等基本的心理倾向；

第二，主要竞争对手信息，即主要竞争对手的产品信息、销售信息、广告信息和已有的网络公关策划信息；

第三，政策法规，即咨询公司或组织的法律顾问要咨询或查阅相关的文献资料，以确保即将进行的策划在政策法规许可的范围内；

第四，公司或组织内部状况分析，即明确公司或组织内部的资源状况和制度建设是否可以满足将要进行的公关策划活动；

第五，公关活动平台调查，即在策划之前要对可能选择的互联网平台进行熟悉，检查其中是否适合开展公众活动、是否存在隐患。

2. 网络公关策划目标

网络公关策划目标是一个成功策划的必要条件。方向不明，网络公关策划便无法进行，只有确定了具体目标，才能开始策划达到目标的途径、方式、手段等。在具体工作中，目标又呈现多样性，并分成不同的类别。最具实践意义的分类是按目标内容分，可为以下几类。

(1) 传播信息型

网络公关活动的目标是把希望网民知道或网民想知道的信息传递给他们，一旦网民知晓，其目标就实现了。这种目标是目标体系中最基本的层次，主要是将企业发展的新动态、新成果、新举措告知网络公众。

(2) 联络感情型

相对于传播信息型来说，这是更深层次的目标。它旨在与网民建立感情、联络感情、发展感情。企业与网络公众建立起感情层次的交往，更容易取得网络公众的谅解、合作与支持。

(3) 改变态度型

这是网络公关活动的主要目标。通过网络公关活动，把网民对企业的无知、冷漠、偏见乃至敌意，转变为了解、关注、认可、同情、理解、支持等，切实营造有利于企业发展的良好环境。

（4）引起行为型

它旨在让网民接受、产生组织所期望的行为,以配合组织的工作,是具体的网络公关活动的最高层次。前几个目标也是为引起网络公众做出有利于企业发展的行为做铺垫。

3. 网络公关的策划者

策划者是一起成功策划的核心。公关策划者是网络公关活动的创意者和组织者,对整个公关策划的成败起着决定性作用。策划者以整个社会作为自己活动的舞台,公共关系策划人员所需具备的基本素质和基本技能是多方面的。如果一名公共关系策划者不具备全面的素质和能力,则很难胜任公关策划工作。一般来说,一名优秀的策划者必须具备以下三个条件。

第一,高尚的品德。品德是一定社会道德原则和道德规范在个人思想和行为中的体现,公关策划者是代表一个组织与公众打交道的,因此,高尚的品德就显得特别重要。作为一名合格的策划人员应遵守诚实、守信、正直、廉洁、守法的行为准则。

第二,宽广的知识面和深厚的人文积淀。公共关系策划者只有这样才能在复杂多变的社会面前运筹帷幄、应付自如。与此同时,策划者还必须具有相当的人文素养,这样做出的公关策划才能含义隽永,意味深远。

第三,基本的专业技能,包括组织能力、交际能力、口语能力、写作能力和创新能力。

4. 网络公关策划对象

网络公关策划的对象是成功策划的重要保证。网络公关活动不可能面对所有的公众,而应该有所选择,这就与公关的目标紧密相关。每个公关活动都有自己特定范围的公众,但不是每一次公关活动都针对组织的所有公众。一个企业在不同时期内会面临不同的公众,因此,进行网络公共关系策划首先应对企业此时期所面临的公众加以区分和明确,才能使策划出来的公共关系活动有的放矢地进行。

另外,网民的类型有多种,组织必须根据不同网络公众的特点来开展不同的筹划,只有明确具体的受众后才能有针对性地设计活动,从而有效地实现网络公关活动的目标。混淆网络公众的类型会产生很多不利的后果,如力量和资金不加区分地分散在过多的网络平台中,不加区分地发表网络信息,忽略其对不同人群的适用性,最终使目标难以实现。

5. 网络公关策划方案

网络公关策划方案是策划过程的书面体现,也是公关策划的最终表现形式。一个好的网络公关策划方案能够吸引客户和领导。策划方案的灵魂是创意,方案应尽可能简洁,减少文字叙述而较多采用图表、照片以及音频、视频等媒体形式,以使方案看起来更加直观、生动。一个完整的策划方案应包括以下几个部分。

（1）设计活动主题

一次网络公关活动往往是由多个项目组成的,所有项目必须突出一个中心主题,并且使所有行动围绕这一主题,形成整体合力,避免各个行动中心不一、作用分散而互相抵触。

（2）设计具体活动项目

网络公关项目一般指单个的具体形式的活动。设计具体活动项目是策划中最本质、最灵活也最富技巧的关键行动。它主要确定五个问题:开展什么形式的活动? 有多少项目?

如何开展？项目之间如何衔接？如何使活动有新意、有特色、与众不同？

（3）选择行动时机

任何公关活动都是在一定时空范围内展开的，时空里的诸多因素都会对活动产生或积极或消极的影响。网络公关策划必须考虑时机，以求充分利用一切有利因素，实现最佳效果。时机利用得好，便事半功倍；反之，则会导致失败。选择时机要避开不利时机，捕捉有利时机。

（4）确定大众传媒

网络公关宣传离不开网络传媒，选择网络传媒应当要考虑公关目标、受众特点、传播内容、媒介特点、自身经济条件等因素，合理利用网络传媒以扩大影响。

6. 效果评估

对网络公关策划效果的评估是成功策划的最后一个环节。一般而言，策划的效果在短期内较难评估，这里所讲的评估特指网络公关活动结束后，在短期内对网络公关策划方案的创意、文案的评估与测量。这种测量一般有两种方法：一是定性的方法，即通过对非量化的结果进行评价，如调查网络公众对此次网络公关活动的主观感受；一是定量的方法，即通过对量化的结果进行估算，如在网络公关活动完成后，统计网络公众对组织的了解度、好评度等。

二、策划网络公关的原则

和传统的公关策划一样，网络公关策划的公关人员必须遵守一些必要的原则，才能在有利于社会和谐的大前提下进行有效的活动，从而避免一些由此引发的社会道德问题和经济纠纷。

1. 求实原则

实事求是，不仅是传统公关策划必须遵守的最基本的一条原则，更是网络公关策划的一条最重要的原则。和传统公关活动相比，网络公关活动因其缺乏可靠的保障而使人们对其将信将疑，望而却步，所以向网络公众传递真实的信息，就成了网络公关活动成败的关键。甚至可以说，实事求是是网络公关策划必要的基石。没有了这块基石，一切的公关活动都是空中楼阁，企业即使因此获得短期的经济效益，最终也都会因为自己编造的谎言而失去公众的信赖，从而使企业的形象毁于一旦，不可避免地走向失败。

在策划网络公关活动时，遵守这一原则天线主要体现在以下三个方面：首先，策划必须建立在对事实真实把握的基础上；其次，要以诚恳的态度向公众如实传递信息；最后，要根据实际的变化来不断调整策划的策略和时机等。

2. 系统原则

在网络公关策划中，应将整个公关活动作为一个系统工程来认识，按照系统的观点和方法予以谋划统筹。整个公关活动要有一个明确、鲜明、统一的主题，即使出现策划是由各个不同的小型活动拼接构成的情况，也一定要贯穿这个主题，以便让参加此次活动的受众能够及时地辨别出整个活动的主角，以免混淆视听。同时使受众能通过整个公关活动更好地了解这个主题。

3. 创新原则

互联网不仅给企业提供了更快捷方便的传播媒介和更大的展示平台,同样还向网络公众提供了更加丰富的信息资讯。网络公众每天接受着成千上万条信息,难免会形成审美疲劳,如果组织的活动策划和其他企业如出一辙,那么大多数网络公众都不会对此产生浓厚的兴趣,甚至导致公关活动的影响面被大幅度缩减和公关活动最终效果被减弱的情况。因此,网络公关策划必须打破传统,不能拘泥于大众已经熟悉的方式手段,要不断地创造出别出心裁的方法来吸引公众的眼球,还要在公关活动的内容上推陈出新,使网络公关活动能保持其互动性、趣味性、新颖性,从而给公众留下深刻而美好的印象。

4. 弹性原则

网络公关策划对网络公关活动的实施和开展有着极强的指导作用。在一般情况下,我们要按照策划的步骤来实施整个网络公关活动,以保证整个活动能够井井有条地实施。然而,由于公关活动涉及的不可控因素很多,任何人都难以把控,留有余地才可进退自如。在一些特殊情况下,如在网络社交平台的公关活动中,网民之间出现了有损社会风气、不文明的谩骂等行为,公关人员就要作为第三者及时出来调解,避免这些因素对公关活动产生不良影响,使公关活动效果剧减。

5. 伦理道德原则

社会道德准则也是网络公关策划必须遵守的重要原则之一。在如今的社会中,出现了许多一味追求个人私利甚至违背社会道德和良心的网络公关活动,许多公关公司或者企业为了达到自己的目的无视社会利益,以牺牲公众的利益为代价谋取暴利。这种做法貌似能给企业带来良好的经济效益,也能让公关公司顺利完成任务,获得丰厚的回报,但从长远来看,这种行为将严重影响企业的发展壮大。所以,我们一定要严格遵守伦理道德规范,并且要自觉担负起树立公关榜样的任务。遵循此原则的核心是,网络公关从业人员要不断提高自身的社会道德素养,组织对公关活动及其策划与从业人员行为的道德要求日趋严格。

6. 心理原则

成功的公关策划必然是基于策划人员对网络公众的行为活动进行仔细观察,并从心理学角度进行深入分析后得出的,如果没有心理学的帮助,公关活动是无法出彩的。作为网络公关活动的策划者,只有更好地洞察网络公众的心理,才能将网络公关活动策划得迎合人心,吸引更多网民和舆论媒体的注意,从而达到更好的公关效果。在策划过程中,策划者务必运用心理学的一般原理及其在网络公关中的应用方法论,正确把握网络公众心理,遵循网络公众的心理活动规律,因势利导,结合弹性原则以达到最佳公关效果。

7. 效益原则

无论是网络公关还是传统公关,其最终目的都是不变的,即为了提高企业的效益,所以公关人员在策划公关活动时必须考虑效益。为了达到效益的最大化,公关人员要在保证策划活动能完满地实施且达到理想效果的前提下,以相对较少的公关活动费用,去取得更佳的公关效果。只有这样,才能更好地达到企业的公关目标。

三、网络公关策划的方法

网络公关策划的方法很多,这里介绍几种常用的方法。

1. 创造性思维

网络公关策划活动是一项具有高度主观性和能动性的活动。它必须要求企业的公关人员具有一定的创新思维能力，以确保能策划出独特、新颖的活动方案。因此，创造性思维是公关人员必备的基本素质。常见的创造性思维方法有：

（1）特尔斐法

特尔斐法，又称专家意见法，是一种反复征求意见的策划方法。它要求组织将策划的主题内容、目标、要求一并寄给策划者，请其独立完成一个方案，限期收回，再由人专门整理后，以不公布姓名的方式将其寄给专家，继续征询意见。经过几轮如此反复，直到意见趋于一致时为止。

使用这种方法要考虑两个问题：第一，要注意专家代表的选取，尽可能保证代表的结构合理，使专家们的意见具有更大的代表性；第二，要注意避免"权威者"左右与会专家的意见，尽可能让专家有充分发表意见的机会，并不受他人意见的干扰。

（2）头脑风暴法

头脑风暴法，又称脑力激荡法、畅谈会法，是1939年由美国BBDO广告公司经理奥斯本创立的一种集体策划方法。它是通过一种特殊的小型（5至10人）会议，按照一定的规则和程序，在轻松融洽的气氛中，使与会者毫无顾忌地提出各种想法，面对面地互相激励，引起联想，导致创造性设想的连锁反应，从而产生众多的创造性设想。此方法不允许重复别人的意见，但可以补充和发展；也不能对别人的意见提出反驳和批评，且想法越多越好，不受限制。

（3）灵感诱导法

灵感是一种突如其来的创造性思维的成果，其产生往往要靠外部诱因的出现，即当外部的诱因与个人头脑中隐藏的某个知识信息点相结合时，就会产生灵感，而这种灵感往往会带来好的策划"点子"，从而设计出好的方案。因此，策划人员要善于使用灵感诱导法，发现引起灵感的各种外部诱因，进行自我激发，以产生新颖的策划灵感。

（4）逆向思维法

在日常生活中，人们总习惯按正常思维去分析和解决问题。其实，这样扼杀了许多创意。为此，网络公关就需要策划人员与一般人思维方式不同，要善于运用反向思维方法来思考问题，以找到出奇制胜之道。这也是策划中常用的一种方法。

2. 制造新闻

制造新闻，又称"策划新闻"，是指组织的公关策划人员经过事先的精心谋划，设计出一起能引起巨大轰动效应的事件，从而吸引媒介和舆论的关注与报道。如联想Lenovo的"红本女"事件就是如此。那么，如何策划新闻？一般来说，策划新闻要注意以下几点。

第一，策划的新闻要能引起大众的兴趣。这就要求在选择策划内容时，要注意选取那些当下的热点问题或与大众利益密切相关的事情作为策划主题。这样可以将公众的利益与企业的利益合二为一，新闻的效果也就更容易得到体现。比如"自报家丑"法，即在活动举行之前，先将自己的"不足"在公众面前公开，以增加企业的诚意，赢得公众的信任。当然，这里讲的"家丑"是具有一定内涵或微不足道的，否则，不分利害大小地自扬家丑，就有可能起到副作用，所以运用时要谨慎。

第二，策划新闻时，要注意策划形式的独特性。仅有内容的时代性还不行，策划的形式也要有时代感,要有所设计,具有新颖独特性,否则会由于形式的老套而使精彩的内容没机会展现出来。

曾经有一家网络游戏公司为了宣传自己刚推出的游戏,在微博上发出"打完 boss 成 boss"的消息,即如果能在规定时间内打完游戏里的 boss,就可以成为该公司的 boss,结果众多人来应试,竟无一人完成赏金任务,但该公司取得了巨大的轰动效果。

第三,策划新闻时,要注意利用好的时机和高明的手段。如果有好的创意内容和形式,但由于没选准好时机,也会造成策划活动的失败。如果选择了社会上"策划新闻"的高峰期,自己的策划创意很可能淹没在这大潮中。关于时机的选择,一方面可以采取主动形式,即在一些重大节日开展活动,另一方面也可避开节假日的高峰期,选择新闻淡季开展活动。此外,策划新闻时最好能利用一些名流效应,可以选择与名人、名物、名言在一起的时候开展策划活动,借名人、名物、名言之誉扬自己之声。比如,近几年凡客诚品网站相继邀请王珞丹、韩寒、李宇春担任该网站的形象代言人,他们率性、洒脱、不羁的形象,暗合了产品和品牌的个性与特征,网站取得了良好的公关效果。

所以,策划新闻活动要抓住"独特、新颖、个性"的原则来开展,这样才能吸引广大公众的目光,从而实现预期效果。当然,策划新闻必须要遵循实事求是的原则,不能一味为了追求效果而编造新闻,那就犯了公关活动的"大忌"——不讲实话,最终将被公众抛弃,被市场抛弃。

四、网络公关策划的程序

网络公关策划是一项系统工程,它包含许多层次的内容与步骤。一般而言,网络公关的策划具体程序有以下几个步骤。

1. 综合分析,寻求理由

网络公关策划人员被称为"开方专家",如同医生拿到一系列病患者的检查化验报告,要开出一个理想的治疗方案,医生必须首先对这些资料进行再一次的综合分析,确定问题之所在,再对症下药一样。公关人员进行公关策划的第一步,就是综合分析在网络公关调查中收集的信息资料,对企业进行诊断,认识问题。比如在肯德基遭遇"速成鸡"事件时,企业将降低的公众信任度作为主要问题,才能对症下药。

2. 确定目标,制订计划

(1)确定目标

确定目标是网络公关策划中的重要一步,目标一错,则步步错。所谓网络公关目标,是网络公关策划所追求和渴望达到的结果。目标规定网络公关活动要做什么,做到什么地步,要取得什么样的效果。网络公关目标的地位极为关键,它是网络公关全部活动的核心,是网络公关策划的依据,是网络公关工作的指南,是评价网络公关效果的标准,是提高网络公关工作效率的保障,也是公关人员努力的方向。

(2)制订公关计划

目标系统一旦确定网络公关目标,便可制订具体的网络公关计划。一个完整的网络公关策划方案应包括以下几个方面。

①　目标系统

网络公关目标不是一个单项的指标,而是一个目标体系。总目标下有许多分目标、项目目标和操作目标。长期目标要分解成短期目标,总目标要分成项目目标、操作目标,宏观目标要分解成微观目标,整体形象目标要分解成产品形象目标、职工形象目标、环境形象目标等。

②　公众对象

任何一个企业都有其特定的网络公众对象,确定与企业有关的网络公众对象是网络公关策划的首要任务。只有确立了公众,才能选定需要的网络公众人才、网络公关媒介及网络公关模式,才能将有限的资金和资源科学地分配使用,减少不必要的浪费,以取得最大的效益。

③　选择网络公关活动模式

公关活动模式多种多样,不同的问题、不同的公众对象、不同的企业都有相应的网络公关活动模式,没有哪一种网络公关活动模式可以解决所有问题。究竟选择哪一种网络公关活动模式,要根据公关的目标、任务、公关的对象分布、权利要求,具体确定。常见的公关模式有以下几种。

第一种,交际型公关模式。这种模式主要以人际交往为特点的网络传播为手段,通过人与人直接交往,广交朋友,建立广泛的联系。这种活动模式富有人情味,主要适用于旅游服务等第三产业部门。微博、博客、播客都是交往型公关的范例。

第二种,宣传型公关活动模式。这种活动模式重点是采用各种媒介向外传播信息。当企业要提高自己的知名度时,一般采用此种模式。开通微博、官方网站、网络活动赞助、网络广告都属于这种模式。

第三种,征询型公关活动模式。这是以民意测验、舆论调查、收集信息为活动模式。目的是为组织决策咨询收集信息。如网上的有奖征文、有奖测验、问卷调查、信访制度、举报中心、专线客服都属于征询型公关活动。这种活动有助于增强公众的参与感,提高组织的社会形象。

第四种,社会型公关活动模式。这种模式是通过开展各种社会福利活动来提高组织的知名度和美誉度。如赞助各种网络文化体育活动,公益性和福利慈善性事业等。社会型公关活动模式不局限于眼前利益,而是进行长远利益的投资,一般实力雄厚的组织可以开展此类活动。

第五种,服务型公关活动模式。它主要通过提供各种服务来提高组织的知名度和美誉度,如网购指导、网上售后服务、网上咨询培训等。

第六种,进攻型公关活动模式。这是在企业与外界环境发生激烈冲突,企业处于生死存亡的关键时刻采用的以攻为守、主动出击的公关活动模式。伊利和蒙牛之间的恶性网络战就属于这一种。

第七种,防御型公关活动模式。企业的公关部门不仅要处理好已出现的公关纠纷,还要预测、预防可能出现的公关纠纷。如及时向决策部门反映外界的批评意见,主动改进工作方式等举措。

第八种,建设型公关活动模式。它是在创建初期,企业为了给公众一个良好的"第一印象",提高组织在社会上的知名度和美誉度的一种模式。如开通官方微博,发布周年庆典视频等活动,都着眼于组织知名度的提高。

第九种,维系型公关活动模式。维系型公关活动模式的主要目的是通过不间断的宣传和工作,维持企业在网络公众心目中的良好形象。这种模式一方面通过开展各种优惠服务来吸引公众再次合作,一方面通过传播活动把企业的各种信息持续不断地传递给公众,使企业的良好形象始终保留在公众的记忆中。只要有需要,公众可能首先想到自己,接受自己。

第十种,矫正型公关活动模式。这是一种当企业遇到风险或企业的公共关系严重失调,企业形象发生严重损害时所采用的一种网络公关活动模式。这种模式的特点是及时发现问题,及时纠正错误,及时改善不良形象。

④ 确定网络公关传播的媒介

网络媒介的种类很多,各种传播媒介各有所长,亦各有所短,只有选择恰当的传媒,才能取得良好的效果。比如,新创立的公司比较适合在网络广告上投入资金,也适合开通自己的官方微博和网站,从而提高自己的知名度。

⑤ 确定时间

即制订一个科学的、详尽的网络公关计划时间表。公关计划时间表的确定,应和既定的目标系统相配合,还应按照目标管理的办法,将最终的总目标、项目目标、每一级目标所需的总时间、起止时间都列入表中,形成一个系统的时间表。

对活动的起止时间,公关人员要独具匠心,抓住最有利的时机,以取得事半功倍的效果。

⑥ 确定网络平台

即安排好每一次活动的网络平台。每次网络公关活动要与哪些网站合作,用什么形式使网民眼前一亮,都要根据网络公众对象的人数多少、完成公关项目的具体内容以及企业的财力来预先确定好。

⑦ 制订公关预算

为了少花钱多办事,在有限的投入内,获取最大的社会效益和经济效益,组织就要对公关活动进行科学的预算。编制公关预算,首先要清楚地了解组织的承受能力,做到量体裁衣,还要监督经费的开支情况,评价公关活动的成效。网络公关活动的开支构成大体如下。

首先是行政支出。其中包括劳动力成本、管理费用,以及设施材料费。

其次是项目支出。即每一个具体的项目所需的费用,如网络平台合作费、网络广告费、网络赞助费、公关活动邀请费以及咨询费、调研费等。

最后是其他各种意想不到的可能性支出,如突发性事件。

3. 分析评估,优化方案

经过认真分析信息情报,公关人员确定了网络公关策划的目标,制订了网络公关行动的方案。但这些方案是否切实可行,是否尽善尽美,就有赖于公关人员对方案的分析评估和优化组合。对网络公关方案评估的标准只有两条:一是看方案是否切实可行,二是看方案能否保证策划目标的实现。如果方案实施成功的可能性大,又能保证策划目标的实现,方案便可通过;否则,方案要加以修正优化。

方案的优化过程,也是提高方案合理性的过程。方案的优化可以从三个方面去考虑,即提高方案的可行、增强方案的目的性、降低经费开支。如果方案的目的性强,可行性高,只是费用太多,那么此方案只是可行性较差,方案的修改就以提高可行性为重点。

常见的方案优化法是综合法,即将决策出的各种方案加以全面评估,分析其优点和缺点,然后将各方案的优点移植到被选上的方案中,使被选上的方案好上加好,达到优化的目的。

4. 审定方案,准备实施

网络公关策划经过分析评估、优化组合,最终形成书面报告,交给企业的领导决策层,以最终审定决断,准备实施。任何网络公关策划方案都必须经过本企业的审核和批准,使公关目标和组织的总目标一致,以便使组织的公关活动和其他部门的工作相协调,从而得到决策层和全体员工的积极配合与支持。

策划报告能否得到决策层的认可,并最终组织实施,取决于三个因素:一是策划方案本身的质量,这是根本;二是策划报告的文字说明水准;三是决策者本身的决断水平。

决策者在进行决断时,有三点需注意:一要尊重公关人员的意见,但不要受其左右;二要运用科学的思维方法,对策划方案和背景材料进行系统的科学分析;三要依靠自己的直觉,抛弃一切表象的纠缠,这种直觉在应急对策时尤其重要。

策划方案一经审定通过,便可组织实施了。

五、网络公关策划书面格式

1. 活动背景

背景分析:这部分主要目的在于就公关传播中存在的问题进行陈述与分析,并阐明公关计划的首要目标。这部分陈述是制定项目策划案和实施计划的基础。

背景分析包括目标受众、最新调查结果、企业立场、行业发展历史,以及要实现既定目标需要克服的障碍等。在公关策划书中,我们可以将最终的公关传播目标分成几个小目标,但每个小目标都要能够回答同一个问题:我们希望获得怎样的结果?

2. 项目策划书

策划书的第二步是公关项目策划书的制定,这将为我们有效解决问题提供一个大的框架。这部分主要是从战略角度对策划案进行阐述,内容包括实现传播目标所必须采取的方法和手段。

虽然每一份公关策划案的内容都不尽相同,但通常情况下,它应该包括以下几部分:

(1) 任务实施范围和目标:即对任务性质的描述,明确项目要实现的目标是什么;

(2) 目标受众:明确目标受众群体,并根据某一标准将其分成几组,以便于管理;

(3) 调研方法:明确将采用的具体调查手段;

(4) 主要信息:明确主要诉求。在确定诉求之前,不妨先问自己这样几个问题:

① 我们想向受众传递什么信息?

② 我们希望他们对我们产生怎样的看法?

③ 如果他们收到了我们的信息,我们期望他们做出什么样的反馈?

(5) 传播工具:从战术意义上,明确计划采用的传播工具,如发布微博、开设网络专栏、开辟网络聊天室；

（6）项目组成员：明确参加本项目的主要管理和工作人员名单；

（7）计时与收费标准：项目进展阶段划分和完成日期，以及每阶段的成本预算。

3．**实施方案**

公关策划书的第三步是将前面的战术进行激活处理。这里涉及对每个相关活动实施情况的具体描述，其中包括所有参与其中的人员名单和工作安排，尤其是最终期限和活动目标。

至关重要的是，这部分要对每个活动的时间要求和预算进行最真实而详尽的监控和评估，为后期跟踪提供参考依据。在项目进行过程中，如果有突发事件发生，也应该随时对相关因素进行更正与补充。

4．**效果评估**

这是最关键的部分，即根据事先的预测，对整个公关过程进行绩效评估。这时，我们的主要任务就是为下面的问题提供答案：

（1）本项目是否有效？

（2）哪部分获得的效果最佳？哪部分效果最差？

（3）活动的实施是否严格按照我们策划书内容进行？

（4）受众对我们工作的认可度是否令人满意？

（5）最重要的是，活动结束后，社区、消费者、管理层，或更广泛意义上的公众，是否像我们最初策划时所期望的那样，对我们的态度有所改观？

第三节　网络公关策划案例

德芙春季促销活动网络公关方案

一、活动背景

春天是巧克力传统销售的淡季，德芙计划在上海试点促销，以推动淡季的销售，本次活动仅限于这座城市，如何利用网络传播制造最大的影响力成为关键。

slogan：愉悦春日　甜蜜相随

实施期间：春季

目标：以年轻的都市女性为诉求对象，强调春季也是吃巧克力的好时节；制造并引发话题，在春季巧克力的销售淡季，促进德芙的市场销售。

对任务的解读：在网络海量信息中吸引眼球，引发网友对德芙活动主张的响应。

德芙活动主张：愉悦春日　甜蜜相随！

二、策划方案与实施

1．**活动方案**

方案1：跨校巧克力传情活动

在上海挑选8大高校，邀请8位在校帅哥/美女作为传情使者，8大高校的学生可以委托帅哥/美女为自己心仪的人送去德芙巧克力。每周每个学校限额100名,每次活动的照片被发布在网上。

辅助话题:

(1) 爆笑视频《校草巧克力传情(快递篇)》

(2) 视频《谈恋爱要么用全力,要不就用巧克力》

结合视频、图片故事等制造周边话题进行传播。

方案2:巧克力传情网络行为秀

一个单纯可爱的女孩,是一个另类的90后,她喜欢上网,讨厌现在社会中的人情冷漠。有一天她突发奇想,要做一个网络上的爱情速递员,于是她在网络拍客的帮助下,开始了自己的网络传情之旅,她同时在几大网站上发布帮助帖,内容是她愿意义务帮助别人传递爱意,只要你提出帮助请求,她都会义务地帮你完成传情使命,然后一系列有趣的任务产生了。每一个任务最后都会将实拍图片发布在网上。

方案3:四月自信活动(街头搭讪送巧克力)

网络上一群宅男/宅女为寻找自信,自发组织了一场四月自信活动,走上街头搭讪异性,并请求与异性嘴对嘴咬同一颗巧克力。每次活动都被拍成照片和视频与网友分享。大胆的行为鼓励更多网友的加入。

备选:巧克力传情千人斩

找1 000个人用嘴一个挨一个地传递一颗德芙巧克力,做成病毒视频或网站传播进程。

表15-1 德芙春季促销网络公关活动方案

愉悦春日　甜蜜相随			
阶段划分	预　热	高　潮	深　度　传　播
媒体选择	15家媒体＋30家论坛＋10位名博	15家媒体＋30家论坛＋5位名博	15家媒体＋5位名博＋30家论坛
推广力度	1篇软文＋3篇论坛帖＋10篇博文	2篇软文＋3篇论坛帖＋5篇博文	1篇软文＋5篇博文＋2篇论坛帖
细分策略　网络公关	论坛＋名博广而告知	配合传情活动,带动网民互动	配合活动,针对不同人群扩散传播
细分策略　活动传播	网络事件炒作⇨线下活动传播⇨活动话题延伸,结合社会热点传播,扩大传播范围和传播力度,扩大知名度		
预期效果	主流核心媒体,热点论坛的信息广泛覆盖,达到广而告知的效果	结合活动的话题,增加发稿数量,扩大传播面,引导网民互动,让传情活动更加深入人心	继续结合活动的话题,保持发稿数量,配合博客意见领袖传播,扩大传播面,有针对性地使受众更加关注德芙巧克力
地域覆盖	试点城市⇨覆盖全国		
人群覆盖	核心人群:都市白领,大学生⇨全部网民		

2. 事件推广步骤

第一步:挑选并确定发布ID,针对该ID进行相关论坛的预热,首发版块为猫扑大杂烩的五花八门版和天涯的贴图专区版。

第二步:德芙巧克力作为传情的载体,自然植入网络,吸引网友进一步关注,同时转发到其他各大论坛,并形成网友自然转发传播。

第三步:对网民舆论进行引导,形成对德芙的关注。如果过程并未引起网民的更多关注,我们将动用网站资源给予协助推广。

炒作核心阵地:天涯社区、猫扑。

首先,天涯作为国内排名第一的中文社区网站,猫扑作为国内第一娱乐社区,都有着极高的人气和网民黏粘度。

其次,天涯、猫扑网友有网络舆论风向标的作用。

最后,天涯上所讨论的内容,多以"人文感情"为核心,猫扑以"情感娱乐"为核心,与"巧克力"相关话题调性吻合。

(1)在论坛内进行口碑覆盖推广

利用亮点话题,渗透到目标人群关注的网站中,扩大德芙巧克力在春季的曝光度。利用口口相传的作用,增强口碑好感度。

(2)论坛话题举例

利用社区覆盖面大的优势,渗透到目标人群聚集的论坛中。如表15-2所示。

表15-2

序　号	标　题　示　例
1	《喂陌生异性吃巧克力》
2	《雷,嘴对嘴吃巧克力!》
3	《校花居然送巧克力给我,灰常诧异~》
4	《偷看妹妹的巧克力传情日记》
5	……

(3)论坛表现形式——网络图片剧

《巧克力传情日记》:以德芙巧克力为背景对脚本故事进行实拍,是极富感染力和影响力的手段。

(4)论坛传播执行建议

① 每周策划撰写2个相关话题,传播期(4周)共策划8个传播话题;

② 每周将2个主题分批次发布到30家论坛进行传播;

③ 相关版块:板块类别与主题内容相符,人气高、互动性强;

④ 及时关注受众的观点,制定相应话题,增强帖子的互动性,达到口碑相传的效果,加深受众对产品的认知;

⑤ 以每24小时为一周期对帖子进行监测,发现帖子被删,及时补充新帖,以保证有效帖数量;

⑥ 对帖子进行维护,使帖子尽可能长时间地保留在板块首页,以确保点击量与回复量;

⑦ 发表引导性回复,确保帖子对产品的正面宣传。

(5) 论坛传播效果预估

总帖量:普通论坛帖 240 个

主题量:8 个

点击量:每帖平均点击 2 000 次以上

回复量:每帖平均回复 10 个以上

有效帖:80% 以上

总点击量:480 000 次以上

总回复量:2 400 个以上

被推荐量:5%

被转载量:15%

3. 新闻软文传播

(1) 配合活动进行新闻软文发布;

(2) 常规发布平台:门户网站、女性垂直等重要媒体,保证一定的曝光量。

公关新闻传播标题示例,如表 15-3 所示。

表 15-3

传播阶段	传播角度	标 题 示 例
活动预热期	事件新闻	《德芙出新招欲抢占巧克力春日市场》
	品牌评论	《德芙玩另类营销,为白领制造"传情通道"》
		备选:《瞄准都市女白领,德芙将再撼全国》
活动高潮期	事件新闻	《恋爱要用巧克力,×万白领加入巧克力传情》
	消费者	《"办公室恋情"升温》
活动盘点期	品牌深度	《传情达意,德芙巧克力俘获年轻女孩心》
	行业评论	《愉悦春日 甜蜜相随——德芙攻克春季巧克力市场》

4. 媒体选择

(1) 核心投放媒体

① 媒体特征:选择白领受众广覆盖、高使用、综合性、可进行多样性合作的媒体;

② 媒体推荐:新浪网、腾讯网、搜狐网。

(2) 重要投放媒体

① 媒体特征:人群覆盖广、特色内容、用户黏性/互动性高的媒体;

② 媒体推荐:猫扑网、和讯网、凤凰网。

(3) 补充投放媒体

① 媒体特征：目标受众浏览率高的时尚网站和女性网站；

② 媒体推荐：时尚网、瑞丽女性网。

5．名人博客传播

类　型	描　述	视　频
博客—名人博客	邀请网络名博（具有大量粉丝与关注）撰写内容营销稿件，并发布在其博客上，随后博客首页放大	《4月巧克力的爱情物语》、《谈恋爱要么用全力，要么就用巧克力》

（1）推荐名博：邀请20位年龄在20至40岁之间的网络名人博客，职业分别为时尚白领、娱乐圈评论家、歌手作家。她们有固定粉丝群体，在白领女性中有较大的影响力。如表15-4所示。

表 15-4

  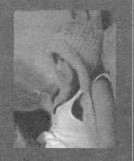 

博客名：苏芩女性观察
职业：女高管
访问量：23 441 612
介绍：女性文化专栏作家，苏芩的手记博文以探索女性问题、传播女性文化为宗旨。内涵丰富，受众多为有一定阅历的知识女性。

博客名：珈妮凝月
职业：时尚白领
访问量：2 589 402
介绍：搜狐时尚圈主，百万级时尚白领博客，博客以时尚装扮及职场生活为主，众多时尚白领是其忠实粉丝。

博客名：轶宝宝
职业：外企白领
访问量：8 822 292
介绍：网络当红写手，人称"新浪最完美的毒药MM"，其暧昧文风、性感自拍，时尚小资的生活气息，令其拥有千万忠实粉丝。

博客名：孙思怡的BLOG
职业：歌手
访问量：1 412 095
介绍：上海璇宫文化传播有限公司歌手，发行过个人专辑《美丽心境》，小说《天空，是凝固的海洋》已正式在新浪读书频道独家连载。

（2）博主列表，如表15-5所示。

表 15-5

姓　名	博　客　地　址
轶宝宝	http://blog.sina.com.cn/wings
樊七七	http://blog.sina.com.cn/menglikeer

（续 表）

姓 名	博 客 地 址
魔绳绳	http：//blog. sina. com. cn/wingfay
苏 芩	http：//blog. sina. com. cn/u/1249159055
怀 柔	http：//lianchenwuran30. blog. 163. com/
小老虎	http：//xiaofengshan. blog. sohu. com/
禁止心跳	http：//blog. tom. com/tsyirang
刘士功	http：//blog. sina. com. cn/liushigong123
非 文	http：//blog. sina. com. cn/wenbingsheng
吴明娟	http：//blog. sina. com. cn/wumingjuan

6. Wiki 传播规划

（1）策略初衷

① Wiki 是一种多人协作的写作工具。人人参与写作，知识开放式共享；

② 在 web 2.0 时代，网民习惯在百度贴吧、新浪爱问、搜狐说吧等 Wiki 中发现问题、提出问题、解决问题。

（2）策略实施

① 设计与推广对德芙品牌有利的问题，在热门 Wiki 网站中广泛发布；

② 充分利用 Wiki 意见领袖的力量，对与德芙及活动有关的问题进行积极推荐与有效引导。

（3）策略目标

通过关键词选取和内容方面的设计，获取较好的搜索排名，占据搜索引擎相关搜索首页。

（4）Wiki 传播示例

问：德芙巧克力在上海有什么促销活动么？

答：有一个"愉悦春日 甜蜜相随"的促销活动。具体参见表 15 - 6。

表 15 - 6

百度知道	http：//zhidao. baidu. com/
新浪爱问	http：//iask. sina. com. cn/
奇虎	http：//www. qihoo. com/
Soso	http：//wenwen. soso. com/
天涯来吧	http：//laiba. tianya. cn/
雅虎知识堂	http：//ask. koubei. com/

7. 策略执行——信息覆盖。见表 15-7 所示。

表 15-7

阶段划分	第一周	第二周	第三周	第四周
传播目标	在核心主流媒体和热点论坛发布稿件，达到一个广而告之的效果。			
传播规划	事件引爆：天涯和猫扑为阵地，引爆网民对事件的热点关注	市场培育：启发春天也是吃巧克力的好季节	参与：吸引网民参与线上互动和线下活动	配合活动升华主题：愉悦春日　甜蜜相随
具体主题示例	新闻："2010跨校巧克力传情活动开启" Wiki："巧克力传情事件相关" 博客："恋爱要么用全力，要么用巧克力" 论坛："雷，BT女企图跟我BF" "嘴对嘴吃巧克力!" 论坛："和陌生异性嘴对嘴吃巧克力的快感"	新闻："德芙出新招，欲抢占巧克力春日市场" 视频：《南大校草巧克力传情（快递篇）》 博客："巧克力与当月运程" 论坛："南大校花居然送巧克力给我，灰常诧异" Wiki："春天与巧克力话题"	软文："恋爱要用巧克力传情" 博客："4月巧克力的爱情物语" Wiki：线下活动指南 论坛："写字楼搭讪MM实拍，强悍啊!"	线下主题活动 软文："传情达意，德芙巧克力俘获年轻女孩心" 软文："愉悦春日甜蜜相随，德芙攻克春季巧克力市场" 博客："泡妞不能用蛮力，要用巧克力" 论坛："闺蜜说：每晚床上运动不能尽全力，要吃巧克力"
媒体选择	15家新闻、女性类媒体＋30家白领、女性、娱乐、情感等类论坛＋30个知名博客			
推广力度	4篇软文＋8篇论坛帖＋20篇博客＋4段病毒视频＋20篇Wiki			

8. 效果预估

附加价值：5 万个高质量官网访问人次

全阶段传达人次：500 万人

全阶段搜索收录：10 000 篇

全阶段公关价值：正面口碑比例 90%

搜索引擎覆盖率：前三页 30%

（1）博客效果预估

① 邀请 20 名知名博客进行博文创作；

② 领域为时尚、女性、娱乐等；

③ 博客主分布在新浪、搜狐、网易、腾讯等知名门户网站；

④ 博文内容可根据客户需求创作，自然融入宣传点；

⑤ 推广过程中，博客作品浏览人数不低于 40 万（以各个博客网站的第三方点击浏览统

计数为准);

⑥ 博文在网站相关频道和博客圈被推荐置顶次数不低于20%。

(2) 论坛效果预估

① 每篇帖子覆盖至少30个相关网络社区版面;

② 共撰写主题不低于8篇;

③ 总发布帖子不低于240篇,对策划主题帖进行引导回复累计不少于2 400条;

④ 常规主题帖浏览人数累计不低于50万(以各个社区论坛的第三方点击浏览统计数,时间为一个月);事件炒作主题浏览人数累计不低于500万;

⑤ 主题帖在相关社区版面被推荐置顶、加精的次数不低于10%。

(3) 工作量化。如表15-8所示。

表 15-8

渠　道	项　目	描　　　述	量　化　内　容
新闻软文	稿件撰写	选择合适角度进行稿件撰写	4篇稿件撰写
	稿件发布	结合稿件内容选择适合媒体进行发布	每篇稿件发布15家核心网站
论坛	原创大帖	根据品牌特点、策划撰写论坛原创帖	8篇论坛原创大帖
	帖子二次传播	将论坛原创帖在各大相关渠道板块进行二次传播,扩大帖子覆盖面	每篇稿件传播30篇次,共240篇次二次传播
	回帖维护	对发布的帖子进行专项舆论维护、回帖	每月2 400条以上论坛帖子的主动回复
Wiki问答	问题	设计与宣传点相关的网友提问	20条左右问题设计
	回答	最有利于品牌利益点的回复设计	每个问题2条回答,每月共计20条
事件炒作	线下执行	事件涉及线下实施执行	按实际项目定量
	线上炒作	线上传播推广,制造社会热点	按照效果计
博客	博客约稿	知名博客邀请,撰文分享	共20篇名博稿件发布

思考题

1. 在进行网络公关策划时,要注意哪些原则?

2. 网络公关策划的目标有哪些种类?

3. 网络公关活动模式有哪些?

第十六章
网络公关的伦理道德

从网络公关活动产生之日起,伦理道德规范和要求就一直与其相伴。在网络公关活动中追求的善和道德构成了网络公关伦理,它要求网络公关活动不能仅仅具有社会属性,去满足公关主体作为理性经济人追求自身价值的最大化,还应具有道德属性,通过对自身职业道德的要求,塑造和传播公关主体的良好形象,在实现自身利益的同时兼顾社会和公众的利益。

第一节　网络公关中的伦理问题

近几十年来,网络进入社会生活的程度不断加深,公关活动也更多地倚重于网络,在公关活动信息化过渡的进程中出现了各种伦理道德问题。在网络新媒体时代,由于新媒体具有快速性、时效性、互动性、匿名性、不可验证性、低成本性等特点,伦理道德准则和规范被模糊,导致网络公关的公信力受到了很大程度的削弱,一些不道德的公关公司雇佣职业或业余的公关人员在网络上传播消息,引起人们的注意,再进一步吸引传统媒体跟进,是新媒体时代公关活动惯用的手法。这样一环扣一环的宣传手段,使传播产生涟漪效应,与此同时,也给公安部门的监控和对网络犯罪行为的追踪带来了困难。在这种情况下,良好的企业公关形象已经成为企业存亡的重要条件之一,很多时候,一则不利于企业公关形象塑造的消息一旦传播出去,就会导致长期经营的品牌毁于一旦。

网络公关作为公关组织机构和网络公共环境之间的沟通和传播者,是一个网络公关组织用传播手段使自己与相关实体和虚拟的公众之间形成双向交流,使双方达成相互了解和相互适应的管理活动。人们在从事网络公关活动的过程中,不可避免地会对网络公关活动产生伦理道德规范和要求,网络公关从业人员要通过规范自身的职业道德行为,塑造良好的公关形象,达到良好的沟通和传播目的。网络公共关系的主体不是个人,而是社会组织,包括政治的、宗教的、文化的、公益的等,然而任何组织在社会中生存下去,都需要或多或少地承担相应的社会责任,必须在充分考虑公众利益要求的基础上,实现自身的发展目标,这也就要求网络公关组织要遵守相关的法律法规,使其行为合乎道德和法律的要求,只有这样才可以成功实现其沟通传播和协调的功能。网络公关伦理(PR Ethics)研究的就是在网络公关活动中的伦理道德问题,一方面是指网络公关从业人员通过对职业道德的遵守实现良好塑造公关形象的目的,另一方面是指网络公关组织通过承担相应的社会责任,维护公众的利益。

第二节　网络公关伦理道德的基本要素及规范

网络伦理规范是网络伦理学最基本的组成部分。规范是规则、准则的意思,行为规范,是社会群体或个人在参与社会活动中所遵循的规则、准则的总称,是社会认可和人们普遍接受的具有一般约束力的行为标准。网络公关行为规范告诉人们,在从事网络公关活动时,应该做什么,不应该做什么,提醒人们应该时刻遵守内心的那把道德标尺,使人们形成一种自我约束力。

1. 网络公关伦理的底线：真实性

网络信息传播具有匿名性，一般人无法得知信息的来源，也无法得知信息真实与否，这就使得很多不法企业经营者利用网络的这种特性，进行虚假信息传播，趁机抢占市场，进行恶性竞争，这种行为不但侵害了消费者的知情权，同时也对企业经营者的公关形象造成极大破坏。

网络公关的主要职能是传播资讯和进行沟通，为了使更多的人接受到传播的消息，公关公司难免对源信息进行包装和加工，用各种传媒手段传播出去，这就导致信息在处理过程中会有一定程度的改变，有可能出于宣传的目的对信息进行放大或者对不利于企业发展的信息进行缩小，甚至隐瞒不予宣传。而站在公众的角度，由于对相关网络公关的运作机制不了解，缺乏基本的辨别能力，于是只能被动地接受收到的信息。对一个组织来说，能和公众达成的最高共识就是彼此间互相信任，认可各自传递信息的真实性，公关信息的真实性是一个公关组织生存和发展的底线，也是每一个公关从业人员的基本良知和责任。

2. 网络公关的核心：信誉度

信誉是公众认知的心理转变过程，是组织的行为取得社会认可，从而取得资源、机会和支持，进而完成价值创造的能力的总和。信息的真实性是公关组织信誉度产生的根基和第一要义。网络信誉度是网络公关组织赖以生存的无形资产，是网络公关组织立足市场，获得竞争优势的法宝。一旦企业的信誉度受到损坏，将很难修复。企业的无形资产和有形资产总是相辅相成的，公关信誉可以提升企业有形资产的价值，对企业而言，公关信誉的丧失不仅意味着作为信誉投资的沉淀成本丧失了，而且与此相匹配的有形资产的价值和其他无形资产的价值也大大受损。一旦信誉受损，企业也必将受到相应的惩罚。

3. 网络公关的两大基本规范：责任与信任

网络公关组织面对的公众对象范围很大，包括了企业内部的员工、管理人员、股东，还包括外部的政府、社区、供应商、经营商等，网络公关组织力图通过信息的传播和沟通协调，形成和公众之间的良好关系，而这种良好的关系是建立在彼此相互信任之上的。要达到这种信任，又与网络公关组织的自我约束力，即自律，是紧密相关的，这种自律源自一个组织强烈的社会责任感。因此，责任和信任共同构成了网络公关的两大基本规范，建构着网络公关的基本伦理道德架构。而进一步，网络公关组织的道德责任大致可以分为以下四点。

（1）网络公共组织需要对组织自身负责。由于网络公关伦理道德不是硬性和强制性的，而更多的是靠网络公关主体自身的约束力，即我们所说的自律，有的网络公关主体自我道德约束力不强，在面对物质诱惑的时候，往往会选择眼前的蝇头小利，这样就违背了网络公关伦理道德。对自身负责也包括对组织内部员工的负责，既然身处一个工作环境中，或多或少地会产生互相的竞争，这些竞争包括职位晋升、薪酬分配、绩效核算、上级赏识等方面，如何协调好职员之间的关系，营造一个和谐的工作环境是公共组织良性发展的必要条件。

（2）网络公关组织需要对雇主负责。这包括对雇主的内部资料进行保密，作为网络公共从业人员无论是否处于雇主的合同期限内，都应该对雇主企业的相关资料予以保密，这是每一个网络公关从业人员的基本良知和责任。对雇主负责另一方面也体现在对雇主违反公共道德的提议需要驳回，对雇主提出的虚假宣传自己企业的要求要拒绝，坚持对网络公关宣传真实性的坚守,这既是对自身从业道德和行业规范的遵守,也是对雇主企业声誉度的负责。

(3) 网络公关组织需对客户负责。网络公关主体对信息进行传播,客户通过网络公关组织的宣传获得信息,然后进行相关的消费选择,只有客户获得正确的信息,才能做出正确的消费决策。然而,网络公关组织传播出的信息往往不能准确反映产品的真实情况,或多或少会放大其优点,掩盖其缺点,这样就会对客户造成误导。于是很多消费者每次消费时都会对产品的质量抱以怀疑态度,尽管产品的网络公关宣传做得很好,比如一项产品在网站上随后跟进的评论都很好,但是由于互联网的匿名性,消费者不得不怀疑后面的评论是不是公关从业人员自己制造出来的。

(4) 网络公关组织对环境负责。近年来,环境问题逐渐成为社会关注的焦点,更多的消费者在消费时,会去关注产品是否环保、可回收,比如很多消费者在选用餐具的时候会选择可降解的一次性餐具,或者关注是不是符合国际上统一考核企业环境保护状态的 ISO 14000 标准。因此,网络公关宣传上需要考虑环保意识的渗透,以体现网络公关组织的价值取向和社会价值取向的一致性,这样也有助于树立公关组织社会责任感的形象,以便于更好地开展公关活动。

4. 网络公关伦理的道德范畴:义务、公正、平等、保密等

范畴是人在思维过程中,用来把握事物、现象及其特性、方面和关系等的普遍本质的基本概念。道德范畴就是反映道德现象的一些基本概念,它体现了一定道德原则和规范,标志着宏观的、外在的道德要求转化为主观的、内心的道德要求。

网络伦理道德规范是对网络公关伦理的底线、核心、规范的补充,道德规范相当于骨骼,具有架构整体结构的作用,而网络伦理道德范畴则相当于血肉,在骨骼的基础上补充网络公关伦理体系。在网络公关中,道德范畴可以归纳为义务、公正、平等、保密等。

首先,义务指网络公关组织需要对网络公关客体所应尽的服务、工作和行为,是网络公关组织为了获得利益所必须付出的价值支出。网络公关组织的义务不具备强制性,它更多的是取决于网络公关主体的内心需要和高度自觉。网络公关组织为了组织的声誉度和自身的职业道德性,必然会自觉承担自身的道德义务,为自己的所作所为承担责任。例如,当网络公关公司面对一家企业要求进行虚假信息的宣传时,有道德义务感和良知的公关从业人员则会拒绝企业的要求,哪怕以牺牲自身的盈利为代价。当然,义与利相伴而生的,当网络公关组织积极承担道德义务时,自身的声誉和公信力会随之提升,这种提升给网络公关组织的进一步发展壮大提供了更多的机会。

其次,公正在英文中为 Justice,在汉语中解释为"公平正直,没有偏私"。在网络公关中则体现在对各方利益的均衡、不偏倚,不会为了一方利益的实现而损害他人的利益。实现公正,既需要对公关从业人员的道德、人格有很高的要求,也需要对社会组织的伦理予以界定。体现在实践中,则是在当组织的利益和公众的利益发生冲突时,网络公关组织会如何去权衡,这种权衡,既不是以牺牲自身的利益为代价,也不是以牺牲公众的利益为前提,因为网络公关组织不是慈善机构,它作为一个理性经济人,需要以盈利为目的去维持自身的生存和发展,因此这就需要设定一个规则,在这个规则的约束下,达到双方利益的均衡化,而双方都不可以逾越这一规则行使职责,一旦犯规则会受到相应的惩罚。

再次,如果说公正是力求达到公关组织和公众之间的利益均衡,那么平等就是组织作为

协调者,力求达到不同群体的公众之间的利益均衡。它不因公众群体的差异或者媒介本身的级别而把服务对象划分为三六九等,而是在一个共同的标准下对公关信息进行传播和协调。网络公关组织在面对服务客体时,需要平等地、无差别地对待,这是网络公关伦理道德的基本要求。

最后,保密是网络公关组织信誉度建立的保证,一家网络公关公司在替企业做网络公关宣传的过程中难免涉及企业的内部机密性信息,网络公关组织有义务确保不将这些机密信息泄露给对方的竞争者,替客户保密,不泄露客户的个人信息是一种职业伦理道德的基本要求。试想,如果一家网络公关公司连客户的基本信息都不能保密,它还能在市场立足吗?

第三节 网络公关伦理道德的塑造

虽然网络公关给公关行业带来了翻天覆地的变革,使信息的传播打破了时空的约束,也给网络公关组织带来了极大的盈利空间,但与此同时,一些网络公关组织抵抗不了金钱的诱惑,做出一些违反道德的事,用网络公关手段歪曲是非,对负面信息进行屏蔽,掉入了"伪公关"、"黑公关"的道德陷阱中不能自拔。如果要塑造良好的网络公关伦理道德环境,需要从以下几点着手。

1. 提高网络公关从业人员的素质

我国网络公关业的高层次专业人才缺乏。目前,低水平、技能单一的公关从业人员过多,而高水平、具有复合型才能的网络公关从业人员严重缺乏,这直接导致了很多网络公关组织的自我约束力和道德认知度不高。为了塑造一个良性发展的网络伦理道德环境,提高网络从业人员的职业道德素质是最直接的途径,只有所有网络公关从业人员都严格恪守职业道德规范,才能确保公关主体传播的信息具有真实性和可信性。

2. 塑造良好的网络公关组织内部文化

中国是一个重视感情和关系的传统国家,无论是在事业单位还是国企,"人情世故"、"攀关系"、"送礼"等现象普遍存在,也正是由于这样,中国人眼中的公关更多的是通过人脉和关系达到既定的目标,甚至盲目地认为通过人际关系可以达到任何目标。于是,当公关出现危机的时候,很多传统的公关公司更多的是依靠人际关系去摆脱危机,而更少地将精力投入反思自己在生产经营中遇到的诸多问题,这种盲目倚重公关力量的行为会导致过度夸大公关的能力,最终影响正常公关危机的处理。

近年来,随着传统公关向网络公关转型,这种盲目夸大公关力量的行为在网络公关中也开始体现出来,因此,需要塑造良好的网络公关组织内部文化,引进国外先进的网络公关管理经验,削弱对于关系网的依赖,把更多的精力投入到对公关客体的客观宣传上。

3. 加强政府的监管力度

网络公关组织作为一个理性的经济人存在,势必有为了自身利益最大化而产生的盲目性和自发性,因此不能完全依靠网络公关组织自身的自律性。网络公关活动需要有独立于网络公关主体和公关客体的第三方来对整个网络公关操作的过程进行监督,对在网络公关操作中不合乎道德规范甚至违反法律法规的行为要给予警告,并给予责任相关方一定的惩罚。

4. 建立健全相关的法律法规

做好法律制度的建设,应该从以下几个方面着手。

首先,国家相关部门应该完善有关于网络公关方面的法律法规,由于网络公关不同于传统的公关活动,它是借助于互联网平台跨越了时空进行的,因此,我国的法律法规应该与时俱进,增补基于网络公关管制的法律条文,也可以借鉴国外对于网络公关的法律规定。

其次,政府部门应该对公众普及相关的公关法律知识,使消费者具备相关的法律意识和法律知识储备,必要时可以拿起法律武器去维护自身的合法权益。

此外,相关的执法部门应该加强执法力度,当有网络公关组织侵害了消费者的合法权利时,需要对其行为进行追究。只有做到这些,才可以从法律层面对公关行为进行约束。

5. 建立健全网络社会信用体系

网络公关主体与客体之间的相互信任,是双方公关活动得以开展的前提和基础。随着网络公关活动迅速发展,实现传统公关向网络公关的转变,营造一个良好的网络社会信用体系刻不容缓,完善的网络社会信用体系是网络信用发挥作用的前提,它保证授信人和受信人之间遵循一定的规则达成交易,保证网络经济运行的公平和效率。网络社会信用体系具有以下三大功能:

(1) 具有记忆功能,能够记录储存失信公关从业者的不诚信记录;

(2) 具有揭示功能,能够扬善惩恶,提高经济效益;

(3) 具有预警功能,能对失信行为进行防范。

通过网络社会信用体系监督,可以保证参与公关活动的双方在一个互信公平的环境下进行。

第四节　网络公关伦理道德的案例

2012 年,某电影上映后在豆瓣网遭到网络"水军"打低分,而豆瓣网是形成电影口碑的一个重要网站。因此影片方不得已雇佣水军刷分,以维护影片的口碑。某导演的爆料捅破了行业的"窗户纸",不少业内人士指出,雇佣"水军"已成为娱乐行业潜规则,原来还是雇人给自己的影片提升评分,这两年就变成雇人给同档期电影打低分,这些人被称为"黑水",有部电影就曾悬赏十万"缉拿"黑水主谋。　　　　　　　　　[来自《海峡都市报》(电子版)]

2012 年 6 月,天津一家企业管理人员无意中发现网络上出现了多个攻击该企业的帖子,其主要内容是称该企业在某次涉外招投标过程中,向外方行贿以及公司管理混乱等。有一些网友跟帖转载并谩骂企业。

这家企业认为,帖子内容捏造事实,恶意诽谤,立即向公安机关报警。接到报警后,警方迅速立案侦查。办案民警发现,发帖源头位于湖南娄底,同样内容的帖子还出现在广东珠海、四川内江等地网络论坛上。经过数天的网络追踪,民警在娄底锁定了网络水军的头目。

这名头目承认受人之托雇佣水军发帖,但并不清楚帖子内容是否属实。

根据这一"水军"头目提供的线索,民警在内蒙古找到了所谓的委托人,这位委托人承认因不满自己供职的企业在招标中输给天津企业,因而雇佣"水军"诽谤天津企业的事实。后经判决,雇佣水军发帖者以损害商业信誉罪被判处有期徒刑半年。

近年来,网络水军已不是新鲜事物,指的是被网络公司或企业雇佣,每天穿梭于各种论坛、社交网站、聊天群中,为他人发帖造势的网络人员。

其实,有业内人士透露,操纵网络水军还只是网络非法公关的冰山一角。

伴随网络的发展,网络公关开始成长为企业重要的营销途径。企业网络公关的运作方式已经从最初的经营自身网站,发展到综合运用博客、搜索引擎竞价排名、网络软文、官方微博、社交网站公共主页等多种方式。而在这个过程中,非法网络公关也应运而生。

据了解,网络黑公关的主要"业务"是替委托人恶意攻击竞争对手和有偿化解负面信息。前者通过杜撰虚假信息并加以散布,来攻击竞争对手;而后者则以有偿方式,委托公关公司或网站内部人员,通过删帖、搜索引擎优化以及搜索屏蔽等手段来避免负面舆论的传播。

今年5月,一则"宣酒含有剧毒氰化物"的消息在多个论坛流传,令安徽宣酒集团损失不小。宣酒集团随后报案,最终查明这又是一起网络水军恶意诋毁案件。相关人员以涉嫌损害商品声誉罪被移送起诉。

在北京一家大型公关公司做某汽车品牌顾问的小周透露,像这样直接散布虚假信息的做法是下下策,现在水军做"打手",即发布负面消息时,手法都比较隐蔽,比如有意挑选"专家"发言,或者策划某些新闻事件。

另一方面,有偿删帖也是非法网络公关的一大"业务"。网络上存在很多专靠删帖牟利的"网络营销公司"和个人,公开打广告称可为客户删除"不利网帖",甚至主动制造负面话题,对敏感帖子连续炒作,以达到非法删帖营利的目的。

这些非法网络公关业务是如何操作的呢?记者采访了多名公关公司从业人员,他们透露,以最为普遍的网络水军业务为例,从认领任务到网上发帖、领取提成,都有一套严密的内部管理程序,等级分明。非法网络公关公司通过"包工头"派活,最底层的"水军"以大学生和无职业者为主,许多人是兼职。

在网络公关领域,其实也有"口碑营销"的概念,即借助网络平台,让消费者自动传播公司产品和服务的良好评价。那么,正常的网络公关和黑公关该如何区分?

清华大学新闻与传播学院副教授杭敏说,网络公关和非法网络公关很难界定,这种"灰色地带"的产生正是由于相应监管法律法规的缺失。网络公关行为往往是商业行为,一方面有利于一些主体的利益,另一方面有可能损害其他人的利益。由于相关法律缺失,目前对网络黑公关的认定,往往是从道德层面作出评判。

公关从业者小周说,有些客户提出不合理要求,希望其官方微博一个月增加一万粉丝,或者某条微博转发达上万次,这时只好找一些黑公关,购买其粉丝或者转发量。

他说:"我们也非常希望能加强监管,尤其是对一些灰色地带给以明确界定,加大打击力度。有时黑公关找上门,客户常采取息事宁人的态度。毕竟,网上澄清事实的成本往往很高,与其举报后等有关部门查处,还不如破财消灾自行解决。"

中国政法大学新闻与传播学院副教授姚泽金认为,网络公关是一种新型的媒介营销形态,判断其合法与否有两个标准:一是看网络公关公司提供公关服务信息的真实性,如果存在欺诈行为,则是非法;二是看其盈利模式是否受法律保护,合法的网络公关公司会到工商部门进行注册登记,一些网络黑公关则试图借助网络的虚拟特性逃避法律责任。

通过法律手段维权,正成为越来越多遭遇网络黑公关之害的企业的选择。而一位负责侦办网络非法公关案件的民警对记者坦言,司法机关在处理这类案件时存在取证难、确定行为发生地难和量刑难的困境。

姚泽金分析,目前我国已有一整套的规范商业营销、商业表达的法律体系,但对网络公关的法律规制比较模糊,这主要是因为现行法律体系是基于传统的非网络的商业营销和公关模式建立的,并不适应以网络为媒介的新型营销形式。最难办的在于非法网络公关的行为主体难以确定,即便发生侵权,侵权人及其幕后的委托关系也很难确定,因而非法网络公关很难被查出。

北京邮电大学互联网治理与法律研究中心主任李欲晓教授则建议,在整个网络黑公关环节中,网站平台本身是最容易进行管控的环节,应该建立完善行业规则的执行细则。

杭敏表示,要建立对网络非法公关的有效监管,一方面有赖于网民媒介素养的提高,大家对虚假信息的辨别能力提高了,这种非法公关存在的空间就小了;另一方面有赖于相关法律法规的制定。

（摘自《人民日报》2012年12月21日）

思考题

1. 试阐述网络公关伦理道德的概念。
2. 试简要论述网络公关伦理的基本要素与规范。
3. 网络公关伦理道德范畴有哪些?试举例说明。
4. 如何塑造公关伦理道德?

后 记

冬去春来,《网络公关实务》一书终于定稿。

本书的编写,源于华东师范大学品牌文化与公共关系研究中心张云教授的安排。出于引领中国公关研究方向的考虑,张云教授拟组织相关领域研究人员编写一套公共关系学系列教材。在该教材体系中,张教授希望能够将最新的网络公共关系部分内容纳入。由于笔者对此板块内容此前比较了解,便自告奋勇地承接了编写任务。在教材的编写过程中,张云教授多次指导,并发来很多有借鉴价值的材料,对全书的编写帮助非常大。在此,非常感谢张老师给予教材编写机会,以及在编写过程中的大力指导和支持!

本书的编写,还需要感谢华东师范大学品牌文化与公共关系专业鄂友冰等青年才俊的支持,是他们主动放弃了节假日休息时间,将教材编写工作优先完成,本书才得以按时出版。各章节分工如下:第1章,王梦霓;第2章,曹鑫悦;第3章,王嘉洁;第4章,谢菁;第5章,丁乙凡;第6章,谭晶;第7章和第10章,鄂友冰;第8章,王玮兴;第9章,王敬琰;第11章,杨怿诚;第12章,邢杨依;第13章,张丹;第14章,黄雪莹;第15章,马芝芳;第16章,盛睿智。

本书的成稿,还必须感谢华东师范大学出版社的帮助。由于初次组织编写教材经验缺乏,因此最初本书各章节的编写体例未能统一,导致初稿存在一些基本问题,是出版社同仁对其进行了仔细的修正,付出了大量努力。在这里要对他们的热心和帮助致以深深的敬意!

由于水平有限和经验缺乏,本书一定存在很多不足之处。而且网络公共关系本身就是一个日新月异飞速发展的领域,而网络公关实务更是每天都在变化,故本书的出版只是一个开始。作为全国第一本系统探讨网络公关实务的专业教材,希望起到抛砖引玉的作用,欢迎学界同仁和业界一线专业人士批评指正。另外,本书初步计划后期会不断改版,真诚希望能听到来自不同层面的批评意见。本人邮箱:eccu@qq.com。

齐杏发

2014 年 3 月 18 日

于华东师范大学

图书在版编目（CIP）数据

网络公关实务 / 齐杏发主编. —上海：华东师范大学出版社，2014.1

高校公共关系学专业系列教材

ISBN 978 - 7 - 5675 - 1652 - 6

Ⅰ.①网... Ⅱ.①齐... Ⅲ.①计算机网络-公共关系学-高等学校-教材 Ⅳ.①TP393②C912.3

中国版本图书馆 CIP 数据核字(2014)第 015852 号

网络公关实务

主　　编　齐杏发
项目编辑　范耀华
审读编辑　熊　慧
责任校对　时东明
封面设计　卢晓红

出版发行　华东师范大学出版社
社　　址　上海市中山北路 3663 号　邮编 200062
网　　址　www.ecnupress.com.cn
电　　话　021 - 60821666　行政传真 021 - 62572105
客服电话　021 - 62865537　门市(邮购)电话 021 - 62869887
地　　址　上海市中山北路 3663 号华东师范大学校内先锋路口
网　　店　http://hdsdcbs.tmall.com/

印 刷 者　昆山市亭林彩印厂有限公司
开　　本　787×1092　16 开
印　　张　15.75
字　　数　314 千字
版　　次　2014 年 6 月第一版
印　　次　2014 年 6 月第一次
书　　号　ISBN 978 - 7 - 5675 - 1652 - 6/D·175
定　　价　32.00

出 版 人　朱杰人

（如发现本版图书有印订质量问题,请寄回本社客服中心调换或电话 021 - 62865537 联系）